振り子の周期は錘《おもり》の重さに
かかわりなく一定である。
錘のうえに、私が乗っても周期が同じか、
やってみよう!!

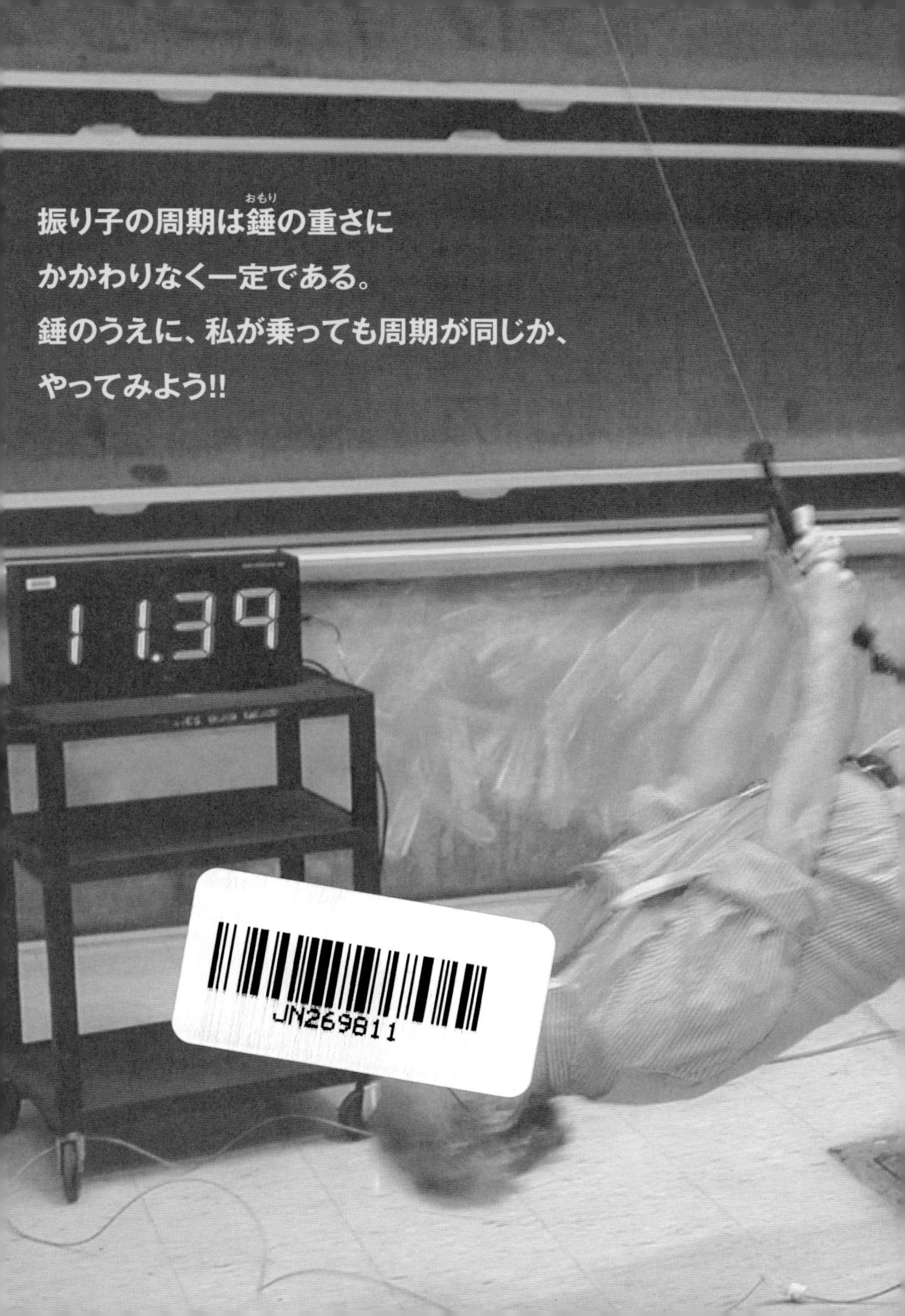

これが物理学だ！

マサチューセッツ工科大学「感動」講義

マサチューセッツ工科大学教授
ウォルター・ルーウィン 著

東江一紀 訳

文藝春秋

これが物理学だ！　マサチューセッツ工科大学「感動」講義　目次

講座紹介　脳みそをわしづかみにする物理学の授業　ウォレン・ゴールドスタイン　9

第1講　物理学を学ぶことの特権　21
知っているだろうか。遠方に存在する銀河は、光速を超える速度でわれわれから遠ざかっているのを。空の色はなぜ青いのだろうか？　虹はなぜ七色なのか？　極小の原子の世界から宇宙の果てまで、物理学の妙なる調べの美しさに感動すること。それがこの講座の目的だ。

第2講　物理学は測定できなければならない　49
物理学の基本は測定にある。測定によって理論を確かめる。測定には不確かさがつきもので、それがどの程度の不確かさなのかが重要になってくる。動物はどれだけ大きくなれるかから、星と星の距離に至るまで、本講では測定とその不確かさについて考える。

第3講　息を呑むほどに美しいニュートンの法則　71
ニュートンの法則は美しい――息を呑むほど簡潔であると同時に、信じられないほど万能だ。非常に多くのことを解き明かし、きわめて広い範囲にわたる事象の仕組みをつまびらかにする。第3講では、ニュートンの四法則を学び、振り子の周期について実験をする。

第4講　人間はどこまで深く潜ることができるか　101
シュノーケルの長さを五メートルにすれば、人間は五メートルの深さでも潜れるのだろうか。そのことを知るためには圧力について知る必要がある。本講では気圧や水圧などの仕組みを解明しつつ、飛行機はなぜ飛ぶことができるかまでを考えることにしよう。

第5講 虹の彼方に――光の不思議を探る 127

虹は見ようと思えば、庭のスプリンクラーでも見ることができる。太陽を背にして自分の影が落ちる角度の四二度離れたところを見てみよう。なぜ虹の外側は暗く、内側は明るいのか。虹の外側にもうひとつの虹がかかるのはなぜ？　ガラスの虹とは何だろう？

第6講 ビッグバンはどんな音がしたのか 159

音とはなんだろう？　音楽とはなんだろう？　宇宙のビッグバンのときにはどんな音がしたのだろうか？　本講では、音が出る仕組みから始まり、共鳴、すべての物体には固有振動数があることを明らかにし、音でワイングラスを割る実験を実演してみよう。

第7講 電気の奇跡 187

冬場にドアノブに手をかけると、衝撃を受けるのはなぜなのだろうか。雷とは何だろうか？本講では、電子が生み出す電気の仕組みを分子レベルから解き明かしたうえで、これらの現象を解明する。そのとき、ドアノブとあなたの手のあいだには、三万ボルトもの電位差がある。

第8講 磁力のミステリー 217

電流が磁気を生み、磁気が電流を生む。われわれの生活のすべての基盤となっている電気の発生の仕組みは磁気の理解なくして成り立たない。本講では、モーター作りの実験から磁気と電気は同じものだとした統一理論を完成させたマクスウェルの方程式までを学ぶ。

第9講　エネルギー保存の法則　243
振り子に付けた一五キロの鉄球は、反対側のガラスを粉々に砕く。その同じ鉄球を今度はわたしが標的になって離してみる。向こうに振り切った鉄球は、ものすごいスピードでわたしの顎めがけて駆け上がってくる。なぜその鉄球はわたしの顎を砕かないか？

第10講　まったく新しい天文学の誕生　271
人類は長く、光によって宇宙をとらえようとしていた。が、光以外の波で宇宙をとらえようとする試みが一九六〇年代に生まれる。X線天文学である。わたしは、その誕生に立ち会い、まったく新しい宇宙の姿を、この新しい天文学で見つけていくことになった。

第11講　気球で宇宙からのX線をとらえる　287
気球はロケットによるX線観測の欠点を補った。気球による観測は何時間も続けることが可能だ。しかし一九六〇年代にこれを行なうのは予算の確保から、そして落ちた機材の確保まで苦労づくしだった。そうした中、私たちはさそり座のX－1で大きな発見をする。

第12講　中性子星からブラックホールへ　309
一定の質量以上の恒星は、やがて重力の重みに耐えきれなくなって崩壊、爆発する。これがひときわ大きな光を放つ超新星と呼ばれるものだ。そして、超新星では、崩壊によってまったく新しい物体ができる。それが中性子星だ。そこからさらにブラックホールが。

第13講　天空の舞踏　333

X線による天体の観測は、想像もできなかったような天体の姿を浮かび上がらせる。ひとつの星だと思っていたものが、実は連星であり、しかももうひとつの星は見ることのできないブラックホールだということがわかる。わたしたちは連星の舞踏を観測したのだ。

第14講　謎のX線爆発　351

一九七五年オランダとアメリカの二つのグループが発見したX線の奇妙な爆発の連続、X線バースト。それがいったいなぜ起こるのかをめぐってハーヴァードとMIT、そしてソ連の科学者たちがそれぞれの理論を展開した。それはブラックホールによるものなのか。

最終講　世界が違って見えてくる　371

わたしが物理以上に好きなもの、それは美術だ。ゴッホ、ゴーギャン、マティス、ドランの絵を知ってしまうと、誰も、もう今までと同じ目で色を見ることができない。物理もまた同じ。ニュートン、アインシュタイン、先人たちの理論を知ると世界が違って見えてくる。

補遺1　388

補遺2　390

謝辞　397

訳者あとがき　402

装丁　永井翔

これが物理学だ！　マサチューセッツ工科大学「感動」講義

物理学と芸術への愛をわが胸に育んでくれたすべての人へ

——ウォルター・ルーウィン

わが孫ケイレブ・ベンジャミン・ルリアへ

——ウォレン・ゴールドスタイン

講座紹介　脳みそをわしづかみにする物理学の授業

ウォレン・ゴールドスタイン

六フィート二インチの痩身、ブルーのワークシャツらしきものの袖を肘までまくり上げ、カーキ色のカーゴパンツ、サンダルに白のソックスといういでたちで、教授は講堂の最前面にある教壇を右に左に大股で歩きながら、熱弁をふるい、身ぶりを交え、横長のスライド式の黒板と膝上の高さの作業机のあいだで、時折立ち止まって強調の意を示す。後方に向かってすり鉢状にのぼっていく形に並んだ四〇〇脚の椅子に、学生たちが尻をもぞもぞさせながら坐り、それでも、全身にみなぎる強大なエネルギーを抑えきれないと言いたげな教授の一挙一動に見入っている。秀でた額に、白髪交じりのぼさぼさの髪、眼鏡、そして、ヨーロッパのどこと特定できないかすかな訛りは、『バック・トゥ・ザ・フューチャー』でクリストファー・ロイドが演じたブラウン博士――熱情的で、偏屈で、やや浮世離れしたところのある科学者兼発明家――にちょっと似ていなくもない。

しかし、ここはブラウン博士のガレージではなく、アメリカ合衆国に、いや、世界に冠たる科学と最先端技術の殿堂マサチューセッツ工科大学（ＭＩＴ）であり、黒板を背に講義しているのはウォルター・Ｈ・Ｇ・ルーウィン教授だ。その教授が足を止め、学生たちのほうを向く。

「さてと。測定を行なううえで何より重大な問題は」――両手の指を開き、両腕を大きく広げて――「きみたちの測定の不確かさだ」。

息を継いで、一歩前に進み、学生たちに考えるいとまを与えてから、ふたたび立ち止まる。「不確かさの自覚なしに行なう測定は、いかなる場合も意味がない」そう言うと、宙を切り刻むように両手を振り動かし、さらなる強調を示す。そして、またひと息。

「くり返そう。きみたちが今夜、午前三時にはっと目覚めたとき、この言葉が耳によみがえるように」左右の人差し指をこめかみに持っていき、脳みそに穴をうがつように、指先をねじってみせる。「それが不確かであるという自覚なしに行なう測定は、いかなる場合においても、まったく意味がないのだ」。学生たちの目は教授に釘付けになっている。

世界一有名な大学教養課程の物理学入門講座〈物理八・〇一〉の初回授業が始まってから、まだ一一分。

《ニューヨーク・タイムズ》紙は二〇〇七年一二月に、第一面でMITの〝Webスター〟ウォルター・ルーウィンの物理学の講座を特集した。講座のようすは、MIT公開授業サイトのほか、YouTube、iTunes U、アカデミック・アースなどでも観られる。MITはいくつかの名物授業をインターネットで公開して、大成功を収めたが、ルーウィンの講座はその第一弾のラインナップに入り、飛び抜けた人気を博した。九四回にわたる授業――三期ぶんの全授業と七回の単独講義――は、一日当たり約三〇〇〇人の視聴者を集め、年間一〇〇万ヒットを記録している。その中には、かの巨人ビル・ゲイツによる少なからぬ数のアクセスが含まれる。ゲイツがルーウィン教授に書き送った私信（なんと原始メール、すなわち普通郵便！）によれば、〈八・〇一〝古典力学〟〉と〈八・〇二〝電気と磁気〟〉の全授業を視聴し、

〈八・〇三〝振動と波〟〉へ進むのを楽しみにしているという。

世界中から愛されている

「あなたのおかげで人生が変わりました」という趣旨のeメールが、毎日、世界じゅうあらゆる国、あらゆる年代の男女からルーウィンのもとに寄せられる。サンディエゴの花屋スティーヴはこう書いた。

「ぼくは今、新しいばねを仕込んだ足で街を歩き、物理色の目で人生を見ています」

チュニジアの工科専門学生モハメッドはこう書いた。

「残念にも、わたしの国の教授たちはあなたみたく物理の美しさわからないので、わたしはたくさんつらいです。彼たちは〝模範的〟な問題の解きかた教えて、試験でいい点取ることだけ求め、せせこましい視野の向こう見ようとしません」

アメリカの修士号をすでにふたつ持っているというイラン人セイードはこう書く。

「あなたが物理教えるの見るまで、わたしは人生を心から楽しんだことないでした。ルーウィン教授あなたはわたしの人生じつに変えました。あなたの教えかた授業料の一〇倍の値打ちあって、比べたらほかの先生たち、全員ではないけど給料泥棒みたようなものです。教えかたへたな先生、死刑にすべきです」

インドのシッダールタはこうだ。

「方程式の向こうに、物理学を感じることできました。あなたの生徒たち、あなたをずっと忘れないでしょう。わたしもあなたを忘れません。非常に非常に優れた先生で、わたしが考えた限界よりもっと、人生と勉強をおもしろくしてくれました」

モハメッドは絶賛ぎみに、〈物理八・〇一〉最終授業でのルーウィンの言葉を引用する。

「この授業を経験したきみたちは、この先もずっと、事物の理《ことわり》を見る目とその美しさを味わう心さえ養われていれば、物理学はとても刺激的で輝かしいものになりうることを、またそれは身の回りのどこにでも常に存在するものであることを、折に触れて思い出すだろう」

同じくルーウィンのファンであるマージョリーはこう書いた。

「時間の許すかぎり、あなたを観るようにしています。多いときは週に五回。あなたの人柄、ユーモア感覚、そして何より、物事をわかりやすくほぐす能力に惹《ひ》かれます。高校では物理が大きらいでしたが、おかげで今は夢中です」

ルーウィンは毎週、こういうメールを数十通受け取り、ひとりひとりに返事を書く。

身近な世界からその裏側にある法則を

ウォルター・ルーウィンが物理の驚異を語るとき、そこに魔力が湧き起こる。どういう秘訣があるのだろう？

「わたしは受講生たちを、彼ら自身の世界へ導くんだよ」と、本人は言う。「彼らが日々生活し、なじんでいる世界にね。ただし、いきなり物理学者の手法を用いることはしない。水面の波について話すときは、自宅のバスタブである実験をやるように勧める。そうすると、肌で感じることができる。虹を肌で感じることだってできるんだ。そこが、物理の大きな魅力のひとつだ。どんなことでも、説明してみたくなる。そして、それは学生たちにとっても、わたしにとってもすばらしい体験になる。わたしはみんなに物理への愛を吹き込む！　学生たちの熱気が寄り集まって、教室が即興劇の舞台みたいになることもあるよ」

　ルーウィンはときに、五メートルの梯子のてっぺんに腰掛け、床に置いたビーカーのクランベリージュースを、試験管で作った長いストローで吸い上げる。あるいは、大怪我の危険を冒して、小さいながら破壊力のある解体用鉄球の軌道上に自分の頭を置き、顎の手前数ミリの地点まで鉄球を振り動かしてみせる。水の入った二個のペンキ缶をライフルで撃ったり、ファンデグラフ起電機と呼ばれる大仕掛けの装置――ＳＦ映画の悪玉科学者の実験室にありそうなしろもの――で自分の体に三〇万ボルトの電気を充電して、ぼさぼさの髪をぴんと逆立ててみせたりもする。身を張った実験が売りものなのだ。「科学にはどうしても犠牲が必要だからね」というのが、教授の口癖。ある実演――その写真が本書の見返しに使われている――では、講堂の天井からロープで吊り下げられた金属の玉に、きわめて不安定な姿勢で乗り、左右に大きく揺られて、学生たちに振動の数を詠唱させた。振り子の振動数が錘《おもり》の重さに関係なく一定であることを証明するそれだけのために。

　授業を何度か受けたことのある息子エマニュエル（チャック）・ルーウィンは、こう振り返る。「一度、ヘリウムを吸引して声を変えようとするところを見ました。例によって、きちんと効果をあげようと――悪魔は細部に宿ると言いますから――頑張って、失神する寸前まで行きましたよ」。板書術の達人であるルーウィン教授は、自由自在に幾何学図形を、ベクトルを、グラフを、天文事象を、動物を黒板に描く。点線の描きかたに魅せられた数人の学生が、『ウォルター・ルーウィンの線引き傑作選』と題する動画をＹｏｕＴｕｂｅに投稿したが、そこには、〈物理八・〇一〉の期間中、ルーウィンがさまざまな授業で、異なる何面もの黒板に有名な点線を描いた場面の抜粋ばかりが収められている（www.youtube.com/watch?v=raurl4s0pjU）。

威信を備えたカリスマ的存在ルーウィンは、根っからの変人であり、物理に取り憑かれた奇癖の持ち主だ。財布の中に、常に二個の偏光プリズムを携行していて、青空や虹や窓ガラスの反射など、どんな光源であろうと、その場で偏光を確かめ、また同行者にもそれを確かめさせることができる。

授業でいつも着ているあのブルーのワークシャツについては、どうだろう？　じつは、あれはワークシャツではない。特注の高級コットンのシャツで、数年ごとに一ダース、香港の仕立て屋であつらえているのだ。左胸の大きめのポケットは、カレンダーが入れられるようになっている。胸当てはなし――この物理学者兼体当たり実験者兼カリスマ講師はファッションにうるさい――で、となるとどうしても、右胸のブローチ、古今東西の大学教授が身につけたうちで最も奇妙奇天烈《きてれつ》なものだと思われるプラスチックの目玉焼きに目が行ってしまう。「まあ、卵だからね」と、本人はこともなげに言う。「顔についているよりは、シャツについていたほうがましだろう」

左手にでかでかとはめているピンクのルーサイトの指輪は、何をするものなのだろう？　それに、シャツのへそのあたりに留めてある銀色のものを、ちらちら見下ろしているようだけれど、あれはいったい何なのだろう？

毎朝の身支度の際、ルーウィンは、四〇種類の指輪と三五種類のブローチ、数十種類のブレスレットやネックレスの中から、その日身につけていくものを選ぶ。その趣味は、電撃的なもの（ケニアの数珠ふうブレスレット、大粒の琥珀のネックレス、プラスチックの果実のブローチ）から骨董品（どっしりした銀のトルクメン製カフ・ブレスレット）、さらには有名デザイナーや工芸家の作品、笑いを誘う素朴なきわもの（フェルトで作られた甘草《かんぞう》キャンディーのネックレス）まで、じつに幅広い。「学生たちが気づき始めたもんだから、授業のたびに違うやつを身につけるようになったんだ。子どもたちが相手のときは、特に気をつかうよ。反応が大きいからね」

さて、ばかでかいネクタイ留めのような銀色のしろものの正体は……？　なんと特別仕様の携帯時計（友人の工芸家からの贈り物）で、ルーウィンがシャツの前面を見下ろせば時刻がわかるように、盤面が上下逆さになっている。

ルーウィンはときどき、心ここにあらずという表情を見せることがあって、昔からよくいるぼんやり型の仙人学者のような印象を与える。しかし、実際には、いつも何かしら、物理学の特定の局面に関する思考に深くのめり込んでいるのだ。妻スーザン・コーフマンが最近明かした逸話がある。「ニューヨークに行くとき、車は必ずわたしが運転します。先日なにげなく、地図を取り出してみたら、州境のところに、びっしりと方程式が書いてあるんです。その年の最後の講義が終わるまでにはすべての州境が方程式で埋まりました。ドライブ中は退屈だったんでしょう。夫はいつも物理のことを考えています。学生さんたちと大学のことが、一日二四時間、頭から離れないんですよ」

長年の友人である建築史家ナンシー・スティーバーによると、ルーウィンの気質の中で何より際立っているのは、「学術的興味の集約度のすごさですね。取り組もうと決めたことには、とにかく最大限の関心を注いで、世界の残り九〇パーセントをそぎ落とす感じなんです。レーザー光線並みの一点集中で、針路からはずれたものには目もくれず、ただもうまっしぐらに突き進むというその取り組みかたが、まぶしいほどの生の喜び《ジョワ・ド・ヴィヴル》を生み出します」

ルーウィンは完璧主義者で、偏執的なまでに細部にこだわる。世界一線級の物理教師であるばかりではなく、X線天文学の分野のパイオニアでもあり、約二〇年間、驚くべき精度でX線を測定できる超高感度の機器を構築し、試用し、放射性原子や天文事象を観察してきた。巨大できわめて精巧な気球を大気圏の上限ぎりぎりまで打ち上げ、X線バースト（第14講参照）などの珍奇な天文事象を明らかにした。この分野でルーウィンが同僚たちと成し遂げた数々の発見は、超新星の大規模な爆発における星の死の本質を解明するうえで、またブラックホールが実在することを立証するうえで、貴重な補足材料となった。

確かめて、確かめて、さらに確かめるというのが、ルーウィンの流儀だ。その姿勢は、観測天体物理学者としての成功をもたらしたばかりではなく、ニュートンの法則の威厳を示すその手際に、明晰さの輝きを添えた。

芸術ともいえる授業

授業に際しては、空っぽの教室で少なくとも三回は練習し、最後のリハーサルは当日の午前五時に行なう。かつての生徒で、ともに教壇に立ったこともある天体物理学者デイヴィッド・プーリーはこう証言する。「あれだけ時間をかけているんだから、授業がうまくいかないわけがありませんよ」

二〇〇二年、ＭＩＴ物理学科がルーウィンを最優秀教官賞に指名したとき、何人かの同僚がこの人気講師の資質を具体的に分析しようと試みた。ルーウィンから物理を学ぶという体験を、誰よりも臨場感を込めて語るのは、現在ＭＩＴの電磁電子システム研究所で電気工学とコンピユーター科学の教授を務めるスティーヴン・リーブで、リーブは一九八四年に〝電気と磁気〟の講座を受講した。「あの人は教壇で爆発するんですよね。ぼくらの脳みそをわしづかみにして、電磁気学のローラーコースターに乗せてしまう。あの疾走感は今でも首の後ろあたりに残っています。教えることにかけては天才で、ありとあらゆる概念をするりと呑み込ませるすべを、無尽蔵に持っている。誰にもまねできませんよ」

物理学科の同僚であるロバート・ハルサイザーは、ルーウィンの授業での実演をビデオに収め、名場面集を作って他の大学に配布しようと思い立った。いざやってみると、それは不可能な作業であることがわかった。「発想から決着に至る観念のよどみない流れの中に、実演がみごとに織り込まれていて、どこで始まってどこで終わったか、時間の線引きができないんです。小さく切り分けることが許されない芸術作品のようなものですね」

物理学の驚異に迫るウォルター・ルーウィンの切り口のすごみは、現実世界のあらゆる驚異をいかにも楽しげに伝えようとするその姿勢から来るものだろう。息子のチャックが、そういう喜びをわが子に受け継がせようと躍起になる父親の姿をいとおしげに振り返る。「父は、物事をありのままに見て、その美しさに打たれ、胸の中にある驚きと興奮の壺をかき回すことの楽しさを、人に吹き込む力を持っています。信じがたい風景をのぞくちっぽけな窓の真ん中に父がいて、そこで創り出された出来事の中にいると、とても幸せな気持ちになれるんです。昔、夏休みにメイン州に行ったことがあります。天気があまりよくなくて、ぼくたち兄弟は暇を持て余していました。すると、父が小さなボールを持ってきて、ちょっと変わった遊びを編み出したんです。ぼくらがそれをやり始めると、すぐに近所の子どもが四人、五人、六人と集まってきて、投げて捕って笑って……すっかり夢中になったことを覚えていますよ。何が自分の人生を方向づけてくれたかを、振り返って考えてみると、純粋な喜びの時間を持つこと、人生がどこまですばらしくなるかという展望、人生がどんな可能性をたたえているかという感覚をつかむことを、父に教え込まれた気がします」

冬になると、ルーウィンは子どもたちに、紙飛行機の空気力学的な特質を試すゲームをさせたという。自宅のリビングルームの大きな暖炉をめがけて、紙飛行機を飛ばすのだ。「火の中に入ったやつを回収しようとするもんだから、母がひやひやしていましたよ。ぼくらはとにかく、次のゲームに勝ちたくて必死でした！」

客を招いての夕食会では、ルーウィンが司会進行役を務めて、〝月旅行〟というゲームが行なわれる。「照明を暗くしたなか、子どもたち全員がこぶしで太鼓みたいにテーブルを叩いて、ロケット打ち上げの効果音を出すんです。何人かがテーブルの下にもぐって叩くこともあります。で、大気圏外に達したところで連打をやめ、月面に着陸すると、みんなでリビングを歩き回ります。重力が非常に低いことを、大げさな動きで表現するわけです。お客さんたちはきっと、『この家族は頭がおかしいぞ！』と思ったことでしょう。でも、子どもにとってはすごくおもしろい遊びなんです。月旅行ですから！」

半世紀以上前に初めて教壇に立ったときから、ウォルター・ルーウィンは学生たちを月世界へ引率し続けている。物理学を志して以来ずっと、自然界のミステリーと美——虹から中性子星まで、鼠の大腿骨から音楽の妙なる響きまで——に魅せられ、世界を説明し、解釈し、表現する科学者や芸術家の営みに魅せられてきたルーウィンは、今息づいているこの科学界への最も情熱的で献身的で熟練した案内人だ。以下の一五の講義で、読者はその情熱と献身と熟練の技を味わい、生涯を貫く物理への愛に触れて、光と熱と力を授かることができるだろう。いざ

知の喜びの旅へ！

From the Nucleus to Deep Space

第1講
物理学を学ぶことの特権

知っているだろうか。
遠方に存在する銀河は、光速を超える速度で
われわれから遠ざかっているのを。
空の色はなぜ青いのだろうか？　虹はなぜ七色なのか？
極小の原子の世界から宇宙の果てまで、
物理学の妙なる調べの美しさに感動すること。
それがこの講座の目的だ。

空を見上げてみよう

じつにまあ、たいしたものだ。わたしの母方の祖父は、読み書きができず、学校の守衛の職に就《つ》いていた。二世代を経て、わたしは今、マサチューセッツ工科大学（ＭＩＴ）で教授を務めている。オランダの教育制度に負うところが大きい。わたしはオランダのデルフト工科大学の大学院に進み、一石で三鳥を仕留めた。

進学してすぐに、わたしは物理学を教え始めた。授業料を払うためには国のローンを利用するしかなかったが、常勤の高校講師として週に二〇時間以上教えれば、その返済が、毎年五分の一ずつ免除されたのだ。教壇に立つことのもうひとつの利点は、兵役に就かずにすむことだった。わたしにとって、軍隊ほどおぞましいものはなく、兵役は純然たる災厄だった。あらゆる形の権力に対して、わたしは拒否反応を起こす——そういう体質なのだ——し、いずれ生意気な口をきいて、床に張り倒されるのは目に見えていた。というわけで、わたしは週に二二時間、ロッテルダムにあるレバノン学院の一六、一七歳の生徒に、数学と物理学を教えることになった。徴兵をすり抜け、ローン返済を免《まぬか》れ、博士号を得るという三羽の鳥を、一個の石で仕留めたわけだ。

おまけに、教えることを学んだ。わたしにとって、高校生を教え、若い頭脳を前向きに変えていけるのは、胸のときめく仕事だった。生徒に興味を抱かせるだけでなく、楽しめる授業になるようにいつも努めたが、学校自体はとても厳格なところだった。教室の扉の上部に明かり取り窓があり、校長がときどき、椅子の上に立って、その窓から教師のようすをうかがうこともあった。信じられるだろうか？

だが、わたしはその校風に染まることはなかった。自身が大学院生だったこともあって、あふれんばかりの熱意をかかえていた。わたしの目標は、その熱意を生徒に分け与え、周りの世界の美しさを新たな視点で見る手助けをし、彼らを変えることだった。物理学は美しい、そしてわれわれの生活のいたるところに物理学はある。そのことを生徒たちが実感できるようにする。大切なのは、課題をただ習うことではない。その課題を、発見し解き明かすことだ。ただ習うことは退屈だ。生徒もそう感じる。そうではなく、物理の法則を解き明かし、法則から方程式を立ち上げ、その一方で、斬新かつ刺激的な実演で発見のプロセスを再現すれば、生徒たちはその発見に立ち会えた喜びに目を輝かせる。

わたしはそれを、別の方法で、教室からはるか離れた場所でも行なう機会に恵まれた。毎年、学院側の後援で、教師は生徒たちを人里離れた自然のままのキャンプ場に連れていき、一週間の休暇を過ごすことができた。妻のホイバーサとわたしは、一度それをやってみて、すっかりとりこになった。自分たちの手で煮炊きし、テントで眠る。さらには、せっかく街の灯から遠く離れているので、ある真夜中には生徒全員を起こし、ホットチョコレートをふるまったうえで、星を観に連れ出した。みんなで星座や惑星を識別し、天の川の壮大な眺めを堪能した。

わたしは天文物理学を学んでいたわけでも、まして教えていたわけでもなかった——実際には、宇宙で最小の粒子のいくつかを探知する実験の企画に携わっていた——が、かねてから天文学へのあこがれはあった。というより、この地球上にいる物理学者のほぼ全員が、天文学への愛を胸にかかえている。知り合いの物理学者の中には、高校時代に自分で望遠鏡を組み立てたという者も多い。長年の友人であり、MITの同僚でもあるジョージ・クラークなどは、高校生のころから六インチの反射鏡をせっせと磨いていたそうだ。物理学者はなぜ、これほど天文学に魅了されるのだろう？　理由のひとつには、物理学における多くの進歩——例えば、公転運動の理論——が、天文学の問題提起、観測、そして理論からもたらされたことが挙げられる。しかしまた、天文学とは、夜空いっぱいに描かれた物理学だとも言える。日食、月食、彗星、流星、球状星団、中性子星、ガンマ線バースト、宇宙ジェット、惑星状星雲、超新星、銀河団、ブラックホール……。

空をちょっと見上げ、まず思いつきそうな問いを、自分に投げかけてみよう。なぜ空は青く、夕日は赤く、雲は白いのか？　物理学はその問いに答えてくれる！　太陽光は、虹の七色から構成されている。ところがその光は、大気圏を通り抜けるあいだに、空気分子や微細な塵粒子(一ミクロンよりはるかに小さい)を四方八方に飛び散らせる。これが、レイリー散乱と呼ばれる現象だ。七色のうちで散乱率が最も高いのが青い光で、赤い光の約五倍にもなる。それゆえ、日中にどの方向の空を仰いでも(くれぐれも太陽を直視しないように)青が優位を占めることになり、空が青い理由が説明できる。月面から空を眺めると(写真で見たことがあるだろう)、空は青くなく、夜空のように黒々としている。なぜか？　それは、月には大気がないからだ。

なぜ夕日は赤いのか？　それは、空が青い理由とまったく同じ。太陽が地平線にかかると、その光線が大気圏を通過する距離が延び、とりわけ緑、青、紫が散乱して、要するに日光から漉《こ》し出されるというわけだ。人間の目や、頭上の雲まで届くころには、日光はおおむね、黄、橙、わけても赤から成っている。夕焼けと朝焼けが、ときに燃えさかる炎のように見えるのは、そのためだ。

なぜ雲は白いのか？　雲に含まれる水滴は、空を青くする微小な粒子よりもずっと大きく、そういう大きな粒子を日光が飛び散らせるとき、七色がすべて等分に散乱する。そのために、日光は白いままとなる。ただし、雲が水分を含み、かなり厚くなっている場合や、ほかの雲の陰に隠れている場合は、日光の透過量がさほど多くならず、雲は黒っぽくなる。

じつに心躍る実演のひとつに、ひとかけらの〝青空〟を教室内に生じさせる、というものがある。すべての電気を消し、黒板近くの天井に、とびきり明るいスポットライトの白い光を当てる。スポットライトは、ていねいに囲いがしてある。次に、わたしは数本の煙草に火をつけ、光の中でささげ持つ。煙の粒子は、レイリー散乱を生じさせるに足るほど小さく、青い光がいちばん散乱するので、学生たちは青い煙を見ることになる。さらに、実演をもう一段階先に進める。わたしはその煙を吸い込んで、一分程度、肺にとどめておく。必ずしもたやすいことではないが、科学はしばしば犠牲的精神を要求するものだ。さて一分が経過し、わたしは光の中に煙を吐き出す。学生たちが目にするのは白い煙――そう、わたしは白い雲を創ったのだ！　微小な煙の粒子が、わたしの肺内の水蒸気で膨れ上がったというわけだ。だから、七色すべてが等分に散乱し、飛び散る光は白い色。青い光から白い光へのこの変化には、ほんとうにうっとりさせられる！

この実演により、わたしは一挙にふたつの問いに答えることができる。なぜ空は青いのか、なぜ雲は白いのか、という問いだ。じつを言えば、偏光に関するかなりおもしろい第三の問いにも答えられる。それについては、第5講で触れるとしよう。

水星の見つけかた

生徒を連れて郊外に足を延ばせば、わたしはアンドロメダ銀河を指差し教えることができた。肉眼で見える唯一の銀河だ。地球から二五〇万光年（約二三五〇京キロメートル）離れているものの、天文学的な距離としては隣りどうしのようなものだ。二〇〇〇億個の星が集まってできている。想像してみてほしい——二〇〇〇億個の星々を、そしてその星々が、うっすらとおぼろげな斑点のようにしか見えないことを。わたしたちはまた、たくさんの流星——たいていの人は〝流れ星〟と呼ぶ——も見つけた。辛抱強く待てるなら、四、五分に一個は見ることができる。当時はまだなかったが、今ならば、大量に打ち上げられている人工衛星も見えるはずだ。今日では、二〇〇〇を超える人工衛星が地球の軌道上に存在しており、日没後か日の出前、太陽が人工衛星そのものより低い位置にあって、反射光が地上から見える数時間のあいだに、五分も目を凝らせば、ほぼ確実に見つけられる。人工衛星が地球から遠くにあればあるほど、地球と人工衛星の日没時刻の差が大きくなるため、視認できる時間帯も夜遅くなる。人工衛星は空に浮かんでいる何よりも（流星を除く）速い動きをするから、見間違えることはない。ただし、もし点滅していたら、それは飛行機だ。

星空を見上げながら、水星を指してみせるのが、わたしには何よりも楽しみだった。太陽にいちばん近い惑星なので、肉眼で見るのはとてもむずかしい。見つけるのに最適な条件がそろうのは、年に二十数回の朝と夕刻だけだ。太陽の周りを、水星はたったの八八日間でひと回りするため、ローマ神話に登場する俊足の神メルクリウスにちなんで、〝マーキュリー〟と名づけられた。観測がきわめてむずかしいのも、その軌道がかなり太陽に近いからだ。地球上で観測した場合、最大でも約二五度――時計の二本の針が一一時を指すよりも小さい角度――しか、太陽から離れていない。地球から見て、太陽と最も離れている日没の直後か日の出の直前にだけ、観測することができる。アメリカでは、必ず地平線の近くに現われる。ということは、田舎に見に行くしかないだろう。自分の目で見つけたときのうれしさといったら！

　星を眺めることで、わたしたちは広大な宇宙とつながる。夜空をひたすら見上げ、じっくり目を慣らしていくと、天の川のさらなる広がりを、とても美しい形で目にすることができる。一〇〇〇億から二〇〇〇億余りの星々の、透けるほど薄い布のごとき、なんとも繊細な集まり。宇宙の大きさは計り知れないが、まずは天の川にとくと思いを馳せることで、理解の糸口をつかめる。

　最近の概算では、わが銀河系の星々の数に匹敵するほどの銀河が、宇宙には存在する可能性があるという。実際、望遠鏡で深宇宙を観測するたびに見えるものの大半が銀河――あまりにも遠方のため、一個一個の星を見分けるのは不可能だ――であり、それぞれの銀河が何十億、何百億という星を有している。あるいは、近年発見され、宇宙で最大の構造として知られる〝銀河の壁《グレート・ウオール》〟について、考えてみよう。三〇〇名を超える天文学者や技術者、二五の大学および研究機関の協力を得て発足した〈スローン・デジタル・スカイサーベイ〉という一大プロジェクトによる発見だ。専用のスローン望遠鏡での観測は、毎晩行なわれている。稼動を始めたのが二〇〇〇年で、少なくとも二〇一四年までは続けられる予定だ。〝銀河の壁〟は、全長が一〇億光年に及ぶ。気が遠くなるって？　ならないというのなら、今度は〝観測可能な宇宙〟（全宇宙ではなく、わたしたちが観測できる範囲のみ）の直径が、およそ九〇〇億光年であることを考えてみるといい。

これが物理学の力だ。つまり、この力のおかげで、わが〝観測可能な宇宙〟が一〇〇〇億余りの銀河で成り立っていることが明らかになる。また、宇宙における全物質のうち、星や銀河（それから、あなたやわたし）を形作る通常物質は、わずか四パーセント程度であることも明らかになる。約二三パーセントが、暗黒物質（これは、目に見えない）と呼ばれるものだ。存在することはわかっているが、それが何なのかはわからない。残りの七三パーセント、宇宙のエネルギーの大半を占めるのが、暗黒エネルギーと呼ばれるもので、これもまた目に見えない。それが何なのか、誰にも見当もつかない。総合すると、宇宙のエネルギーおよび質量の九六パーセントについて、わたしたちは不案内ということになる。物理学はたくさんのことを解明してきたが、解くべき謎はまだ多く、それがわたしを大いに奮い立たせる。

見えないものに〝触れる〟

物理学とは、想像を絶する無限の空間を探求する学問だが、その一方で、陽子のほんの一部分ほどの大きさしかないニュートリノのような物質のかけら、まさに極小の領域へと掘り下げたりもする。この分野の研究に乗り出して間もないころ、わたしが最も時間を費やしたのが、すこぶる小さな物質を扱う領域であり、放出される粒子や放射性核から生じる放射線を計測し、解読するという作業だった。いわゆる核物理学だが、爆弾を造る方面ではない。何が物質を動かすのかという、基礎の基礎とも言えることがらを研究していた。

目で見て、手で触れられる物質のほとんどが、水素、酸素、炭素など、結合して分子を作る元素からできているということ、また、元素の最小単位は、原子核と電子から成る原子だということは、誰でもたぶん知っているだろう。原子核は、そう、陽子と中性子でできている。宇宙で最も軽く、最も数の多い水素は、一個の陽子と一個の電子を擁する。しかしながら、原子核内に、陽子のほかに中性子を持つ形態の水素もある。同じ元素でありながら形質の異なる水素の同位体であり、重水素と呼ばれる。さらには、原子核内に、陽子とともに二個の中性子を持つ第三の同位体まで存在し、三重水素と呼ばれている。ある元素の同位体は、いずれも同数の陽子を持つが、中性子の数が異なり、その数が同位体の数になる。たとえば、酸素の同位体は一三、金の同位体は三六ある。

さて、これら同位体には、安定している――程度の差こそあれ、永久的に変わらない――ものが少なくない。とはいえ、大半は不安定、別の言いかたをすれば放射性であり、放射性の同位体は崩壊する。つまり、遅かれ早かれ、ほかの元素に変わるということだ。変わって安定した元素になるものがあり、その時点で放射性崩壊は止まるが、不安定になるものもあって、その場合、安定状態に達するまで崩壊が続く。水素の三種の同位体のうち、三重水素だけが放射性で、崩壊してヘリウムの安定同位体となる。酸素の一三種の同位体では、三種が安定している。金の三六種の同位体では、安定しているのは一種だけだ。

放射性同位体の崩壊の速さは〝半減期〟という物差しで測り、その半減期は同位体によってマイクロ秒（一〇〇万分の一秒）から数十億年までさまざまであることを覚えておこう。三重水素の半減期がもし一二年だとすると、三重水素のサンプルのうち半量が一二年で崩壊するということだ（二四年後には四分の一だけが残る）。原子核の崩壊は、多種多様な元素が変換され生成される過程として、最も重要性が高い。これは錬金術ではない。実際、わたしは博士号を取得するための研究の中で、金の放射性同位体が崩壊して水銀になるのをたびたび目にしたが、中世の錬金術師が望んだように、水銀が金に変わることはなかった。ところが、水銀の同位体の多く、またプラチナの同位体の多くが金へと崩壊する。ただし、プラチナの同位体のうちただ一種、水銀の同位体のうちのただ一種だけが、崩壊して安定的な金に、つまり指にはめることのできる貴金属になる。

　それは、じつにわくわくする作業だった。放射性同位体が、文字どおり自分の手の中で崩壊していくのだから。そして、かなりの集中を要する作業でもあった。わたしが扱う同位体は概して、半減期がわずか一日か数日のものだった。たとえば、金一九八の半減期は二日と半日強なので、手際よく作業しなければならなかった。デルフトの研究室から、同位体を製造するためのイオン加速装置サイクロトロンがあるアムステルダムへと車を走らせ、ふたたび大急ぎでデルフトへ戻ったものだ。研究室では、同位体を液状にするため酸に浸《つ》けて溶かし、それらをとても薄いフィルムの上に載せて、検出器にかける。

　わたしは核崩壊についての理論を実証しようとしていた。原子核から放出される電子に占めるガンマ線の比率を予測する理論だ。その作業は、精確な計測を必要とした。すでに多くの放射性同位体でなされていた作業だが、少し前に行なったいくつかの測定では、理論による予測と異なる結果が得られた。指導教官であるアールダート・ワプストラ教授は、誤っているのが理論なのか測定なのかを突き止めるようわたしに求めた。はなはだ難解なパズルに挑むような、とてもやりがいのある作業だ。先に思いついた研究者たちの計測より、わたしの計測のほうがはるかに精確でなければならないのだから。

電子は非常に小さく、有効な大きさを持たないと見なす学者もいるほどだ。直径が一〇〇〇兆分の一センチにも満たない。ガンマ線の波長は、一〇億分の一センチ以下だ。にもかかわらず、それらを検出し、数を数える方法を、物理学はわたしに授けてくれた。そこがまた、実験物理学のたまらないところだ。見えないものに〝触れる〟ことができる。

必要な測定を行なうため、わたしは可能なかぎりサンプルを抽出しなければならなかった。サンプル数が多ければ多いほど、精度が高くなるからだ。作業を六〇時間ぶっ通しで行なうこともめずらしくなく、徹夜もざらだった。なんだか取り憑かれたようになっていた。

実験物理学者であるからには、精確さがすべての要《かなめ》だ。厳密であることだけが問題で、精度の示されない測定は意味がない。この単純でいて強力な、あくまで基本に則《のっと》った考えかたは、大学の物理学の教科書ではたいてい無視されている。精度を知るということは、人生のじつにさまざまな局面で、たいへんな重みを持つ。

放射性同位体を扱う作業において、達成すべき精度にこぎつけるのはとても骨の折れることだが、三年、四年と経つうちに、測定の腕はどんどん上がってきた。いくつかの検出器を改良すると、きわめて精密に測れるようにもなった。わたしは理論を裏づけ、研究成果を発表し、一連の作業を博士論文としてまとめた。とりわけ晴れがましかったのは、わたしの研究が確証に近いものをもたらしたと評価されたことで、これはそうたびたび得られる栄誉ではない。物理学の分野、さらに広げて科学一般においても、実験回数の多さが明確な結果につながるとは限らない。揺るぎない結論に到達できたわたしは、運がよかったのだ。難問を解決し、物理学者としての地歩を固め、原子より小さい世界という未知の領域の海図を作る手助けができた。二九歳のわたしは、物理学界にしっかりと貢献できることに胸を高鳴らせていた。ニュートンやアインシュタインが成し遂げたような、とてつもない規模の、物理界を根底から覆すような発見の機会は、誰にでも訪れるわけではないが、探査の準備の整った未踏の地は、まだ数えきれないほどある。

さらにまた運がよかったのは、わたしが学位を取得した当時、宇宙の本質をめぐるまったく新しい発見の時代が、幕をあけようとしていたことだった。天文学者たちは驚異的なペースで、次から次へと発見を重ねていた。火星や金星の大気を調べたり、水蒸気を探し出したりする者がいた。今では〝ヴァン・アレン帯〟と呼ばれている、地球の磁場の力線を取り巻く荷電粒子の帯を発見した者もあった。別の研究者らは、クエーサー（準恒星状天体）として知られる巨大かつ強烈な電波源を見つけた。一九六五年には、宇宙マイクロ波背景放射（ＣＭＢ）が発見された。これは、ビッグバンにより放出されたエネルギーの余波であり、宇宙の起源にまつわるビッグバン理論の有力な証拠となって、論争を巻き起こした。それから間もない一九六七年には、パルサーと呼ばれる新たなカテゴリーに属する星が発見されることになる。

わたしとしては、原子核物理学の研究を続けてもよかった。というのは、そちらの分野でも、相当数にのぼる発見があったからだ。この研究では、急速な成長を遂げつつある亜原子粒子の雑然とした世界をもっぱら追求するのだが、なかでもまず、陽子と中性子の構成要素であるクォークという素粒子に、重きが置かれる。クォークは、性質の幅がかなり特徴的で、物理学者はそれらを分類するため、フレーバーと呼ばれる区分法を導入した。アップ、ダウン、ストレンジ、チャーム、トップ、ボトムという種別に区分するのだ。クォークの発見は、机上の概念にすぎなかった理論が裏づけられるという、科学のまさに優美な瞬間のひとつだった。理論家が予測したクォークの存在を、実験主義者がどうにか突き止めたというわけだ。そして、なんとも意外なことに、その土台となる部分が、従来知られていたよりもはるかに複雑な性質を持つことが明らかになった。例を挙げると、現在では、陽子は二個のアップと一個のダウンという三個のクォークから成り、それらはもっと強い核力であるグルーオンという別の異色の粒子によって結合していることがわかっている。近年では、アップクォークの質量が陽子の〇・二パーセント、ダウンクォークが〇・五パーセントを占めるらしいという算定もなされた。もはや、祖父たちが慣れ親しんだ原子核の時代ではないのだ。

粒子の雑然とした世界が、立ち入ればおもしろい研究分野であることは間違いなかった。ところが、幸運な偶然から、原子核に由来する放射線測定のために習得した技術が、宇宙の探測にきわめて有用であることがわかった。一九六五年、ＭＩＴのブルーノ・ロッシ教授から、Ｘ線天文学の研究に参加するよう招かれた。当時、Ｘ線天文学はまったく新しい分野で、一九五九年にロッシが先鞭《せんべん》をつけ、その歴史はまだほんの数年と浅かった。

マサチューセッツ工科大学へ

ＭＩＴへの招聘《しょうへい》は、わたしの身に起こったうちで最高の出来事だった。宇宙線をめぐるロッシの研究は、今やすでに伝説だ。ロッシは、戦時中にはロスアラモスのとある機関に出向き、太陽風の測定、さらには惑星間プラズマ——太陽から放出される荷電粒子の流れで、オーロラや北極光をもたらし、また彗星の尾を太陽と逆側にたなびかせる働きをする――についてのパイオニアとなった。ロッシは当時、宇宙に存在するX線を探り当てようと考えていた。これは、まったくもって試験的な研究だった。見つかるのかどうか、ロッシ本人にも予測がつかなかった。

当時のMITでは、なんでも許された。どんな思いつきだろうと、それが実行可能だと周りを説得できれば、実行に移せた。オランダとは大違いだ！　デルフト工科大にはれっきとした序列があり、院生は奴隷《どれい》のように扱われていた。教授たちは研究棟の出入口の鍵を渡されていたが、院生が持ち歩けたのは、自転車が置かれた地下の鍵だけだ。研究棟に入るときは駐輪場を縦断しなくてはならず、そのたびに、自分が無価値な人間だという事実を思い知らされるのだった。

五時以降に作業をしたい場合、毎日、午後四時までに、遅くまで研究室に残る理由を届け出なくてはならず、わたしはそれこそ一年じゅう、そのための書類を書かされていた。お役所ふうの形式主義には、心底うんざりさせられた。

わが研究所を預かる三人の教授は、正面玄関の近くに駐車場を確保していた。そのうちのひとり、わたしの指導教官は、アムステルダムを研究の拠点とし、デルフト大学には週に一度、火曜日しか顔を出さなかった。ある日、わたしはきいてみた。「教授がこちらにいらっしゃらないときは、駐車場を使ってもよろしいですか？」教授が答える。「もちろんだ」ところが、初めてそこに駐めた日に、わたしは構内放送で呼び出され、これでもかというきつい語調で、車を移動するよう指示された。

ほかにもこんなことがあった。アムステルダムに同位体を取りに行くことになったわたしは、コーヒー代として二五セント、昼食費として一・二五ギルダー（一・二五ギルダーは、当時の一米ドルの約三分の一）をあてがわれており、それぞれ別の領収書を提出しなければならなかった。そこで、昼食費に二五セント上乗せし、一・五〇ギルダーの領収書一枚を提出するだけでいいかどうかきいてみた。学部長のブレーゼ教授は書面で返事をくれ、そこには、豪華な食事をしたいのならそれで構わない――ただし自腹で、と記されていた。

ＭＩＴに移って、そういうあれやこれやから自由になれたのは、じつにうれしいことで、生まれ変わったような心地がした。何もかもが、研究者の意気を高めるよう手配されていた。正面玄関の鍵も持ち歩けたし、昼夜問わず、好きな時間に自分の研究室で作業することができた。わたしにとって研究棟の鍵は、すべてに通じる鍵のようなものだった。着任して六カ月後の一九六六年六月には、物理学科長から教授職の話を持ちかけられた。わたしはその申し出を受け、今に至っている。

今でもナチスに追われる夢を見る

ＭＩＴという新天地を与えられて、わたしがとても晴れやかな気分を味わったもうひとつの理由は、第二次大戦のむごい体験をくぐり抜けてきたことだ。身内の半数をナチスに殺された悲劇を、わたしはいまだ消化できていない。その話を口にすることはあっても、それはかなり稀《まれ》で、なぜならたいへんな苦痛を伴うからだ。六五年以上も前の出来事だが、今なお胸を押しひしがれる。それについて姉のビーと語らうとき、ふたりとも必ずと言っていいほど慟哭してしまう。

わたしは一九三六年生まれなので、一九四〇年五月一〇日にドイツ軍がオランダに侵攻したときは、まだ四歳だった。最初の記憶のひとつは、家族全員——母の両親、母、父、姉、わたし——が自宅（ハーグ市アマンデル通り六一番地）の浴室に身をひそめていたというもので、それはナチスの軍勢がわが国に入ってきた直後の光景だった。それぞれが濡れたハンカチで口もとを覆っていたのは、毒ガス攻撃の警告があったせいだ。

一九四二年、オランダ警察は、ユダヤ人であるわたしの祖父母、グスタフ・ルーウィンとエマ・ルーウィン・ゴットフェルトを、居宅からひっさらっていった。時期をほぼ同じくして、父の妹のユリア、その夫ヤコブ（通称イェンノ）、そして三人の子どもたち——オットー、ルディ、エミー——も引きずり出し、全員を手荷物もろともトラックに乗せて、ウェスターボルクの通過収容所へと送り込んだ。一〇万人以上にのぼるユダヤ人が、ウェスターボルクを経て、方々の収容所へ送られていった。ナチスはわたしの祖父母をただちにアウシュビッツに送り、殺した。毒ガスで——一九四二年一一月一九日、到着したその日に……。祖父は七五歳、祖母も同じ歳だったので、労働収容所行きの対象にならなかったのだ。アウシュビッツと比べると、ウェスターボルクは別世界であり、一見しただけではユダヤ人専用の行楽地みたいだった。バレエ公演もあれば、店も出ていた。母も、じゃがいものパンケーキを焼いては、ウェスターボルクにいる身内に送り届けたものだ。

叔父のイェンノは無国籍だったので、時間を稼ぐことができ、家族ともども一五カ月にわたってウェスターボルクで過ごした。だが、やがてナチスは家族を引き離し、別々の収容所に送り込む。叔母のユリア、従妹のエミーとルディは、まずドイツのラーフェンスブリュックにある女性の強制収容所へ、それから同じくドイツのベルゲン・ベルゼン強制収容所へと送られ、戦争が終わるまで監禁された。叔母は、収容所が連合国軍により解放された一〇日後に亡くなったが、従妹たちは生き延びた。いちばん年長の従弟オットーも、やはりラーフェンスブリュックの男性収容所に送られ、大戦末期にはザクセンハウゼン強制収容所に行き着いた。一九四五年四月のザクセンハウゼンにおける〝死の行進《デス・マーチ》〟も、どうにか切り抜けた。叔父イェンノは、そのままブーヘンヴァルト強制収容所に送られ、そこで殺された——五万五〇〇〇を超える人たちとともに……。

もうずいぶん長いこと観ていないが、ホロコーストに関する映画を観るたび、わたしはじかに自分の身内を投影してしまう。『ライフ・イズ・ビューティフル』という映画に対して、尋常ではない苦痛を覚え、不快感すら抱いたのもそのせいだ。あれほど深刻なことがらを笑い飛ばす気には、どうしてもなれなかった。ナチスに追われる夢を見るのは相変わらずで、底なしの恐怖感とともに目が覚めることも少なくない。一度などは、ナチスに処刑される自分の姿を目撃する夢を見たこともあった。

いつか、父方の祖父母の最後の足取りを、鉄道の駅からアウシュビッツのガス室まで、たどってみたいと思っている。実現できるかどうかはわからないが、それがふたりを追悼するひとつの手立てだという気がするのだ。桁外れの非道に対して、わたしたちができるのはささやかな意思表示ぐらいのものかもしれない。それは、忘却を拒否するということだ。わたしは自分の身内に関して、強制収容所で〝死んだ〟とはけっして言わない。必ず〝殺された〟という語を使う。言葉の陰に、現実を隠してはならない。

なぜ人間は悲劇に慣れることができるか

わたしの父はユダヤ人だが、母はそうではなく、非ユダヤ女性との婚姻という免除条件のおかげで、父はすぐには標的にならなかった。それでも、一九四三年という早い時点で番が回ってきた。わたしは、父が黄色い星を身につけさせられたのを覚えている。母と姉とわたしは、つけなくてもよかったし、少なくとも初めのころは、家族の誰もその星をあまり気にしてはいなかった。父は多少、服で隠したりしていたが、そうすることは禁じられていた。ほんとうに恐ろしかったのは、過熱化の一途をたどるナチス側の規制に、父が徐々に順応させられていくことだった。まず初めに、公共の交通機関を利用できなくなった。続いて公園も。そして、飲食店にも入れなくなった。長年行きつけの場所から、〝歓迎されざる人《ペルソナ・ノン・グラータ》〟として排除されたのだ！　驚嘆すべきは、人間の適応能力だろう。

公共交通機関を使えなくなったとき、父はこう言ったものだ。「なに、バスや電車なんか、めったに乗るものじゃない」。公園に出入りできなくなったときには、「なに、公園なんか、わざわざ行く場所じゃない」。そして、飲食店に入れなくなったときには、「なに、レストランなんか、しょっちゅう行くわけじゃない」。父は、そのやりきれない事実を、生活がちょっと不便になっただけで、取るに足りないことだと思わせようとしていた。おそらくは子どもたちのために、そして、自分自身の心の平安のためにも……。ほんとうのところはわからない。

それもまた、わたしにとって口にするのがとてもつらい話題のひとつだ。人間にはなぜ、水位の上昇に少しずつ気づきながら、それがやがて自分を溺れさせることを認めずにいる能力が備わっているのだろうか？　見えているのに、同時に見えていないなどということが、どうしてありうるのだろうか？　わたしの手には余る問題だ。感覚としてはもちろん、全面的に理解できる。生き延びるには、自分をあざむく力に頼り続けるしかないということだろう。

ナチスはユダヤ人が公園に立ち入るのを禁じたが、墓地を歩くことは許していた。わたしは今でも、父と近くの墓地をよく散歩したことを思い出す。ふたりして、親戚の人たちがなぜどうやって死んだのか――四人いっぺんに死んだ日もある――に思いを巡らせたものだ。今でも、ケンブリッジにある有名なマウント・オーバーン墓地を散歩しながら、わたしは同じ想像にふける。

子どものころの経験の中で、いちばん衝撃的だったのは、父が突然、姿を消したことだった。父がいなくなった日のことを、わたしは鮮明に覚えている。学校から帰ってくると、気配でなんとなく、父の不在が感じられた。母は留守だったので、わたしは子守のレニーに尋ねた。「父さんは？」すると、何やら安心させるような答えが返ってきたのだが、わたしはそれでますます、父がいなくなってしまったことを確信した。

姉のビーは、父が立ち去るところを目撃していたが、それをわたしに明かしたのは、何年も経ってからのことだった。安全上の理由から、わたしたち四人は同じ寝室で眠っていた。姉が見たのは、明け方の四時ごろ、やおら起き出して衣類をかばんに詰める父の姿だった。それから母にキスをして、立ち去ったという。母は、父がどこに行こうとしているのか知らなかった。知れば、かなりの危険を背負うことになっただろう。というのも、父の居場所を突き止めるために、ドイツ軍は母を拷問するかもしれず、もしそうなったら母は、隠し通せないはずだからだ。今なら、父はレジスタンスにかくまわれていたのだとわかるし、実際、その後しばらくして、レジスタンス経由で父からの伝言を受け取ることになるのだが、そのときは居どころも、生死さえもわからず、わたしは怖くてたまらなかった。

まだ幼かったわたしには、父の不在が母にどれほど深く作用したか、汲み取れるはずもなかった。両親は自宅で私塾のようなものを営んで——それがわたしの教えることへの情熱に強い影響を与えたことは間違いない——おり、母は独力で運営を続けようと奮闘していた。ただでさえ落ち込みやすい性格なのに、今は夫がそばにいず、さらに子どもたちが強制収容所に送られはしないかという不安が重なった。わたしたちが連れ去られることを、母は心底恐れていたらしく、その後五五年も経ってから、こんな打ち明け話をしてくれた。ある夜のこと、母は、姉とわたしに台所で寝るよう持ちかけた。そして、ドア下のすきまにカーテンや毛布やタオルを詰め込んで、空気が漏れ出ないようにした。そのあと、ガス栓を開き、わたしたちを寝かしつけて、親子心中を図るつもりだったのだが、とうとう踏み切れなかった。そんな考えを起こした母を、誰が責められるだろう? 姉にもわたしにもその資格はない。

わたしはとても心細かった。なのに、ばかげて聞こえるかもしれないが、まだ七、八歳ながら、家で唯一の男だったから、なんとなく一家の柱みたいになった。わたしたちの暮らすハーグでは、海岸沿いに老朽化した家屋がずらりと並んでいたが、それが半分壊され、ドイツ軍の燃料庫が造られているところだった。わたしは岸に繰り出し、その家々から材木を盗んで——〝集めて〟と言いたいところだが、やはりこれは盗みだ——炊事や暖房用の燃料の足しにした。

わたしたちは冬を暖かく過ごそうと、ごわごわでちくちくする粗悪な毛糸で織ったセーターを着た。わたしは今でも毛織物の感触に耐えられない。肌がとても敏感なので、寝るときは八〇〇スレッドカウント綿のシーツを敷いている。質のよい木綿のシャツ——肌を刺激しないもの――を誂《あつら》えるのも、同じ理由からだ。娘のポーリーンが言うには、彼女が毛織のセーターを着ていると、わたしは顔をそむけるらしい。戦争はいまだに、わたしの人生にこれほど大きな影を落としている。

父は、戦争がなおも続く一九四四年の秋に帰ってきた。そのいきさつを巡っては、家族内で見解の相違があるが、わたしの知るかぎりでは、こういうことらしい。ある日、母の姉、しっかり者の伯母のラウクが、ハーグから約五〇キロのアムステルダムで、父が別の女性といるのを見かけたのだ！　伯母は、ふたりと距離を保ったままあとをつけ、父がある家に入っていくところを確かめた。後日、もう一度見に行って、父が女性と暮らしている事実を突き止めた。

伯母から真相を聞かされた母は、初めこそ余計に落ち込み、取り乱したそうだが、やがてわれに返り、船でアムステルダムに向かって（列車はもう運行していなかった）、その家につかつかと近づいていき、呼び鈴を鳴らしたという。出てきた女に、母は言った。「夫に話があります」女が答える。「ルーウィンさんの妻は、わたしですけど」しかし、母は食い下がった。「夫と会わせてください」父が玄関まで出てくると、母は言った。「五分で荷物をまとめていっしょに帰るか、さもなければ離婚して、二度と子どもたちと会わないか」三分後、父は手荷物を持って階下に現われ、母とともに帰宅した。

考えようによっては、父が家に戻ってきたことで、状況はずいぶん悪化した。父――わたしと同じ、ウォルター・ルーウィンという名だ――がユダヤ人であることは、近所に知られていたからだ。レジスタンスは父に、ヤープ・ホルストマンという名義の偽造身分証明書を発行しており、姉とわたしは〝ヤープ叔父さん〟と呼ぶよう指示された。ナチス側に通報する人間が現われなかったのは、まさに奇跡というべきで、現在に至るまで、それがなんのおかげなのか、姉にもわたしにも見当がつかない。大工がわが家にやってきて、一階の床にハッチを造った。ふたを持ち上げると、狭い空間が現われ、父が中に隠れられるようになっていた。父はみごとに、逮捕連行の危機を逃れ続けた。

父が戻ってきて八カ月ほどで終戦を迎えたが、そのあいだに、戦時中で最も過酷な時期となった一九四四年の凶作、〝飢餓の冬〟があった。餓死者は二万人近くにのぼった。燃料も足りず、わたしたちは家の床下にもぐり込み、根太《ねだ》――床板を支える太い角材――を一本おきに引き抜いて、薪にした。〝飢餓の冬〟のあいだ、わたしたちはチューリップの球根や、木の皮まで食べた。食べ物にありつくために、近所の人たちは父をドイツ軍に引き渡すこともできたはずだ。ユダヤ人ひとりを引き渡すごとに、現金がもらえた（確か五〇ギルダーで、当時のレートで約一五米ドル）。

わが家に、ドイツ軍兵士が乗り込んできたことがあった。どうやらタイプライターを収奪するのが目的らしく、わが家でタイピングを教えるのに使っていたものにも目を留めたが、古すぎると判断したようだった。いかにもドイツ人らしい、不合理なまでの頭の固さで、タイプライターを集めるよう命じられたら、ユダヤ人を集めることなど、もう考えもしないのだ。まるで映画の中の幸運な出来事みたいだが、現実にそんなことがあったのだった。

これほどの戦争トラウマを負いながら、それなりに普通の子ども時代を送れたのは驚異的なことだと思う。戦前から戦中にかけて、両親は私塾――ハーグ式教養学校――の経営を続け、タイピング、速記法、語学、経営技術を教えてきた。わたしも大学時代には、そこで講師を務めた。

芸術を奨励する両親のもとで育ったおかげで、わたしも芸術について学ぶようになった。大学時代には、学業面でも社交面でも申し分のない生活を送った。結婚したのが一九五九年で、大学院に入ったのが一九六〇年の一月、その年の暮れには長女ポーリーンが生まれた。その二年後に長男エマニュエル（今では〝チャック〟と呼ばれている）が誕生し、一九六五年には次女エマが産声をあげた。次男ヤコブが生まれたのは一九六七年で、アメリカでのことだった。

ロケットが開けた宇宙の窓

ＭＩＴにやってきたとき、運はわたしに味方した。気がつくと、発見の大爆発のど真ん中に居合わせていた。わたしが提供させられた専門技術は、ブルーノ・ロッシ率いる先駆的なＸ線天文学チームの目的にぴったり合致するものだった。といっても、宇宙研究については、これっぽっちもわかっていなかったのだが……。

Ｖ２ロケットが地球の大気圏を突き破り、発見のチャンスが一挙に到来した。そのＶ２を設計したのは、皮肉にも、元ナチ党員のウェルナー・フォン・ブラウンだ。ブラウンは第二次大戦中に、連合国の一般市民を殺すための、相当な破壊力を持つロケットを開発した。ドイツのペーネミュンデを経て、悪名高いミッテルヴェルクの地下工場に移り、そこでは強制収容所の労働者がロケット建造に従事させられ、その工程で二万人の命が犠牲になったという。ロケットそれ自体も七〇〇〇人以上を殺戮《さつりく》し、被害者の大半はロンドン市民だった。ロケットの発射場は、ハーグ近くの、母方の祖父母宅から二キロ弱の場所にあった。エンジンを稼動させたときのシューシューという音、発射時の轟音は、今でも耳に焼きついている。連合軍は一度、爆撃でＶ２の設備工場を破壊しようとしたことがあったが、狙いをはずし、かえって五〇〇人ものオランダ国民が犠牲になった。戦後、アメリカに連れてこられたフォン・ブラウンは、やがて功労者としてもてはやされることになる。わたしとしては、首をかしげざるをえない。だって、戦犯ではないか！

フォン・ブラウンは、一五年にわたりアメリカ陸軍に協力し、レッドストーンとジュピターという、V2の後継となる二種の核弾頭搭載ミサイルを設計した。一九六〇年にNASAの一員となって、アラバマ州のマーシャル宇宙飛行センターで指揮を執り、宇宙飛行士を月に送るためのサターンロケットを開発した。フォン・ブラウンによる後継ロケットは、X線天文学の分野そのものまで打ち上げたのだから、出発点は兵器でありながら、自然科学にも多大な貢献を果たしたことは確かだ。一九五〇年代後半から一九六〇年代初頭にかけて、それらのロケットは新しい世界の窓——いや、宇宙の窓！——を開き、わたしたちはその窓を通して、地球の大気圏の外側をのぞき、別の方法では見えなかったものを調べることができるようになった。

大気圏外からのX線の発見は、ロッシの直感が頼りだった。一九五九年にロッシは、教え子のひとりであり、その当時、ケンブリッジのASE社（アメリカン・サイエンス・アンド・エンジニアリング株式会社）の社長を務めていたマーティン・アニスのもとを訪れて、こう言った。「X線が大気圏外に存在するかどうか、確かめてみようじゃないか」

のちのノーベル賞受賞者リカルド・ジャコーニ率いるASEの研究チームは、一九六二年六月一八日、ガイガー＝ミュラー計数管三台を載せたロケットを発射した。ロケットは地球の大気圏を抜け、八〇キロ以上の高度にきっかり六分間とどまった——大気はX線を吸収するので、どうしても大気圏外に達する必要があったのだ。

果たしてX線は探知され、さらに重要な事実として、そのX線が太陽系の外に源を発していることが立証できた。天文学の様相を一変させる大事件だ。誰も予期しておらず、X線源がそこにあるもっともな理由を、考えつく者もいなかった。つまり、その発見の真の意味を、誰もが理解できなかったのだ。ロッシは頭の中で、ひらめきを壁に投げつけては、それが壁面にくっつくかどうか試し続けてきた。そういう直感こそが、人を偉大な科学者たらしめる。

光速より速く遠ざかる銀河

わたしは、ＭＩＴに初めて足を踏み入れた正確な日付を覚えている。一九六六年一月一一日で、なぜ覚えているかというと、子どものひとりがおたふく風邪にかかり、ボストン行きを遅らせなければならないハプニングがあったからだ。おたふく風邪は伝染性なので、オランダ航空（ＫＬＭ）機には搭乗させてもらえなかった。着任した初日に、わたしはブルーノ・ロッシとジョージ・クラークに会った。ジョージといえば、一九六四年にいち早く、気球をかなりの高度——約四三〇〇メートル——まで飛ばし、その高度まで降下してくるごく高エネルギーのX線の源を探そうとした研究者だ。ジョージはわたしに言った。「うちのグループを希望してくれると、助かるんだけどなあ」わたしはまさしく、適切な時期に適切な場所にたどり着けたのだった。

何かを他に先駆けてやれば、成功は保証されたようなもので、わたしたちのチームは次から次へと発見を重ねていった。ジョージはとても太っ腹で、二年後には、グループをそっくりわたしに引き継がせてしまった。天文物理学の最新の波の、そのまた最前線を行くという経験は、なんともすばらしかった。

当時の天文物理学界における最も刺激的な仕事場に、ひょんなことで入り込んだわたしはすこぶる運がよかったわけだが、ほんとうのところ、物理学のどの領域にも驚異がひそんでいる。どの分野も、好奇心を沸き立たせるような楽しさに満ち、あっと驚く新事実が、絶えず明らかにされている。こちらが新たなＸ線源を探っているそのあいだに、素粒子物理学者たちは、原子核のさらに基《もと》となる構成単位を探っていた。原子核を結びつけているものの正体を暴き、〝弱い〟核力を伝播するのがＷボソンとＺボソンで、〝強い〟核力を伝播するのがクォークとグルーオンであることを発見したのだ。

物理学のおかげで、わたしたちは時の流れをはるばるさかのぼって宇宙の始まりを確かめ、銀河の無限性をかいま見つつ、ハッブル・ウルトラ・ディープ・フィールドという名の気が遠くなるような画像をとらえることができる。このウルトラ・ディープ・フィールドをオンライン検索せずして、この章を閉じてはならない。わたしの友人には、そのイメージ画像をスクリーンセーバーに設定した者が何人もいる！

宇宙の年齢はおよそ一三七億歳。とはいえ、ビッグバン以来、宇宙空間そのものがとんでもなく拡大しているという事実にもとづけば、今観測しているのは、ビッグバンからおよそ四億から八億年後に形成された銀河群であり、それは一三七億光年よりずっと遠くにあることになる。天文学者らによる現時点での推定では、〝観測可能な宇宙〟の端は、地球から見て全方角とも四七〇億光年の距離にある。宇宙空間が拡大しているため、遠方に存在するいくつもの銀河は今、地球から光よりも速いスピードで遠ざかっている。この話を聞いて、衝撃を受けたり、あるいはそんなはずがないと首を横に振ったりしたあなたは、アインシュタインが特殊相対性理論で唱えた、光より速いものはないという説を頭に植えつけられて育ってきたのだろう。ところが、同じアインシュタインの一般相対性理論によれば、宇宙空間そのものが拡大しているとき、銀河間の速度に限界はない。科学者たちが目下、宇宙論――全宇宙の起源と進化を研究する学問分野――の黄金時代を生きていると自賛するのは、もっともな理由があってのことなのだ。

物理学は説明してくれる。

虹の美しさと儚《はかな》さを、ブラックホールの存在を、惑星がそれぞれ独自の動きを示す理由を、星が爆発するとき何が起こっているのかを、アイススケートの選手が腕を体に引き寄せると回転速度が上がるわけを、宇宙飛行士が宇宙空間で無体重になるわけを、宇宙はどんな要素から成り、いつ始まったのかを、フルートが音楽を奏でる仕組みを、人間の生み出した電気が人体を動かし、経済を動かすその原理を、ビッグバンの際、ほんとうに〝バン〟という音が鳴り響いたのかを……。物理学者たちは、原子以下の最小の空間単位から宇宙の最果てに至るまでの細密な学理の地図を作りあげてきたのだ。

わが友人で、同僚でもあった――わたしがＭＩＴにやってきたとき、すでに重鎮だった――ヴィクター・ワイスコップに、『物理学者であることの特権』（邦訳タイトルは『サイエンティストに悔いなし――激動の20世紀を生きて』）という著書がある。このすばらしい標題は、人類が夜空をしげしげと眺めだしてこのかた、天文学と天文物理学における最も刺激的な発見が次々なされた時期に、その現場の中心近くに居合わせたわたしの胸中をそのまま表わしている。ＭＩＴでともに働いた同僚や、わたしとちょうど入れ替わりに去った研究者らは、科学の全分野における根源的な問題に挑み続けるため、驚くほど独創的かつ先鋭的なもろもろの手法を編み出してきた。そして、星や宇宙について人類が共有する知を広める手助けをすることと、幾世代にもわたる後輩たちに、この壮大な物理界への正しい理解と愛をもたらすことのふたつが、わたし自身の〝特権〟になっている。

崩壊しかけた同位体を握り締めていたころから、物理学における発見の喜びは、わたしの中で途絶えたことがない。新旧こもごもの知に至る発見、豊かな発見の歴史と絶えず動き続ける発見の最前線、身の回りのどこにでもある思いがけない不思議に目を開かせてくれる発見の道筋……。わたしにとって物理学とは、壮観なものとありきたりのもの、厖大なものと微小なものを、美しく、躍動的に織り成された統一体としてとらえるひとつの視点なのだ。

こんなふうにして、わたしは日ごろから、物理学を学生たちのあいだに芽吹かせようと努めている。ほとんどの学生は物理学者になるわけではないのだから、複雑な数理計算に取り組ませるより、発見することのすばらしさを胸に刻ませるほうが、ずっと大切ではないかと思う。今まで学生たちが世の中を違う角度から見る助けとなるよう、わたしは全力を尽くしてきた。今まで彼らの頭に浮かんだこともなかった疑問を突きつけ、今まで見たこともなかった方法で虹を見せ、こまごました数値や数式より、物理学の妙なる美そのものに焦点を合わせてきた。それはまた、本書のめざすところでもある。

われらが世界の仕組みと、その度肝を抜く優雅さ、そして美しさを照らし出す物理学の真髄に、あなたが開眼するきっかけとなるように——。

Measurements, Uncertainties, and the Stars

第2講
物理学は測定できなければならない

物理学の基本は測定にある。
測定によって理論を確かめる。
測定には不確かさがつきもので、
それがどの程度の不確かさなのかが重要になってくる。
動物はどれだけ大きくなれるかから、星と星の距離に至るまで、
本講では測定とその不確かさについて考える。

ひも理論は物理学か

物理学とは根本的に実験科学であり、すべての実験、すべての発見の中心には、測定と、その不確かさがある。物理学においては、偉大な理論上の発見も、測定しうる数量についての予測という形を取る。例えば、おそらく物理学で最も重要な単独の方程式である、ニュートンの運動の第二法則「F=ma（力＝質量×加速度）」しかり、あるいは物理学で最も有名な方程式である、アインシュタインの「$E=mc^2$（エネルギー＝質量×光速の二乗）」しかり。このような方程式を介する以外に、物理学が密度、重さ、長さ、荷量、重力、温度、速度など測定可能な数量の関係性を表現できる方法はあるだろうか？

この点、わたしの見かたが多少偏っているかもしれないことは認めよう。確かに、わが博士論文研究は、多様な原子核崩壊について高精度の測定を伴うものだったし、初期のX線天文学へのわたしの貢献は、何万光年も離れた場所から届く高エネルギーX線の測定から得られたものだった。はっきり言って、測定抜きには物理学は語れないのだ。そして同じぐらい大切なことだが、不確かさへの考慮なしに、意味ある測定はありえない。

人は常に、無意識のうちに、常識的な範囲での不確かさを考慮に入れているものだ。銀行から口座残高明細が送られてきたとき、考慮に入れる不確かさは一セント未満だろう。ネット通販で服を買うときも、まさかワンサイズ以上の不確かさは予期しない。例えばウエストが三四インチのパンツを買う場合、三パーセントも違えば、サイズが一インチ変わる。三五インチのものだと腰からずり落ちるし、三三インチのものをはけば、いつの間に太ってしまったのかと自己嫌悪に駆られるだろう。

また、測定数値が正しい単位で表わされることも重要だ。かつて、一一年の歳月と一億二五〇〇万ドルの費用が投じられた火星探査機が悲惨な結末に陥ったのも、単位の混乱が原因だった。技術チームのひとつがメートル法を用いていたのに対し、別のチームがポンド・ヤード法を使っていたため、一九九九年九月、探査機は火星の安定軌道に乗れず、大気圏に突入してしまったのだ。

本講義では基本的に、科学者の大半が使っているメートル法を使用する。温度については摂氏またはケルビン絶対温度（摂氏＋二七三・一五）を使う。

わたしは物理学において測定が重大な役割を担うと考えているので、測定によって実証できない理論には疑問を抱いている。例えば、ひも理論や、さらにそれに磨きをかけた超ひも理論、言い換えれば〝万物の理論〟を追究する理論家たちによる最先端の研究だ。理論物理学者たちの中には、ひも理論を扱う非常に優秀な学者が何人もいるのだが、彼らはまだひも理論の命題を実証するための実験ひとつ、予測ひとつすら思いついていない。ひも理論では何ひとつ実験的に証明することができないのだ……少なくとも、今のところは。つまり、ひも理論には予測力がなく、それが理由で、ハーヴァード大学のシェルドン・グラショーなど一部の物理学者は、この理論が物理学なのかどうかさえ疑問視している。

もちろん、ひも理論には才気あふれる雄弁な提唱者たちがいる。ブライアン・グリーンもそのひとりで、著書『エレガントな宇宙』やＰＢＳ（米公共放送協会）の同名の番組（わたしも少しインタビューで登場した）は確かに魅惑的で美しい。またエドワード・ウィッテンのＭ理論は五つの違ったひも理論を統合しており、宇宙には一一の次元があるが、われわれのような低級な生物にはたった三つの次元しか見えないのだと仮定するあたり、なかなか刺激的で、想像するだけでもおもしろい。

寝ているときに身長が高くなる？

しかし理論がそこまで達すると、わたしは祖母、すなわち母の母である偉大な女性のことを思い出さずにいられない。そのすばらしい言動の数々が、天性の科学者的気質をうかがわせる人だった。例えば、祖母はよくわたしに、人間は横になったときより立っているときのほうが背が低くなる、と言っていた。これを学生に教えるのが、今のわたしの大きな楽しみだ。わたしはいつも最初の授業で、わが祖母に敬意を表し、この突拍子もない説を試してみようと告げる。学生たちはもちろん、あっけに取られている。心の声が聞こえてくるようだ。「横になった状態より立った状態のほうが背が低い？　まさか！」

学生たちが信じないのは無理もない。たとえ横になった状態と立った状態で身長に違いがあったとしても、その差は非常に小さいはずだ。だって、例えばもし三〇センチ違ったら、いくらなんでも自分で気づくだろう？　朝ベッドから出て立ち上がったとたん、がくんと三〇センチ低くなったりしたら……。けれど、もし一ミリしか違わなかったら、たぶん気づかないのではないか。というわけでわたしは、たとえ祖母が正しかったとしても、その差はせいぜい数センチだろうと考える。

実験を挙行するにあたって、まずは当然、測定には不確かさが伴うことを学生に納得させなければならない。そこで最初に、アルミニウムの棒を縦にして測定——結果は一五〇・〇センチ——し、わたしが誤差プラスマイナス一ミリの計測能力を備えているという前提を、学生たちに受け入れてもらう。そうすると、縦の測定は一五〇・〇±〇・一センチになる。それから今度は、その棒を水平に倒して一四九・九±〇・一センチという値を得るが、これは誤差の範囲内だから、縦での測定結果と一致する。

アルミニウム棒をわざわざ方向を変えて測ることで、わたしは何か得をするのか？　たくさんの得をする！　第一に、二回の測定によって、わたしが実際に、〇・一センチ（一ミリ）の精度で長さを計測できることが証明された。しかし、少なくともわたしにとって同じぐらい重要なのは、これがおふざけではないことを学生たちに示せたことだ。例えば、水平での測定に特殊な仕掛け付きの物差しを使ったとしたら、それはとんでもなく不正直な行為だろう。アルミニウム棒の長さが垂直でも水平でも同じであると示すことで、わたしは自分の科学的誠実さに一点の曇りもないことを証明できるのだ。

そのあと、実験台を引き受けてくれる学生をひとり募り、志願者の身長を立った姿勢で測って、数値を黒板に書く——一八五・二センチ。もちろん、プラスマイナス〇・一センチの誤差付き。次にその学生を、教卓にしつらえた測定装置の上に寝かせる。靴屋にある木製の足計測器を拡大したような装置で、足のかわりに全身の長さを測るわけだ。教卓の前を行き来しながら、わたしが冗談交じりに寝心地を尋ねたり、科学のために身を差し出す犠牲的精神を称えたりすると、学生はやや不安げな面持ちになる。いったいこの先生、何をたくらんでいるんだろう――？　わたしは三角形の木の塊を滑らせ、横になっている学生の頭にぴったりとくっつけて、新たな測定値を黒板に書く。さて、今わたしたちの前にはふたつの測定値があり、誤差はそれぞれ〇・一センチだ。結果はいかに？

ふたつの測定値の差が二・五センチ（もちろんプラスマイナス〇・二センチ）あったと知ったら、皆さんは驚くだろうか？　事実として、この学生は横になったときのほうが、少なくとも二・三センチ身長が高かったのだ。わたしは横たわる志願者のところに戻って、きみは寝ている状態のほうが立った状態よりおよそ二・五センチ背が高かったと告げ、それから――ここがいちばんの見せ場だ――宣言する。

「お祖母ちゃんの言うとおりだった！　お祖母ちゃんはいつだって正しかった！」

疑わしいと思うだろうか？　ならばいっそう、わたしの祖母は、わたしたちの大半よりも優れた科学者だったことがわかる。直立した人間は、重力によって脊椎骨のあいだの軟組織が圧縮され、横になると脊椎は伸びる。いったん知ってしまえば自明のように思えるが、最初からこれを予測できただろうか？　事実、ＮＡＳＡの科学者たちでさえ、最初の宇宙ミッションを計画する際、この現象を予測していなかった。宇宙飛行士たちは、宇宙に出ると宇宙服がきつくなると不満を訴えた。その後、スカイラブ・ミッションの最中に行なわれた研究で、六名の宇宙飛行士を測定したところ、六名全員、身長が約三パーセント伸びた。身長一八〇センチの人なら約五・五センチということになる。今日の宇宙服は、このような身長の伸びを計算し、余裕を持った作りになっている。

ガリレオの予想は間違っていた！

きちんとした測定がいかに意味あることか、おわかりいただけただろうか？　祖母が正しかったことを証明するその同じ講座で、わたしはとても変わったものを測定しては楽しんでいる。それもひとえに、近代科学と天文学の父、偉大なるガリレオ・ガリレイによるひとつの示唆を実証してみるためだ。ガリレオはあるとき、「なぜ哺乳動物は最大でもあの大きさにとどまり、もっと大きくないのか？」と自問し、これに対して、哺乳動物は重くなりすぎると骨折してしまうからだ、と自答した。わたしはこの記述を読んだとき、ガリレオが正しいかどうかを確かめたくなった。直観的には正しいように思えたが、自分で試してみたかったのだ。

哺乳動物は大腿骨で体重のほとんどを支えていることを知っていたので、さまざまな種類の哺乳動物の大腿骨を測定し、比較してみることにした。ガリレオがもし正しければ、哺乳動物がある体重を超えてしまうと、大腿骨が体重を支えられないということになる。もちろん大腿骨の強さは、その太さにかかっている。骨が太ければ、それだけ重い体を支えられるというのが、直観的な考察だ。動物が大きくなればなるほど、骨もそのぶん強くなくてはならない。

動物が大きくなれば当然大腿骨は長くなるのだから、動物の大きさによって大腿骨の長さと太さがどう変化するかを比較すれば、ガリレオの考えを検証できるはずだ、とわたしは考えた。わたしが行なった計算は複雑なので、ここで詳しくは述べないが（補遺１で説明する）、ガリレオがもし正しければ、哺乳動物の体が大きくなるに従って、大腿骨の太さは長さより早く増加するはずだという結論が導き出された。例えば、わたしの計算では、ある哺乳動物が別の哺乳動物の五倍の大きさなら――つまり、大腿骨の長さが五倍なら――大腿骨の太さはおよそ一一倍になる。

となるとどこかの時点で、大腿骨の太さがその長さと同じ――あるいはそれ以上――に達することになり、動物としてあまり現実的ではなくなる。そういう動物はおそらく生存競争に最適とは言えず、だからこそ、哺乳動物の大きさにはおのずと限界ができるのだろう。

というわけで、わたしは、骨の太さは長さより早く増加するという予測を立てた。さあ、ここからがほんとうのお楽しみだ。

わたしは見事な骨のコレクションを所蔵しているハーヴァード大学に足を運び、洗い熊と馬の大腿骨をそれぞれ借り出した。馬の大きさは洗い熊の約四倍であることがわかり、案の定、馬の大腿骨の長さ（四二・〇±〇・五センチ）は洗い熊の大腿骨の長さ（一二・四±〇・三センチ）の約三・五倍だった。ここまではまずまずだ。わたしは計算式に数値をはめ込んで、馬の大腿骨の太さは洗い熊の六倍強になるはずだと予測した。太さを測ってみると（洗い熊については〇・五センチの、馬については二センチの誤差を見込んで）、馬の骨は五倍±一〇パーセントの太さがあることがわかった。ガリレオにとって非常に有利な結果だ。しかし、わたしはこのデータを、もっと小さな、あるいはもっと大きな哺乳動物にも拡張することにした。

そこで、ふたたびハーヴァードに出かけ、別の骨を三種類もらってきた。二十日鼠、袋鼠《ふくろねずみ》、羚羊《かもしか》だ。それらを並べると次ページの図のようになる（いちばん下は馬の大腿骨）。

なんともロマンチックではないか。これらの形が並んださまは愛らしく、二十日鼠の大腿骨の、また繊細でかわいいこととといったら！　ちっちゃなちっちゃな鼠の、ちっちゃなちっちゃ

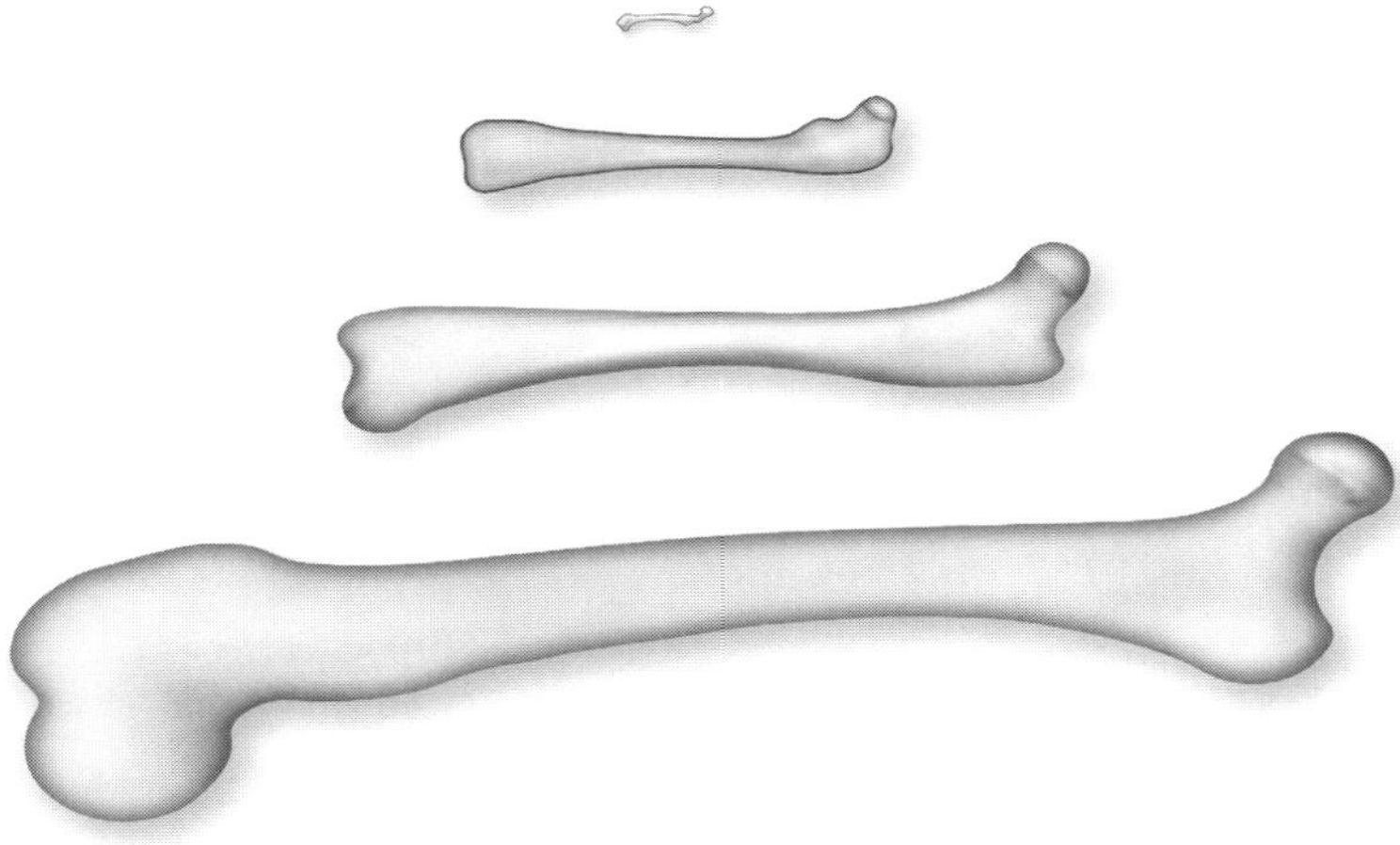

な骨。じつに美しい。われらが自然界の隅々に行き渡った美への驚嘆は、やむことがない。
しかし、測定値についてはどうだろう……わたしの公式に当てはまるのだろうか？　計算をしてみて、わたしはショックを……まさに衝撃を受けた。馬の大腿骨は二十日鼠の四〇倍の長さがあり、わたしの計算では、太さは二五〇倍以上になるはずだった。ところが、実際には七〇倍の太さしかなかったのだ。
そこで、わたしは考えた。「どうして象の大腿骨を借りなかったんだろう？　象でなら、最終的な決着がつけられるのに」ハーヴァード大学はふたたび現われたわたしを迷惑に思っただろうが、親切にも象の大腿骨を貸し出してくれた。おそらく早く追い払いたかったのだろう！しかしまあ、あの骨を運ぶのは大仕事だった。長さ一メートル以上で重さも一トンあったのだ。早く測定したくて、その夜は眠れなかった。
さて、どんな発見があったのか。二十日鼠の大腿骨は長さ一・一±〇・〇五センチで太さは〇・七±〇・一ミリだった。まったくもって細い。かたや象の大腿骨は長さが一〇一±一センチで、二十日鼠の約一〇〇倍。太さはどうか？　測ってみると、直径八六±四ミリ、つまり二十日鼠の大腿骨の約一二〇倍だ。しかし、わたしの計算では、もしガリレオが正しければ、象の大腿骨は二十日鼠の約一〇〇〇倍あるはずだった。寸法にして七〇センチほど。ところが、実際の太さは直径約九センチだった。たいへん不本意ながら、偉大なるガリレオ・ガリレイは間違っていた、と結論せざるをえなかった。

星間距離を測定する

物理学の中でも特に測定に悩まされてきたのが、天文学という分野だ。茫漠たる距離を扱うだけに、測定と不確かさは、天文学者にとって非常に大きな問題になる。星々はいったいどれほど遠くにあるのか？　われらが美しき隣人、アンドロメダ銀河は？　あるいは、最高性能の望遠鏡で見える銀河の数々は？　観測できる最も遠い天体は、どれぐらい遠いのか？　宇宙はいったいどれほど大きいのか？

これらは科学全体の中で見ても、最も基本的かつ深遠な問いだ。そして、違う答えが出るたびに、われわれの宇宙観がひっくり返されてきた。事実、距離を測るというこの試み自体が、驚くべき歴史を持つ。星間距離を算出する技術の変遷を通して、天文学そのものの進化をたどることができるほどだ。すべての局面で、その技術は測定の精確さ、すなわち、測定機器と天文学者の創意工夫に左右されてきた。しかし、一九世紀の終わりまで、天文学者が用いた唯一の計算方法は〝視差〟の測定だった。

視差の現象は、特に意識せずとも、誰もが身近に知っている。自分の座っている場所から見回して、何か目印となるもの――ドアとか額の絵とか――が付いている壁を探してみよう。屋外であれば、風景の中の高い木などでもいい。さて、片手を前に伸ばし、指を一本立てて、その目印のすぐそばに置いてみる。そしてまず右目を閉じ、今度は左目を閉じてみる。すると、ドアや木の位置に対して、指が左から右へと移動するのがわかるだろう。今度は指をもっと自分の目に近づけてみよう。指はさらに大きく動き、この効果は巨大になる！　これが視差だ。

視差の現象は、ひとつの対象物を観察する際の視程が切り替わるために起こる。この場合は、左目の視程から右目の視程への切り替わりだ（右目と左目は約六・五センチ離れている）。

これが、星までの距離を測定するための基本的概念となる。違うのは、目と目のあいだの六・五センチを基線にするかわりに、地球の公転軌道の直径（約三億キロメートル）を基線にすることだ。地球が一年かけて（直径約三億キロの軌道上に沿って）太陽の周囲を回るとき、近くにある星は遠くにある星に比べて、空を大きく動いているように見える。六カ月の間隔を置いて観測したその星のふたつの位置から、天空の角度（「年周視差」という）を測る。六カ月置きに何度も測定すると、いくつもの違った年周視差が得られる。61ページの図では単純化して、地球と同じ軌道面（または黄道面）にある星を選んである。しかし、ここで説明する視差による測定の原理は、黄道面上の星だけでなく、どんな星にも当てはまる。

太陽の周囲を回る軌道上で地球が1の位置にあるときに、星を観測したとしよう。その星は非常に遠い背景において、A1の方角に投影される。六カ月後に今度は7の位置から同じ星を観測すると、星はA7の方角に見える。αによって示される角度が、最大の年周視差だ。同様の測定を位置2と8のあいだ、3と9のあいだ、4と10のあいだで行なった場合、常にその角度はαより小さくなる。仮説上の観測において、位置4と10のあいだに至っては、年周視差がゼロになる（「仮説上」というのは、位置10からは実際には太陽が邪魔して見えないからだ）。さてここで、1、A、7を頂点とする三角形を見てみよう。1から7までの距離は三億キロであることがわかっており、αの角度も測定済みだ。となれば、距離SAも算出できる（高校レベルの数学）。

六カ月の間隔をあけて観測された年周視差にはいくつもの値があるが、天文学者が口にする年周視差は、あるひとつの値になる。最大年周視差の二分の一の角度だ。仮にある星の最大年周視差が二・〇〇秒角だとすると、その年周視差は一・〇〇秒角となり、その星までの距離は三・二六光年ということになる（ただし、そんなに近い星は存在しない）。年周視差が小さくなればなるほど、距離は長くなる。もし年周視差が〇・一〇秒角であれば、距離は三二・六光年だ。太陽に最も近い恒星はプロキシマ・ケンタウリ（ケンタウルス座のプロキシマ星）だ。その年周視差は〇・七六秒角、よって、距離は四・三光年になる。

天文学者が測定しなければならない恒星の位置の差がいかに小さいかを理解するには、秒角がどれほど小さい角度なのかを理解する必要がある。夜空の天頂（自分の真上）を通り、地球を取り巻く巨大な円を思い描いてみよう。この円はもちろん三六〇度ある。さて、一度はそれぞれ六〇の分角に分けられ、さらにそれぞれの分角は六〇の秒角に分けられる。つまり、円の一周は一二九万六〇〇〇秒角あるのだ。一秒角がごくごく小さい角度であることがわかるだろう。

いかに小さいかを別の方法で実感してみよう。十セント白銅貨【訳注：直径約一八ミリ。直径二〇ミリの一円玉より若干小さい】を三・五キロ離れたところに置くと、その直径が約一秒

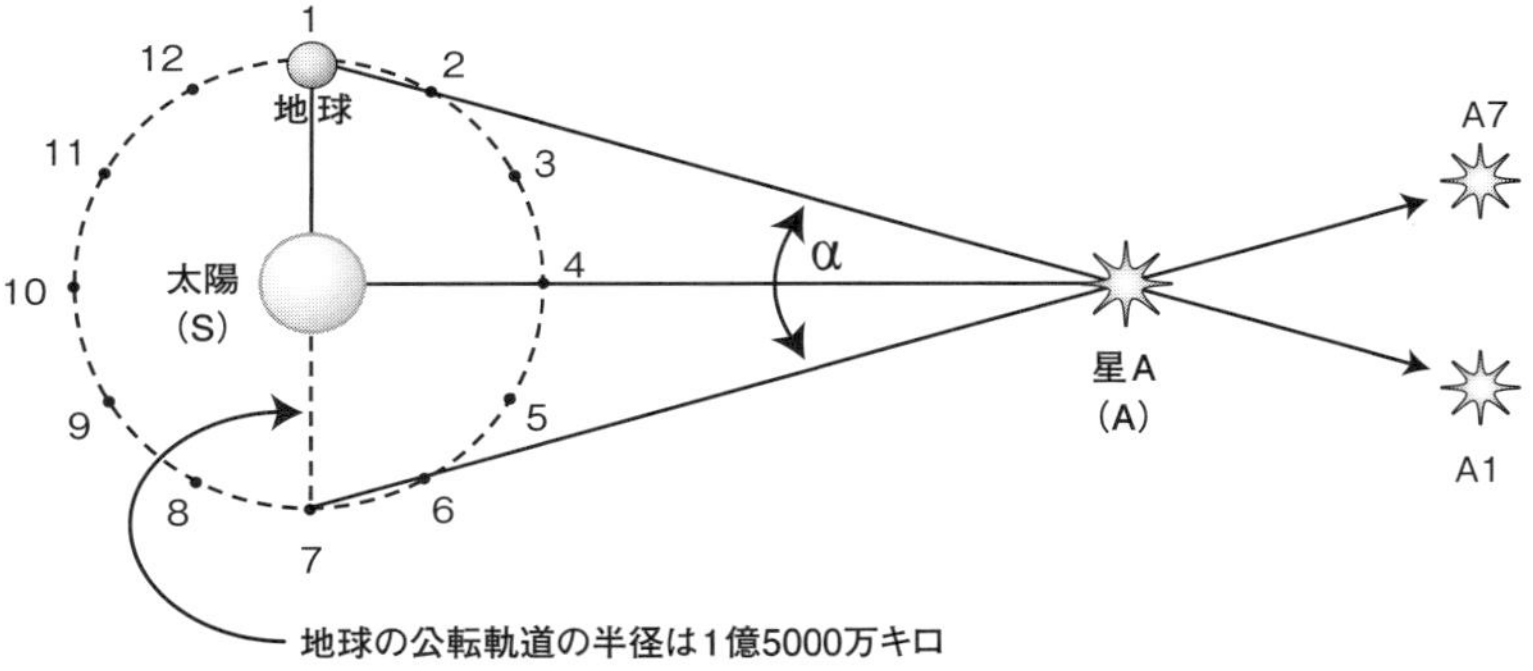

角となる。別の例も挙げよう。天文学者なら、月の直径が（地球から見て）だいたい〇・五度、つまり三〇分角であることを知っている。これを月の視野角と呼ぶ。月をもし同じ幅で非常に薄く一八〇〇枚にスライスできれば、その一片の幅が一秒角になる。

　距離を決めるうえで測定しなくてはならない年周視差がこれほどまでに小さいことを思えば、天文学者にとって、測定上の不確かさがいかに重要かがわかるだろう。

　装置の改良により測定精度が上がるにつれ、星間距離の概算も、ときに劇的に変化する。一九世紀はじめ、トーマス・ヘンダーソンは天空で最も明るい恒星シリウスの年周視差を〇・二三秒角、誤差を約〇・二五秒角と算出した。言い換えれば、年周視差の上限はおよそ〇・五秒角であり、その距離は六・五光年より近くはない。一八三九年当時、それは非常に重要な結果だった。しかし、その半世紀後、デイヴィッド・ギルがシリウスの年周視差を〇・三七〇秒、誤差をプラスマイナス〇・〇一〇秒と測定した。ギルの測定結果はヘンダーソンのものと矛盾しなかったが、それがはるかに優れていたのは、不確かさ（誤差）が二五分の一にまで減ったからだ。〇・三七〇±〇・〇一〇秒だと、シリウスまでの距離は八・八一±〇・二三光年であり、確かに、六・五光年よりは遠いことになる！

一九九〇年代には、ヒッパルコス衛星（High Precision Parallax Collecting Satellite ＝高精度視差観測衛星。当時の関係者たちは、略号が古代ギリシャの有名な天文学者ヒッパルコスの名前にマッチするよう、相当考えたに違いない！）が、一〇万個以上の星の年周視差（および、それから導かれる距離）を、約一〇〇〇分の一秒角の誤差で測定した。とてつもない偉業ではないか。一秒角を示すのに、十セント白銅貨をどれほど遠くに置かなければならなかったか、思い出してほしい。一〇〇〇分の一秒角となると、観測者から三五〇〇キロ離して置く必要があるのだ。

ヒッパルコス衛星が観測した中には、当然ながらシリウスの年周視差も含まれており、その観測結果は〇・三七九二一±〇・〇〇一五八秒角だった。これを換算すると、シリウスまでの距離は八・六〇一±〇・〇三六光年になる。

これまでのうちでずば抜けて精確な年周視差測定は、一九九五年から九八年にかけて放射線天文学者が行なった、蠍《さそり》座X－1という特別な恒星のものだ。この星については、第10講で語り尽くそうと思う。観測結果は年周視差が〇・〇〇〇三六±〇・〇〇〇〇四秒角、距離に換算して九一〇〇±九〇〇光年だ。

未知の不確かさ

装置の精度の限界に起因する不確かさや、観測可能時間の限界に加えて、天文学者が恐れる悪夢がある――〝知られざる隠れた〟不確かさだ。何かを忘れているせいで、あるいは測定装置の目盛り調整が不正確なせいで、知らないうちに誤りを犯しているのではないか？　例えば風呂場にある体重計が、買った当初から、本来五キロの重さをゼロと表示するようになっていたとしたら？　診療所で測って初めてその誤りに気づく――心臓発作を起こしかねない衝撃だ。物理学者は、このいわゆる系統誤差に神経をとがらせる。わたしは元国防長官ドナルド・ラムズフェルドのことを特に信奉するわけではないが、彼の言葉にはわずかながら共感を覚えた。二〇〇二年の記者会見での発言だ。「われわれの知らないことが存在することをわれわれは知っているが、未知の未知、すなわち、われわれが知らないということすら知らないようなことも存在する」

装置には限界があることを考えると、才気あふれながらもほぼ無名に終わった女性天文学者ヘンリエッタ・スワン・リーヴィットの業績が、ますます驚異的に思えてくる。星間距離測定を大きく飛躍させることになるその研究に着手した一九〇八年当時、リーヴィットはハーヴァード天文台の下級研究員だった。

科学史においては、女性科学者の才能、英知、貢献が過小評価されることが多い。それこそ、系統誤差だと考えるべきだろう。*

小マゼラン雲（ＳＭＣ）の写真乾板を何千枚も分析するという作業の中で、リーヴィットは、ある種の大きな脈動星（現在は「ケフェイド変光星」と呼ばれる）において、光学的輝度（明るさ）と脈動一回にかかる時間、つまり変光周期に、相関があることを発見した。周期が長いほど明るいのだ。このあと見ていくように、この発見が、星団や銀河までの距離の精確な測定法に扉を開くことになる。

リーヴィットの発見をよりよく理解するには、まず輝度と光度の違いを押さえておく必要がある。光学的輝度とは、われわれが地球上で一平方メートルあたり一秒間に受け取る光のエネルギー量だ。その測定には光学望遠鏡を使う。一方、光学的光度とは、天体から一秒間に放たれるエネルギー量を指す。

最も明るい恒星シリウスさえもしのぐ、夜空で最も明るく輝く天体、金星を例に取ろう。金星は地球のすぐ近くにあり、そのため非常に明るいのだが、本来の光度は無に等しい。太陽の二倍の力で核融合を起こし、太陽の二五倍の光度を持つシリウスに比べると、エネルギーもほとんど発しない。天体の光度を知れば天文学者には多くのことがわかるが、光度の難点は、それを測定する有効な手立てがないことだ。輝度は目に見えるので測れるが、光度は測れない。光度を測るには、その星の輝度とそこまでの距離を知る必要がある。

統計視差と呼ばれる方法を用いることで、一九一三年にアイナー・ヘルツシュプルングが、一九一八年にはハーロウ・シャプレーが、それぞれリーヴィットの輝度の値を光度に換算した。さらに、小マゼラン雲の中にある一定の周期を持つケフェイドの光度は、別の場所にある同じ周期のケフェイドの光度と同じであると仮定することで、すべてのケフェイド（小マゼラン雲の外にあるものも含む）について、光度の関係性を算出することができた。この測定法は非常に専門的な計算になるので、ここでは詳細を省くが、押さえておくべき重要な点は、光度と変光周期の関係性（周期光度関係）を導き出したことが、星間距離測定の一里塚になったことだ。光度と輝度がわかれば、距離が算出できる。

ちなみに光度の幅は非常に大きい。三日周期のケフェイドは、太陽の一〇〇〇倍の光度を持つが、周期が三〇日のものでは、光度は太陽の一万三〇〇〇倍になる。

一九二三年、偉大な天文学者エドウィン・ハッブルがアンドロメダ銀河（別名Ｍ31）の中のケフェイドを発見し、その距離を一〇〇万光年と算出したのだが、これは多くの天文学者にとって真に衝撃的な結論だった。シャプレーをはじめ多くが、われらが天の川は宇宙全体を包んでいると主張しており、そこにはＭ31も含まれていたのだが、ハッブルは、Ｍ31がじつは想像を絶するほど遠く離れていることを説明してみせた。だが、ちょっと待て――グーグルでアンドロメダ銀河を検索すると、そこまでの距離は、二五〇万光年と出ているではないか？

これがまさに、「未知の未知」の例なのだ。ハッブルの天才をもってしても、系統誤差を避けられなかった。彼が計算の基準とした光度は、のちにケフェイドⅡ型と呼ばれることになる変光星のものだったが、実際に観測したのは彼が想定していたより四倍も明るいケフェイド変光星（のちのケフェイドⅠ型）だったのだ。天文学者たちが両者の違いを発見するのは一九五〇年代のことで、そのとき彼らは、過去三〇年間の距離測定が二倍も違っていたことに気づいた――つまり大きな系統誤差に気づくことで、宇宙の大きさが二倍に広がったわけだ！

二〇〇四年には、やはりケフェイド変光星測定法を使って、天文学者たちがアンドロメダ銀河までの距離を二五一万±一三万光年と測定した。二〇〇五年には別のチームが食連星の測定法を用いて二五二万±一四万光年、すなわち、約二三八京キロと測定した。これらのふたつの推計値は著しく一致する。とはいえ、その誤差は約一四万光年（約一三京キロ）もある。しかもこのアンドロメダ銀河は、われらが銀河のお隣りさんなのだ。数多くあるほかの銀河までの距離に関して、その不確かさを想像してみてほしい。

天文学者がなぜ常に〝標準燭〟、すなわち光度が確定した天体を求めているかがわかるだろう。そのような天体があってはじめて、ありとあらゆる独創的な方法を使った、信頼できる宇宙巻尺を開発することができるのだ。そしてこれらは、いわゆる〝宇宙の距離梯子〟を確立するために不可欠な存在となっている。

この梯子の一段目で距離を測るには、年周視差を使う。ヒッパルコス衛星のすばらしく正確な年周視差測定のおかげで、非常に精密に数千光年までの距離を測ることができる。次の段ではケフェイドを用いて、最大一億光年離れた天体までの距離を測ることができる。その次の段以降について、天文学者たちは、ここで述べるにはあまりにも専門的な、いくつもの斬新かつ複雑な方法を用いる。そしてこれらの多くが標準燭に頼っている。

遠くの天体になればなるほど、距離測定はむずかしくなる。その理由のひとつが、一九二九年のエドウィン・ハッブルによる発見、すなわち宇宙のすべての銀河は互いに遠ざかっているというものだ。天文学全体の中で、そしておそらく前世紀の科学界全体において、最も衝撃的かつ最も重要であるこのハッブルの発見に匹敵するのは、もしかしたらダーウィンの自然淘汰による進化の発見だけだろう。

＊ 同じことが、核分裂の発見を手助けしたリーゼ・マイトナーにも、DNA構造の発見を手助けしたロザリンド・フランクリンにも、そして〝パルサー発見への決定的な功績〟によりアントニー・ヒューイッシュが受賞した一九七四年のノーベル賞を、共に受けるべきだったパルサー発見者のジョスリン・ベルにも起こっている。

宇宙は膨張しているというハッブルの発見

ハッブルは、銀河から発せられる光が、スペクトラムのうちエネルギーの少ないほう、つまり波長の長い赤方に明らかにずれていることを見出した。これを〝赤方偏移〟と呼ぶ。赤方偏移が大きいほど、銀河は速く遠ざかっている。地球上でこれと同じ効果が見られるのが、音でいうドップラー効果だ。救急車が近づいているのか遠ざかっているのかがわかるのは、遠ざかっていればサイレンの音がしだいに低くなり、近づいていれば高くなるからだ（ドップラー偏移については第13講で詳しく述べる）。

赤方偏移と距離を測ることができたすべての銀河について、ハッブルは、遠くの天体ほど速く遠ざかっていることを突き止めた。つまり、宇宙は膨張しているのだ。なんと途方もない発見だろう！　宇宙のすべての銀河が、他の銀河から高速で遠ざかっているのだ。

とすると、銀河が何十億光年も離れている場合、「距離」の定義に大きな混乱が生じることになる。光が発せられた当時の、天体までの距離（例えば一三〇億光年）を指すのか、それとも、われわれが推測する現在の距離を指すのか？　なぜならその一三〇億年のあいだに、地球からその天体までの距離ははるかに伸びているはずだからだ。ある天文学者はその距離を一三〇億光年だと言い（これを「光行距離」と呼ぶ）、別の学者は、同じ天体までの距離を二九〇億光年だと言うかもしれない（これを「共動距離」と呼ぶ）。

ハッブルの発見はその後〝ハッブルの法則〟と呼ばれるようになった。銀河が遠ざかる速度は、地球からの距離に直接比例するというものだ。その銀河が遠くにあればあるほど、それは速い速度で遠ざかっていく。

銀河の速度を測るのは比較的簡単だ。赤方偏移の量がそのまま、銀河の速度に換算できる。しかし、精確な距離を測るとなると、また別の話になる。ここが最大の難関だ。前述のように、ハッブルが推測したアンドロメダ星雲までの距離は、のちの精確な測定値の五分の二ほどしかなかった。ハッブルはかなり簡潔な方程式、$v=H_0D$を導いた。vは銀河の速度、Dは地球からその銀河までの距離、そしてH_0は現在ハッブル定数と呼ばれている定数だ。ハッブルはキロメートル毎秒毎メガパーセク（一メガパーセクは三二六万光年）で測定されるこの定数を、約五〇〇と推測した。その誤差は一〇パーセント。つまり、ハッブルの計算では、五メガパーセク離れている銀河があったとしたら、それが地球から遠ざかる速度は秒速二五〇〇キロになる。

間違いなく、宇宙は猛スピードで膨張している。しかし、ハッブルの発見が明らかにしたのはそれだけではない。ハッブル定数の正しい値を知ることができれば、時計の針を逆回しにして、ビッグバンからの経過時間、すなわち、宇宙の年齢を算出することができる。ハッブル自身、宇宙の年齢は二〇億年と推測した。この計算は、地質学者たちがちょうど算出したばかりの、地球の年齢は三〇億年以上という数字と矛盾していた。これがハッブルをすこぶる悩ませたのは当然だろう。もちろん彼は、自身が犯していた複数の系統誤差に気づいていなかった。いくつかの事例で種類の違うケフェイド変光星を混同していたばかりでなく、内部で星が形成されているガス雲を、遠くの銀河にある明るい恒星群と取り違えていたのだ。

星間距離測定の八〇年ぶんの進歩を振り返るひとつの方法は、ハッブル定数自体の歴史をひもとくことだ。天文学者たちはハッブル定数の値を確定するために、一〇〇年近くも悪戦苦闘してきた。そのおかげで定数が約七分の一に減り、宇宙の大きさが劇的に広がっただけでなく、宇宙の年齢も、ハッブルの当初の二〇億歳から、現在の推定値である一四〇億歳（正確には一三七億五〇〇〇万±一億一〇〇〇万歳）に変わった。そして今ついに、ハッブルの名を冠したすばらしい宇宙望遠鏡の観測結果などをもとに、ハッブル定数は七〇・四±一・四キロ毎秒毎メガパーセクであるというのが定説になった。その不確かさはほんの二パーセント――驚異的な数字だ！

考えてもみてほしい。一八三八年に始まった年周視差の測定が基礎になって、測定器や数学的手段が開発され、何十億光年かなたの観測可能な宇宙の果てまで、手を届かせようというのだ。

謎の解明への輝かしい前進の一方で、当然ながら、まだまだ非常に多くの謎が残っている。宇宙の中で暗黒物質と暗黒エネルギーの占める割合は測れても、それらがいったい何なのかはまったくわかっていない。宇宙の年齢はわかったが、いったい宇宙がいつ、どのように終わるのか、いやそもそも終わりは来るのか、われわれはいまだに考えあぐねている。重力、電磁気、強い核力と弱い核力についてはきわめて精確に測定することができるが、それらがいつかはひとつの統一理論にまとめられるのかどうか、見当もつかない。われわれの銀河に、あるいはどこか別の銀河に、知的生命体が存在する確率はどれぐらいなのかもわからない。要するに、まだまだ先は長いということだろう。けれど驚くべきは、物理学という手段がいかに多くの答えを、それもすばらしく高い精度をもって提供してきたかということだ。

Bodies in Motion

第3講

息を呑むほどに美しいニュートンの法則

ニュートンの法則は美しい――
息を呑むほど簡潔であると同時に、信じられないほど万能だ。
非常に多くのことを解き明かし、
きわめて広い範囲にわたる事象の仕組みをつまびらかにする。
第3講では、ニュートンの四法則を学び、
振り子の周期について実験をする。

おもしろいことをやってみよう。体重計に乗ってみる――医務室にあるような手の込んだ体重計でも、爪先で軽く叩いてスイッチを入れなくてはいけないガラス製のデジタル体重計でもなく、どこの家にもあるような体重計に。靴は履いても履かなくてもいい（他人の目を気にする必要はない）し、体重計が示す数値がいくらになるか、その数値をあなたが気に入るかどうかも、重要ではない。さあ、すばやくかかとを上げてみよう。それから、静止して、そのまま爪先で立つ。すると、体重計が少々おかしな動きをするのがわかるだろう。この動作を数回繰り返さないと、動きがはっきりわからないかもしれない。すべてが一瞬のうちに起こるからだ。

まず、体重計の針が大きな数字のほうに振れる。そのあと、針は逆方向に振れて、やがてあなたの体重のところまで、つまり、爪先立ちをする前に指していたところまで戻る。ただし、体重計によっては、針（あるいは数字が書かれた円盤）が小刻みに揺れてから、ようやく安定するものもあるだろう。続いて、かかとを降ろすと、特にすばやく降ろした場合は、針はまず小さな数字のほうに振れて、そのあと一気に実際の体重を越えてから、あなたが知りたかった（あるいは、知りたくなかった）体重のところまで戻って停止する。いったい、これはどういうことなのか？　そもそも、かかとを降ろそうが、爪先立ちしようが、体重は変わらないはずではないか？　それとも、変わるのか？

その仕組みを把握するには、驚くなかれ、アイザック・ニュートン卿に登場願わなくてはならない。ニュートンはわたしにとって、史上最優秀物理学者の本命候補だ。同僚の中には違う意見の者もいるし、もちろんアルバート・アインシュタインを推挙する手もあるのだが、この両雄が一位、二位を占めることには、誰も異存がないだろう。なぜわたしはニュートンに一票を投じるのか？　それは、ニュートンの発見がきわめて根源的であると同時に、多様性にも富んでいるからだ。惑星の運動を研究するために、ニュートンは世界初の反射望遠鏡を自作したが、これは当時の屈折望遠鏡に比べると著しい進歩を遂げていたし、現在でもおもな望遠鏡のほぼすべてがニュートンの基本的な設計原理に従っている。流体の運動特性の研究で、ニュートンは物理学の重要な分野を切り開いたし、音速の計算をやり遂げた（誤差はほんの一五パーセントほどだった）。さらに、数学のまったく新しい分野、微積分学を生み出した。幸いなことに、微積分を用いなくても、ニュートンの法則という名で知られている最も優れた業績はじゅうぶんに理解できる。この講義では、一見単純に見えるそれらの法則が、じつはきわめて広範囲に適用されることを示したいと思う。

ニュートンの運動の三法則の一

第一の法則は、静止物体は静止状態を維持し、運動する物体は同じ速さで同じ方向に動き続ける――ただし、いずれの場合も、物体に力が加わらない場合に限る――というものだ。ニュートン自身の言葉で説明すると、「物体は、外部から加えられた力によって状態が変化しない限り、静止状態か、等速直線運動を貫く」となる。これが慣性の法則だ。

慣性という概念はよく知られているが、少しのあいだよく考えてみると、慣性が実際にはどれほど直観に反しているか、はっきりと理解できる。今わたしたちはこの法則を当然のものと受け止めているが、この法則は明らかに日常の経験則に背く。そもそも、物が直線的に動くことはめったにない。そして、普通は無限に動き続けることなどけっしてない。いつかは止まるものと想定されている。ゴルファーが慣性の法則を思いつくことはないだろう。パットがまっすぐ転がることはめったにないし、多くの場合、カップのはるか手前で止まってしまうからだ。直観に沿った発想は、昔も今も、慣性の法則とは逆で、物は自然に静止に向かうと告げている。だからこそ、それが数千年にわたって運動に関する西洋の思考を支配してきたのであり、その流れをニュートンが断ち切ったというわけだ。

ニュートンは物体の運動に関するわたしたちの理解をいとも簡単にひっくり返して、ゴルフボールがたびたびカップの手前で止まるのは摩擦力がボールの速度を落とすからであり、月が宇宙の彼方へ飛んでいかず地球の周りを回り続けるのは引力が月を軌道にとどめているからだと説明した。

慣性の現実をもっと直観的に味わいたければ、アイススケートをしているときにリンクの端でターンするのがいかにむずかしいかを考えてみるといい――体はまっすぐ進み続けようとするから、ぴたりと正しい角度でスケートに加えるべき力の加減を学ばないと、進路を変えようとしたとき、左右に激しくぶれたり壁に激突したりしてしまう。あるいは、スキーヤーなら、進路をすばやく変えて、目の前に飛び込んできた別のスキーヤーを避けるのがとてもむずかしい場合があることを考えてみるといい。そういう事例で、普段よりはるかに慣性に気づきやすいのは、どちらの場合も、スピードを落とさせて動きを変えやすくしてくれる摩擦力がほとんど働いていないからだ。パットを打つグリーンが氷でできているところを想像してみれば、どこまでもまっすぐ進み続けようとするゴルフボールの意思を強く実感できるだろう。

慣性の発見がどれほど革新的な洞察であったか、考えてみよう。過去のすべての解釈を覆しただけではない。わたしたちに絶えず働きかけているが目には見えない多数の力――摩擦力、重力、磁力や電気力など――の発見方法を示したのだ。その大きな貢献に敬意を表して、物理学では力の単位をニュートンと呼んでいる。しかし、アイザック・ニュートンはそういう隠れた諸力を〝見える〟ようにしてくれただけではない。力を測定する方法も教えてくれたのだ。

第二法則

第二の法則で、ニュートンは、さまざまな力を計算するきわめて単純だが強力な指針を与えてくれた。物理学の全分野で最も重要な方程式と見なす人もいるのが、この第二の法則の、有名なF=maという式だ。すなわち、ある物体に働く正味の力Fは、物体の質量mに、物体の正味の加速度aを乗じた値になる。

この法則が日常生活で大いに役立っているところをひとつだけ知るために、X線機器の事例を取り上げよう。X線に関しては、適切な飛程【訳注：荷電粒子が物質に入射して止まるまでに走る距離】のエネルギーのみを生じさせる方法を探り出すことがきわめて重要だ。以下に、ニュートンの方程式でそれを成し遂げられることを示そう。

物理学のおもな発見のひとつ――あとで詳しく検討する――に、荷電した粒子（たとえば、電子や陽子やイオン）は電場に置かれると力を受けるというものがある。粒子の電荷と電場の強さがわかれば、粒子に働く電気力を計算できる。しかし、実際に電気力がわかると、ニュートンの第二法則を使って粒子の加速度まで計算できる。*

X線機器の内部では、電子が加速されてから、X線管内の標的に衝突する。電子が標的にぶつかる速さによって、衝突の際に生じるX線のエネルギー飛程が決まる。電場の強さを変えることによって、電子の加速度を変えることができる。そうして、電子が標的にぶつかる速さをコントロールし、X線の望ましいエネルギー飛程を選ぶことができる。

そういう計算を容易にするために、物理学は力の単位としてニュートンを使う――一ニュートンは一キログラムの質量を一メートル毎秒毎秒加速する力を表わす。なぜ〝毎秒毎秒〟と言うのか？ それは、加速によって速度が絶えず変化していくからだ。つまり、速度は一秒後も加速をやめない。加速が一定なら、速度は毎秒同じ量だけ変化している。

以上の点をもっとはっきりと見ていくために、ボウリングのボールをマンハッタンの高いビルから落とした場合のことを考えよう――せっかくだから、エンパイア・ステート・ビルディングの展望台から落としてみる。ご存じのように、地面に向かって落下する物体の加速度はおよそ九・八メートル毎秒毎秒だ。この加速度を重力加速度と呼び、物理学ではgで表わす（話を簡単にするため、ここでは空気抵抗を無視する。この点についてはあとで触れる）。一秒後、ボールは毎秒九・八メートルの速さに達する。二秒めの終わりには、一秒間に九・八メートルの割合で速度を増すから、毎秒一九・六メートルで動いていることになる。そして、三秒めの終わりには、毎秒二九・四メートルで落下していることになる。約八秒で、ボールは地面にぶつかる。そのときの速さは、九・八の約八倍、つまり毎秒約七八メートル（時速約二八〇キロメートル）だ。

よく聞く話だが、エンパイア・ステート・ビルディングの最上部から一セント硬貨を投げ落としたら、当たった人は死んでしまうという説は正しいのだろうか？　ここでも空気抵抗の役割は考慮しないが、その役割はかなり大きいということを強調しておく。しかし、それを計算に入れなくても、一セント硬貨が毎時約二八〇キロメートルの速さでぶつかって人が死ぬことはないだろう。

この事例は、物理学で繰り返し登場するある問題、それゆえに本書でも繰り返し取り上げる問題に取り組むいいきっかけになる。質量と重量の違いという問題だ。ニュートンが方程式に重量ではなく質量を使ったことに注目しよう。このふたつは同じものだと思われがちだが、じつは根本的に異なっている。一般に、ポンドやキログラム（本書でもこれらの単位を使っていく）は重量の単位として使われるが、ほんとうは質量の単位なのだ。

その違いは意外にわかりやすい。質量は宇宙のどこであっても同じだ。そう、月面でも、宇宙空間でも、小惑星の表面でも変わらない。変わるのは、重量だ。では、重量とは何か？　ここから、ちょっとややこしくなる。重量は引力によってもたらされる。重量は力であり、その力は質量×重力加速度（F=mg）で表わされる。だから、わたしたちの体重は、わたしたちに働きかける重力の強さによって変化する。従って、宇宙飛行士は月面上では体重が軽くなる。月の重力は地球の約六分の一なので、月の上では、宇宙飛行士の体重は地球上の六分の一になる。

特定の質量に対して働きかける地球の引力は、地球上のどこでもほぼ同じだ。だから、「彼女の体重は一二〇ポンドだ」とか「彼の体重は八〇キロだ」などと言って通用するが、そうすることで、わたしたちはふたつのカテゴリー（質量と重量）を混同してしまっている。わたしは本書で、キロやポンドのかわりに力（つまりは重量）を表わす専門単位を使うべきかどうか、ずいぶん悩んだが、紛らわしすぎるので使わないことに決めた――質量八〇キロの人間が「自分の体重は七八四ニュートン（八〇×九・八＝七八四）だ」と言う場面など、たとえその人が物理学者であっても想定しにくい。そこで、今はとりあえず、ふたつのカテゴリーの相違を心に留めておくようお願いしておいて、少しあとでまたこの問題に戻ってくることにしよう。なぜ爪先立ちで体重計に乗ると、体重計がおかしな動きをするのかという謎を、ふたたび取りあげるときに。

重力加速度が地球上のあらゆる場所でほぼ同じであるという事実を背景として、たぶん誰もが聞いたことのあるひとつの謎が存在する。質量の異なる物体が同じ速さで落下するという謎だ。初期の伝記で初めて語られたガリレオの有名な逸話では、ガリレオがピサの斜塔の最上部から砲弾と小さな木のボールを同時に投げ落とす実験を行なったとされている。一般に言われるところでは、ガリレオは、重い物体のほうが軽い物体より速く落ちるというアリストテレスのものとされる主張が誤りであることを立証するつもりだったという。この逸話は昔から疑わしいとされてきたし、今ではガリレオがそういう実験を一度も行なっていないことは明らかだと思えるが、それでも話としてはよくできている――あまりにもよくできているので、アポロ一五号の月面着陸計画の船長だったデイヴィッド・スコットが、月面に金槌と隼《はやぶさ》の羽を同時に落として、質量の異なる物体が真空空間で同じ速さで地面に落ちるかどうかを確かめようとした話は有名だ。そのシーンを収めたすばらしいビデオが、以下のサイトで見られる。http://

video.google.com/videoplay?docid=6926891572259784994#

　このビデオでわたしが驚いたのは、ふたつの物体がどちらも非常にゆっくりと落ちることだ。何も考えなければ、どちらも速く落ちる図が頭に浮かんでこないだろうか？　少なくとも金槌は速く落下しそうだ。ところが、どちらもゆっくり落ちる。なぜなら、月の重力加速度は地球の約六分の一だからだ。

　質量の異なるふたつの物体が同時に着地するというガリレオの考えは、なぜ正しいのか？その理由は、重力加速度はすべての物体に関して同じだからだ。F=maという方程式によれば、質量が大きくなるほど重力も大きくなるが、加速度はすべての物体に関して同じになる。従って、すべての物体が同じ速さで地面に到達する。もちろん、質量の大きい物体のほうが大きなエネルギーを持ち、それゆえ衝撃も大きい。

　さて、ここで重要なことに触れておこう。地球上でこの実験を行なうと、羽と金槌は同時に着地しないのだ。これは空気抵抗によるもので、わたしたちは今まで、それを考慮に入れてこなかった。空気抵抗は、動いている物体の動きを妨げる力だ。風も、金槌より羽のほうにはるかに大きな影響を与えるだろう。

　そこから、第二法則のたいへん重要な特徴が見えてくる。右に書いた方程式では正味のという言葉がきわめて重要な意味を持つ。というのも、自然界ではほとんどいつも、ひとつの物体にふたつ以上の力が働いているからだ。すべてを考慮に入れなくてはならない。それはつまり、いろいろな力を足さなければならないことを意味する。ひと口に足すと言っても、そう簡単なものではない。力はいわゆるベクトルであり、大きさだけでなく方向も持つので、正味の力を定めるのに、実際には二＋三＝五のような計算はできないからだ。四キロの質量を持つ物体に、たったふたつの力が働いているとしよう。ひとつは三ニュートンの上向きの力で、もうひとつは二ニュートンの下向きの力だ。この場合、ふたつの力を合わせると、上向きの一ニュートンの力になり、ニュートンの第二法則に従えば、この物体は〇・二五メートル毎秒毎秒で上向きに加速することになる。

ふたつの力を合わせて、ゼロになることもありうる。質量mの物体をテーブルの上に置いた場合、ニュートンの第二法則に従えば、その物体に働く重力は、下向きのmg（質量×重力加速度）ニュートンだ。その物体は加速していないので、その物体に働く正味の力はゼロでなくてはならない。ということは、上向きのmgニュートンの力がもうひとつ存在しなくてはならない。それは、テーブルが物体を上に押す力だ。下向きのmgの力と上向きのmgの力を合わせると、力はゼロになる！

そこからニュートンの第三の法則、「すべての作用には必ず、大きさの等しい逆方向の反作用の力が存在する」が生まれる。これはつまり、ふたつの物体が互いに及ぼし合う力の大きさは常に等しく、方向は逆であるということだ。わたしが好んで用いるのは、作用はマイナスの反作用と等しいという説明だが、もっと広く知られている表現を使うなら、「すべての作用に対して、大きさの等しい逆方向の反作用が存在する」となる。

＊　ここでは、重力が荷電粒子に加える力は非常に小さいので無視できると仮定している。

第三法則

この法則に含まれる意味の中には、直観で認識できるものもある。たとえば、ライフルを発射すると反動で肩が押される。しかし、壁を押したとき、反対方向からまったく同じ力で壁に押し返されるという場合はどうだろう？　誕生日に買ってもらった苺ショートケーキがケーキ皿を下に押し、ケーキ皿が同じ大きさの力でケーキを押し返しているという場合は……？　どうにもつかみづらい第三法則だが、それが作用している事例は身の回り至るところにある。

蛇口にホースをつないで地面に置き、それから栓をひねると、ホースが蛇のようにくねくね動き回って、運がよければあなたの弟に水が跳ねかかる、というような経験はないだろうか？　どうして、そういうことが起こるのか？　それは、水がホースから押し出されると同時にホースを押し返し、その結果、ホースがのたうち回るからだ。あるいは、風船を膨らませて放すと、部屋じゅうをやみくもに飛び回るのを、見たことはあるはずだ。何が起こっているかというと、風船が空気を押し出し、押し出された空気が風船を押し返して、勢いよく飛び回らせている。つまり、蛇のように動き回る散水ホースの空気版だ。これは、ジェット機やロケットを航行させる原理とまったく変わらない。ガスを超高速で放出して、機体を反対方向に動かすのだ。

さて、そういう洞察がどれほど不思議で、深遠なものかをきちんと把握するために、三〇階建てのビルの最上部からりんごを投げ落とした場合、ニュートンの法則によるとどういう変化が起こるかを考えてみよう。重力加速度がg、つまり約九・八メートル毎秒毎秒になることはわかっている。ここで、りんごの質量を約〇・五キロとする。第二の法則、F=maを使うと、地球はりんごを〇・五×九・八＝四・九ニュートンの力で引っ張ることがわかる。ここまでのところは、問題はない。

しかし、今度は第三の法則の帰結を考えてみよう。もし地球がりんごを四・九ニュートンの力で引っ張るのなら、りんごは地球を四・九ニュートンの力で引っ張ることになる。それゆえ、りんごが地球に向かって落下するとき、地球はりんごに向かって落下する。そんなばかなことがあるだろうか？　いや、ご安心を。地球の質量はりんごよりはるかに大きいから、荒唐無稽な数値が出てくるはずだ。地球の質量が約六×10^{24}キログラムであることはわかっているので、地球がりんごに向かってどのくらいの距離を落下するかを計算してみると、約10^{-22}メートル、つまり陽子の大きさの約一〇〇〇万分の一になる。あまりに小さすぎて計測することすら不可能な距離だ。現実的には、意味のない数値だと言っていい。

ふたつの物体のあいだに働く力の大きさは等しく、方向は逆であるという発想そのものは、日常生活のあらゆる場面にあてはまるし、それこそが、爪先立ちで体重計に乗ると針が激しく動くのはなぜかという謎を解く鍵なのだ。そこから、重量とは何かという問題に立ち返れば、重量についてもっと精確に理解できるだろう。

体重計の上に立つと、重力があなたをｍｇの力（ｍはあなたの体重）で下向きに引っ張り、体重計が同じだけの力で上向きに押しているから、あなたに働く正味の力はゼロになる。このあなたを上向きに押す力こそが、体重計が実際に測定しているものであり、あなたの体重として記録される数値の実体なのだ。体重と質量が同じではないことを思い出そう。質量を変えるには、ダイエットしなくてはならない（あるいは、もちろん、正反対に、食べる量を増やしてもいい）が、体重ははるかに変動しやすい。

あなたの質量（m）が五五キロだとしよう。風呂場で体重計に乗ると、あなたは体重計をmgの力で下に押し、体重計は同じmgの力であなたを押し返す。あなたに働く正味の力はゼロだ。体重計が押し返す力が体重計に表示される。キログラム表示の体重計なら、五五キロと表示される。

今度はエレベーターの中で体重を測定してみよう。エレベーターが停止しているとき（または、エレベーターが一定の速さで動いているあいだ）は、あなたは加速しておらず（エレベーターも加速しておらず）、体重計は体重を五五キロと表示する。風呂場で測った場合と同じだ。わたしたちがエレベーターに乗り込み（エレベーターは停止している）、あなたが体重計の上に立つと、五五キロと表示される。ここでわたしが最上階のボタンを押すと、エレベーターは短時間加速して、所定の速さに達する。この加速度が二メートル毎秒毎秒で、仮に加速は一定だとしよう。エレベーターが加速する短いあいだ、あなたに働く正味の力はゼロではありえない。ニュートンの第二法則に従えば、あなたに働く正味の力F_{net}は$F_{net}=ma_{net}$になるはずだ。正味の加速度は二メートル毎秒毎秒だから、あなたに働く正味の力は上向きにm×２となる。あなたにはmgの重力が下向きに働いているから、上向きにmg＋m２の力（m（g＋２）と書くこともできる）が働いているはずだ。この力はどこから生じるのか？　体重計からだろう（ほかに考えられるだろうか？）。体重計があなたにm（g＋２）の上向きの力を及ぼしている。ここで、体重計が示す体重は、体重計があなたを上向きに押す力であるということを思い出そう。従って、体重計はあなたの体重を約六六キロと表示することになる（覚えていると思うが、gは約一〇メートル毎秒毎秒だ）。あっという間の激増だ！

【訳注：55（キロ）に11・８（９・８＋２）を掛けると６４９ニュートンになる。風呂場での

体重計が押し上げる力はf＝55×9・8＝539ニュートン。539ニュートンで55キロと表示されるのだから、649ニュートンなら、55×649÷539ニュートン＝66キロと表示されることになる】

ニュートンの第三法則によると、体重計があなたに対してm（g＋2）の上向きの力を及ぼす場合、あなたも体重計に対して下向きに同じだけの力を及ぼしている。ここであなたは推論を働かせてこう考えるかもしれない。体重計があなたを押す力と、あなたが体重計を押す力が同じであるなら、あなたに働く正味の力はゼロだから、加速するはずがない、と。そういうふうに推論する場合、よくある間違いを犯している。あなたに働いている力はふたつしかない。重力による下向きのmgという力と、体重計による上向きのm（g＋2）という力だ。従って、正味m×2の力が上向きの方向に加えられているから、その力であなたは二メートル毎秒毎秒加速することになる。

エレベーターが加速を終えた瞬間、あなたの体重は通常の値に戻る。つまり、体重が増えるのは、上向きに加速しているごくわずかな時間だけだ。

ここまでくれば、あなたは自力で次の答えにたどり着けるはずだ。エレベーターが下向きに加速したら、体重は減る、という答えに。二メートル毎秒毎秒で下向きに加速しているあいだ、体重計はあなたの体重をm（g－2）――約四四キロ――と記録する。上昇するエレベーターはいずれ必ず停止状態に至り、その直前の短時間、下向きに加速するはずだ。従って、エレベーターで上昇する行程の最後のほうで、あなたは体重が減ったのを目撃して、喜ぶかもしれない！　しかし、その直後、エレベーターが止まると、あなたの体重は通常の値（五五キロ）に戻ってしまう。

ここでちょっと考えてみよう。あなたをすごくすごく嫌っている誰かがケーブルを切って、あなたの乗ったゴンドラがエレベーターシャフトを一気に、加速度ｇで落下し始めたとする。まあ、そんなときに、物理学のことなど考えてはいられないと思うが、（ほんの一瞬）興味深い体験が味わえるだろう。あなたの体重はｍ（ｇ－ｇ）＝０になる。つまり、無重力状態になるのだ。体重計はあなたと同じ加速度で下向きに落ちていくので、もはやあなたに上向きの力を及ぼしてはいない。体重計の針はゼロを指していることだろう。それより、あなたは宙に浮いているし、エレベーター内の何もかもが宙に浮いている。もし水の入ったコップを持っていたら、ひっくり返しても水はこぼれないだろうが、それを確かめるためにわざわざこの実験をやることは、けっしてお勧めできない！

以上の理屈で、なぜ宇宙飛行士が宇宙船内で浮遊するのかが説明できる。軌道上を周回する宇宙船やスペースシャトルは、じつはケーブルの切られたエレベーターと同じく、自由落下状態にある。自由落下とは、具体的にどういうことか？　意外な答えかもしれないが、自由落下とは、あなたに働く力がもっぱら重力だけで、ほかの力が働いていない状態を指す。軌道上では、宇宙飛行士も宇宙船も船内の物体も、全部地球に向かって自由落下している。宇宙飛行士が地表に墜落しないのは、地球が丸いからだ。宇宙飛行士や宇宙船や船内のあらゆる物体は高速で移動しているので、地球に向かって落ちていっても、地球の表面は弧を描いて遠ざかり、宇宙飛行士たちはけっして地表に衝突しない。

そういうわけで、シャトル内の宇宙飛行士には体重がない。シャトル内にいると、重力がないように思えることだろう。なにしろ、機内のあらゆる物体が重量を持たないのだ。軌道上のシャトルがよく無重力環境だと言われるのは、乗っている人間がそう認識するからだ。しかし、もし重力がなかったら、シャトルは軌道上にとどまっていないだろう。

体重計を足にくくりつけて飛び下りる

変化する重量という観念そのものがとても魅惑的なので、この現象を——可能なら無重量状態を——教室で実演できたらすばらしいと、わたしは心から思った。体重計を足にしっかりくくりつけて、テーブルに乗ってみたらどうだろう？　そうすれば、なんとかして——特別なカメラをセットすることで——学生たちに、わたしが自由落下状態にある〇・五秒ほどのあいだ、体重計がゼロを指すところを見せられるのではないか。これなら、学生たちが自分で試すこともできそうだが、まあそんな気は起こさないほうがいい。わたしは何度もやってみたが、結局体重計をたくさん壊してしまっただけだった。問題は、市販の体重計では、ばねの慣性のせいで、じゅうぶんな反応速度が得られないことだ。ニュートンの法則のひとつが別のひとつの検証を妨げている！　もし三〇階建てのビルから飛び降りることができたら、たぶん成果を確かめるのにじゅうぶんな時間（約四・五秒）を得られるだろうが、もちろん、その実験法には別の問題がある。

そこで、体重計を壊したり、ビルから飛び降りたりするかわりに、折りたたみテーブルと丈夫な膝があれば、裏庭で無重量状態を経験できる方法を紹介しよう。教壇に置いた実験台で、それをやってみる。実験台の上にのぼって、両手を前に伸ばし、一ガロンもしくは半ガロンの水が入った水差しを軽く持つ。ただし、水差しの側面を持ってはならない。両てのひらに水差しを載せておくだけだ。さあ、テーブルから飛び降りてみよう。すると、空中にいるあいだ、水差しがてのひらから浮き始めるところが見えるだろう。もしデジタルビデオカメラを持っている友人がいたら、そのようすを撮影してもらって、スローモーションで再生すれば、水差しが浮き始めるところがとてもはっきりと見えるはずだ。なぜそうなるのか？　それは、あなたが下向きに加速すると、水差しを押し上げて手の中にとどめていた力がゼロになるからだ。すると水差しは、あなたとまったく同じように、九・八メートル毎秒毎秒で加速する。あなたと水差しはどちらも自由落下状態になるのだ。

しかし、そういうことすべてがどうして、爪先立ちすると体重計がおかしな動きをすることの説明になるのだろうか？　自分を上向きに押し上げると、あなたは上向きに加速し、あなたを押す体重計の力が大きくなる。だから、その短いあいだ体重が増加する。しかし、そのあと、爪先立ちの最高点に達すると、あなたは減速して停止する。それはつまり、あなたの体重が減少することを意味する。そのあと、かかとを降ろすと、すべてのプロセスが反転する。こうしてたった今あなたは、自分の質量をまったく変えずに、ほんの〇・何秒かのあいだ自分の体重を増やしたり減らしたりできることを実証したのだ。

万有引力の法則：ニュートンとりんご

一般にニュートンについては三つの法則が取り上げられることが多いが、じつは法則は四つある。ニュートンがある日果樹園で木からりんごが落ちるところを観察したという話は、誰もが聞いたことがあるだろう。初期の伝記作家のひとりが、ニュートン自身がそう言ったと主張した。「それはりんごの落下がきっかけだった」と、ニュートンの友人でもあったウィリアム・

ステュークリーは、ニュートンとの会話を引用しながら書いている。「そのときニュートンは瞑想的な気分で座っていた。なぜりんごはいつも垂直に地面に落ちるのか、という考えが頭の中に浮かんだ」[*1]しかし、この話が真実であると信じている人は多くない。なにしろ、ニュートンが死の一年前にステュークリーだけに話したということになっていて、それ以外、大量の著作のどこにもまったく記述がないのだ。

とはいえ、りんごを木から落とすのと同じ力が、月や地球や太陽——それどころか、宇宙のすべての物体——の動きを支配しているという事実にはじめて気づいたのがニュートンであることは、紛れもない真実だ。並外れた洞察力というべきだが、ここでも、ニュートンはさらに先を見通していた。宇宙のすべての物体がほかのすべての物体を引き寄せていることに気づいたのだ——そして、その引きつけ合う力の強さを計算する公式を思いついた。それが万有引力の法則と呼ばれる式だ。この法則によると、ふたつの物体のあいだに働く引力は、ふたつの物体の質量の積に正比例し、ふたつの物体の距離の二乗に反比例する。

だから、表現を変えて、まったく架空の例——現実とは無関係であることを強調しておく——を使うとすると、仮に地球と木星が太陽から等距離の軌道を回っている場合、木星は地球の約三一八倍重いので、太陽と木星のあいだの引力は太陽と地球のあいだの約三一八倍になる。また、仮に木星と地球の質量が同じで、木星が現実の軌道上にある場合、つまり、太陽からの距離が地球の軌道の約五倍遠い場合、引力は距離の二乗に反比例するから、太陽と地球のあいだの引力は太陽と木星のあいだの二五倍になる、ということだ。

ニュートンは、一六八七年に出版された有名な本『自然哲学の数学的諸原理』——今は『プリンキピア』と呼ばれている——で、方程式を使わずに万有引力の法則を紹介したが、現代の物理学では方程式を使って表現することのほうが多い。

$$F_{grav} = G\frac{m_1 m_2}{r^2}$$

この式で、Fgrav とは、質量 m_1 の物体と質量 m_2 の物体のあいだの引力であり、r はふたつの物体のあいだの距離で、2は〝二乗〟を意味する。では、Gとは何か？　Gは万有引力定数と呼ばれている。ニュートンはもちろん、そういう定数が存在することを知っていたが、『プリンキピア』では言及していない。そのころから数々の測定が行なわれた結果、現在わかっているGの最も精確な値は六・六七四二八±〇・〇〇〇六七×10^{-11}だ。*2 わたしたち現代の物理学者も、ニュートンの推測どおり、この値が宇宙のどこでも同じであることを確信している。

ニュートンの法則の影響はとてつもなく大きく、いくら評価してもし足りない。『プリンキピア』はこれまでに書かれた科学書の中で最も重要なもののひとつだ。ニュートンの法則は物理学と天文学のすべてを変えた。太陽や惑星の質量の計算を可能にした。その方法はきわめて美しい。どんな惑星でも（木星でも地球でも）軌道周期と太陽までの距離がわかれば、それをもとに太陽の質量を算出できる。まるで魔法のようではないか？　そこからさらにもう一歩先に進んで、木星の明るい衛星（一六一〇年にガリレオが発見した）のひとつについて軌道周期と木星までの距離がわかれば、木星の質量が計算できる。同様に、地球の周りを回る月の公転周期（二七・三二日）と、月から地球までのわずかな距離（約三八万四四〇〇キロメートル）がわかれば、高い精度で地球の質量が計算できる。補遺2でそのやりかたを示す。少し数学の心得があれば、楽しめること請け合いだ！

しかし、ニュートンの法則は太陽系の外、はるか遠くにまで適用される。恒星、連星（第13講参照）、星団、銀河、そして銀河団の動きを矛盾なく説明してくれたうえに、二〇世紀になってからのいわゆる暗黒物質の発見にも貢献した。この点についてはあとで詳しく述べる。ニュートンの法則は美しい——息を呑むほど簡潔であると同時に、信じられないほど万能だ。非常に多くのことを解き明かし、きわめて広い範囲にわたる事象の仕組みをつまびらかにする。

運動、物体間の相互作用、惑星の動きに関する物理学をひとつにまとめあげることで、ニュートンは天文学の測定に新しい秩序をもたらし、何世紀にもわたって雑然と積み上げられてきた観察結果がすべて相互につながっていたことを示した。ほかの科学者たちもそういう洞察の断片くらいは持っていたが、ニュートンと違って統一的な理論にまとめることができなかったのだ。

ニュートン誕生の前年に亡くなったガリレオは、ニュートンの第一法則の初歩版を思いつき、多くの物体の運動を数学的に説明することができた。ガリレオはさらに、一定の高さから落とした物体はすべて、（空気抵抗がなければ）同じ速さで落下することを発見した。しかし、なぜそれが正しいのかは説明できなかった。ヨハネス・ケプラーは、惑星の軌道がどのように機能するかについての基本法則を解明したが、なぜそうなるのかはまったくわからなかった。ニュートンはその〝なぜ〟を説明した。そして、すでに見たように、その答えと、答えが導く結論の多くには、直観的なところなど少しもなかった。

運動に関わる諸力はわたしを魅了してやまない。重力は常にわたしたちにつきまとい、宇宙の隅々まで行き渡っている。そして、重力について驚くべきこと——のひとつ——は、離れていても働きかけてくるという点だ。わたしたちの惑星が軌道上にとどまっていること、一億五〇〇〇万キロメートル離れたふたつの物体間に引力があるがゆえにわたしたち全員が生きていることを、あなたは一度でもじっくりと考えたことがあるだろうか？

＊１　英国学士院は最近、ステュークリーの原稿のデジタル画像をオンライン上に掲示した。以下のアドレスで見られる—http://royalsociety.org/library/turning-the-pages/。

＊２　この値を使いたい場合は、質量の単位をキログラム、距離ｒの単位をメートルに揃えなくてはならない。その場合、重力の単位はニュートンとなる。

振り子について考えよう

重力は生活全体に行き渡る力ではあるが、重力がこの世界に及ぼす影響は多くの点でわたしたちに困惑をもたらす。わたしは振り子を使って、重力の作用がいかに直観に反するかを実演して学生を驚かせる。そのやりかたを紹介しよう。

多くの人は、運動場で自分よりずっと軽い誰か——例えば、幼児——と並んでぶらんこを漕ぐとき、自分の動きのほうが相手よりずっとゆっくりになると考えるのではないだろうか。しかし、実際にはそうならない。意外かもしれないが、振り子が一往復するのにかかる時間の長さ（振り子の周期と呼ぶ）は、振り子にぶら下げられた重量（錘《おもり》と呼ぶ）には影響されないのだ。ただし、ここで話しているのはいわゆる単振り子のことで、ふたつの条件を満たさなくてはならない。第一に、錘の重量が糸の重量よりずっと重くて、糸の重量を無視できるくらいであること。第二に、錘の大きさがきわめて小さくて、錘を大きさのない単なる点のように扱えること。[*] 単振り子は家で簡単に作れる。軽い糸の先端にりんごを結びつけ、糸の長さをりんごの大きさの四倍以上にすればいい。

わたしは教室で、ニュートンの運動の法則を使って、単振り子の周期を計算する方程式を導き出し、そのうえで方程式を検証してみる。そのためには、振り子が振れる角度を小さく想定しなくてはならない。それがどういう意味か、もっと明確に述べよう。お手製の振り子が行ったり来たり、右から左へ、そして左から右へと揺れ動くのを見ると、振り子がほとんどずっと左か右に動き続けていることに気づくだろう。しかし、完全に一往復するあいだに二度、振り子が静止するときがあり、そのあと方向転換する。静止時に、糸と垂線の角度は最大値に達し、この値を振り幅と呼ぶ。空気抵抗（摩擦）を無視できるなら、振り子が左端で静止するときの最大角度は、振り子が右端で静止するときと同じになる。わたしが導き出す方程式は、小さな角度（小さな振り幅）に対してのみ有効だ。これを、物理学では小角近似と呼ぶ。学生たちからよく、「小さいとはどのくらい小さいのですか？」ときかれる。ある女子学生の質問はかなり具体的だった。「五度という振り幅は小さいですか？　一〇度の振り幅に対しても、方程式はまだ有効ですか、それとも一〇度だと小さいとは言えませんか？」もちろん、どれもすばらしい質問であり、わたしはその場で検証してみようと提案する。

わたしが導き出す方程式はごく素朴できわめて簡潔だが、数学にごぶさたしている学生にとっては少々強面《こわもて》に見えるかもしれない。

$$T = 2\pi\sqrt{\frac{L}{g}}$$

Ｔは振り子の周期（単位は秒）、Ｌは糸の長さ（単位はメートル）、πは三・一四、そしてｇは重力加速度（九・八メートル毎秒毎秒）だ。従って、方程式の右辺は、２πに、糸の長さを重力加速度で割った商の平方根を掛けるという意味になる。なぜこれが正しい式なのかについては、ここで詳しく述べることはしない（ご希望なら、録画授業でわたしが行なった導出を見ていただきたい。ウェブサイトのリンク先はこのページの一一行先に）。

ここで方程式を持ち出したのは、わたしの実演がこの式をどれほど正確に裏づけているかを納得してもらうためだ。方程式による予測では、一メートルの長さの振り子は約二秒の周期を持つ。実演で、一メートルの糸のついた振り子が一〇回の振動を終えるまでの時間を計ると、約二〇秒になる。それを一〇で割ったら、二秒という周期が得られる。次に、わたしは糸の長さを四分の一にしてみる。方程式による予測では、その周期は二分の一になる。そこで、糸の長さを二五センチメートルにした振り子を振ると、実際、一〇往復に約一〇秒かかる。こうして、すべては予測どおりであることが確認される。

手製の小さなりんご振り子よりずっと綿密に方程式を検証するために、わたしは教室に単振り子を設置した。長さ五・一八メートルのロープの先端に重さ一五キロの鋼鉄製の球体錘がついている。それを〝振り子の親玉〟と名付けた。以下のサイトで、授業の終盤にその振り子が登場する。http://ocw.mit.edu/courses/physics/8-01-physics-i-classical-mechanics-fall-1999/video-lectures/lecture-10/

この振り子の周期Ｔはどのくらいだろうか？　方程式に数値を代入すると、

$$T = 2\pi\sqrt{\frac{5.18}{9.8}}$$

で、四・五七秒という予測値が得られる。これを検証するため、わたしは振り幅五度と一〇度でそれぞれ周期を計ることを、学生たちに約束する。

後ろの席からも見えるよう大きなデジタルタイマーを使い、一〇〇分の一秒単位で時間を表示させることにする。長年にわたり数限りなく試行してきて、わたしは、自分がタイマーをつけて消すのにかかる反応時間が（調子がよければ）一〇分の一秒程度であることを知っている。それはつまり、まったく同じ測定を十数回繰り返せば、各回の周期の測定結果に〇・一秒（もしかすると〇・一五秒）のずれが生じることを意味する。一往復の時間を計っても、一〇往復の時間を計っても、わたしの計時には±〇・一秒の誤差が含まれるわけだ。そこで、わたしは振り子を一〇回振動させることにする。そのほうが、一回だけの場合より一〇倍精確な周期が得られるからだ。

ロープと垂線の角度が約五度になるように、錘をじゅうぶんに引っ張ってから手を放し、タイマーをスタートさせる。学生たちに一往復ごとに声に出して数えてもらい。一〇往復したところでタイマーを止める。結果はおみごと——タイマーの表示は四五・七〇秒、一往復の推定時間のきっかり一〇倍だ。学生たちから大きな喝采が沸き起こる。

次に、角度を一〇度に広げてから手を離し、タイマーをスタートさせて、学生たちにカウントしてもらい、ちょうど一〇回のところでタイマーを止める——四五・七五秒。一〇往復で四五・七五秒±〇・一秒だから、一往復当たり四・五七五秒±〇・〇一秒になる。振り幅一〇度の結果は、振り幅五度の結果と（計測誤差の範囲内で）同じだ。わが方程式は、やはりきわめて正確だと言っていい。

そのあと、学生たちに尋ねる。わたしが錘の上に座っていっしょに揺れたら、周期は同じになるだろうか、それとも変わってくるだろうか？　こういうものに座るのはけっして楽しいことではない（とにかく痛い）のだが、科学のためなら、そして学生たちを笑わせて授業に引き込むためなら、機会は逃さない。もちろん、錘の上にまっすぐ座るわけにはいかない。それだと実質的にロープが短くなり、周期が少し縮んでしまうからだ。しかし、自分の体をできるだけ水平にして、錘と同じ高さになるようにすれば、ロープの長さをほぼ同じに保てる。そこで、錘を引き上げて両脚のあいだにはさみ、ロープをつかんで振動を開始する。本書の見返しの写真をご覧あれ！

振り子にぶら下がった状態で、反応時間を増やすことなくタイマーを止めるのはたやすいことではない。しかし、わたしは何度も練習してきたから、±〇・一秒の誤差で計測できるという確固たる自信を持っている。学生たちに声を出して回数を数えてもらい――そして、ぼやいたりうめいたりする滑稽な姿を笑ってもらい――ながら、一〇回の振動を終えてタイマーを止めると、四五・六一という数字が表示される。四・五六±〇・〇一秒の周期だ。「これが物理学だ！」とわたしが叫び、学生たちは熱狂する。

＊　糸の質量が無視できないか、錘の大きさが点として扱えないか、またはその両方である場合、もはや単振り子ではない。そういう振り子は物理振り子と呼ばれ、動きかたが異なる。

祖母と宇宙飛行士

もうひとつ、重力のややこしい点は、わたしたちがだまされて、実際とは異なる方向から引っ張られているように感じてしまうことだ。重力は常に、地球の中心方向へと引っ張る——もちろん、それは地球上での話であって、冥王星の上では違う。しかし、ときには、重力が水平方向に働いているように知覚できることもあり、このいわゆる人工重力あるいは知覚重力は、現実として重力そのものを打ち消すように思える。

この人工重力は、わたしの祖母がサラダを作るたびにしていたあることを再現すれば、簡単に実演できる。祖母は人並みはずれた発想の持ち主で、例えば、人間は立っているときより横になっているときのほうが身長が高いと教えてくれたのも、じつは祖母だった。で、祖母はサラダを作るとき、心から楽しんでいた。水切りボウルでレタスを洗ったあと、布タオルで水気を取ると葉を傷めるので、かわりに独自のやりかたを編み出した。ボウルを手に持ち、上から布巾をかけて、輪ゴムで固定してから、円を描くようにボウルを激しく振り回すのだ——ものすごい速さで。

だから、授業でそれを再現するときは、前二列の学生たちに、ノートを閉じて中のページが濡れないようにしなさいと、忘れず警告するようにしている。わたしは教室にレタスを持ち込み、教卓の流しで洗って、水切りボウルに入れる。「用意はいいかな」と学生たちに告げて、垂直に円を描くように腕を激しく振り回す。水滴があちこちに飛び散る！　今はもちろん、つまらないプラスチック製のサラダ用水切りが祖母の方法の代用品に成り上がっている——本書にとってはまことに残念なことだ。現代生活のかなりの部分が、物事からロマンスを奪ってしまうように思える。

この人工重力と同じ力を、宇宙飛行士は、地球を回る軌道に加速して突入するときに体験する。友人でＭＩＴの同僚でもあるジェフリー・ホフマンは、スペースシャトルで五回のミッションを飛んだ。そのホフマンから聞いた話では、乗組員が打ち上げの最中に経験するさまざまな加速度は、当初の約〇・五Ｇから固形燃料の最終段階では二・五Ｇに至る。そのあと、しばし一Ｇ近くまで戻るが、この段階で液体燃料が燃え始めるので、打ち上げの最後の一分間にふたたび三Ｇまで上昇する——全体で約八分半かかって、時速約二万七三〇〇キロメートルのスピードを得る。そして、それは快適な旅などではまったくない。ようやく軌道に乗ると、宇宙飛行士は無重量状態になり、それを重力ゼロと知覚するのだ。

もうおわかりのように、レタスはボウルが押しつけられるのを感じ、宇宙飛行士は座席が押しつけられるのを感じ、両者ともそこで一種の人工重力を経験している。祖母の珍妙な装置——と現代のサラダ用水切り——はもちろん遠心分離機の亜種であり、レタスから葉にくっついている水を分離して、水切りの穴から排出する。宇宙飛行士でなくても、この知覚重力を味わうことはできる。遊園地のローターと呼ばれる悪魔のような乗り物を頭に浮かべてみよう。大きな回転台の周縁に金属のフェンスが巡らされ、乗客はそのフェンスに背中をつけて立つようになっている。台が回り始めて、その速さがどんどん増していくと、乗客はどんどんフェンスに押しつけられるように感じる。わかるだろうか？　ニュートンの第三法則を当てはめれば、あなたが壁を押すのと同じ力で、壁があなたを押し返しているというわけだ。

壁があなたを押すこの力は、求心力と呼ばれる。求心力はあなたが回るのに必要な加速力を与える。速く回れば回るほど、求心力は大きくなる。ここで思い出そう。あなたが円を描いて回るには、速さが変わらなくても、力が（付随して加速度も）必要とされる。同じような仕組みで、重力は太陽の周りを回る惑星に求心力を与える。この点については補遺2で論じる。あなたが壁を押す力のほうは、遠心力と呼ばれることが多い。求心力と遠心力は大きさは同じだが、方向が逆だ。ふたつの力を混同してはいけない。あなたに働きかけているのは求心力だけ（遠心力はなし）で、壁に働きかけているのは遠心力だけ（求心力はなし）だ。

ローターの中には、とてつもない高速で回転するので、足もとの床が下がってもあなたがすべり落ちないようになっているものもある。なぜすべり落ちないのか？

考えてみよう。もしローターがまったく回転していなければ、あなたは自分に働く重力のせいですべり落ちてしまうだろう。なぜなら、あなたと壁のあいだの摩擦力（上向きの力になる）が小さすぎて、重力に拮抗できないからだ。しかし、床を上げた状態で、ローターが回転を始めると、求心力が生じ、それにつれて摩擦力が大きくなる。求心力が強まるほどに、摩擦力も強まる。こうして、床を下げてもローターの回転速度がじゅうぶん大きければ、摩擦力は重力と釣り合う大きさになり、あなたはすべり落ちないというわけだ。

人工重力を実演する方法はたくさんある。自宅の、例えば裏庭で試せる方法を紹介しよう。からのペンキ缶の取っ手にロープを結びつけ、缶に水を適量——半分くらいにしておかないと、重すぎて回せなくなる——入れて、頭の上で円を描くように、できるだけ激しく缶を振り回す。じゅうぶんな速度で回せるようになるには、少し練習が必要かもしれない。きちんとやれば、水は一滴もこぼれてこないだろう。これを教室で学生たちにやらせようとすると、たいへんな騒ぎになる！　このささやかな実験結果から、刺激度の特に高い型のローターで、徐々に回転速度が増していき、ついには台が完全に水平になって、それでもあなたは地面に落ちない（もちろん、安全のためローターにしばりつけられているわけだが）という不思議な現象の仕組みも説明できる。

体重計がわたしたちを押す力は、体重計がわたしたちの体重として表示する数値を決める。重力があるからこそ——重力がないからではなく——宇宙飛行士は無重量（体重ゼロ）状態になる。そして、りんごが地球に落ちるとき、地球もりんごに向かって落ちている。ニュートンの諸法則は簡潔で、普遍的で、深遠で、かつ著しく直観に反している。名高い法則の数々に行き着く過程で、アイザック・ニュートン卿は真の謎に満ちた宇宙に正面から闘いを挑み、その謎の一部を解き明かす能力と、根本的に新しい世界観を指し示す能力で、現代のわたしたちにも計り知れない恩恵をもたらした。

The Magic of Drinking with a Straw

第4講
人間はどこまで深く潜ることができるか

シュノーケルの長さを五メートルにすれば、
人間は五メートルの深さでも潜れるのだろうか。
そのことを知るためには圧力について知る必要がある。
本講では気圧や水圧などの仕組みを解明しつつ、
飛行機はなぜ飛ぶことができるかまでを
考えることにしよう。

わたしは学生たちにいろいろな実演をしてみせるが、その中でも特に気に入っているのがペンキ缶二個とライフル一挺を使うものだ。

一方の缶は縁までいっぱいに水を満たし、きっちりふたをする。他方の缶にも同じように水を入れるが、縁まであと三センチ弱のところでやめておき、ふたをする。机の上に、前後に並べて缶を置き、わたしは数メートル離れた別の机に移動する。そこには白く塗られた横長の木箱が、明らかに何かの仕掛けを覆い隠すように載っている。木箱を持ち上げると、現われたのは支持台に固定されたライフルで、銃口はペンキ缶に向いている。学生たちが目を丸くする。教室でライフルをぶっぱなす気か、とでも言いたげに。

「このペンキ缶に弾を撃ち込んだら、何が起こるだろう?」と、わたしは学生たちに問う。答えを待たず、前かがみになってライフルの照準を確認し、たいていの場合、遊底を少しいじる。緊張を高めるための演出だ。息を吹きかけて薬室のほこりを払い、銃弾をすべり込ませて、「よろしい、弾は込められた。心の準備はできているかな?」

わたしはライフルの横に立ち、引き金に指をかけて、秒読みを始める。「三、二、一」——

発射。一方のペンキ缶のふたが瞬時に宙へ跳ね上がるが、もう一方のペンキ缶のふたは閉まったままだ。ふたが跳んだのはどちらの缶だろう？

その答えを知るには、空気は圧縮されるが水は圧縮されないことを、まず知らなければならない。つまり、空気の分子は、気体の常として、互いの間隔を詰めることができるが、水の分子は――どの液体の分子も――そうはいかない。液体の密度を変えるには、とてつもない圧力が必要だ。さて、発射された弾丸がペンキ缶に食い込む瞬間、相当の圧力が缶にかかる。空気が残っている缶の中では、空気がクッション、すなわち衝撃吸収装置の役割を果たすので、水は乱されず、爆発は起こらない。しかし、水が縁までいっぱいに詰まった缶の中では、水は圧縮されない。従って、弾丸が水に持ち込んだ余分な圧力は、缶の内側とふたにかなりの力を及ぼし、ふたが吹き飛ばされる。想像がつくと思うが、それはとても劇的な光景で、学生たちは毎回度肝を抜かれる。

われわれは空気圧に取り囲まれている

圧力について講義するのはいつも楽しみのひとつだが、特に空気圧は面白い。なぜなら、直観に反したおもしろい話題がいくらでもあるからだ。わたしたちは自分が空気圧を受けていることに、言われるまでは気づきもしない。言われて初めて驚くのだ。いったん空気圧がそこにあることに気づくと、そしてそれを理解し始めると、至るところでその証拠を目にするようになる。風船から気圧計まで、またストローで飲みものを吸い上げるその仕組みや、シュノーケルを使って潜れるその水深まで。

初めは目に見えず、特に注意も払わなかった重力や空気圧のようなものが、じつはあらゆる現象の中で最も魅惑的なのだった。それは、川を楽しげに泳ぐ二匹の魚の小話に似ている。一匹がいぶかしげな表情で、もう一匹を見て、こう言うのだ。「最近騒がれてる〝水〟とかいうやつは、いったいどんなものなんだろうな」

地上にいるわたしたち人間の場合、目に見えない大気の重さと密度をあたりまえのこととして気にも留めない。現実には、わたしたちは大気の海の底で暮らし、その途方もない圧力が毎日毎秒わたしたちの体にのしかかっている。例えば片手を前に出して、てのひらを広げてみる。そのてのひらに、一辺が一センチの正方形を底にした長い長い管が直立し、大気圏のてっぺんまでずっと伸びていると想像してみよう。管の長さは一五〇キロメートル以上になる。管の中の空気の重さ——管自体の重さはないものとする——は約一キログラムだ。[*] これは空気圧を測定するひとつの方法で、一平方センチメートル当たり一・〇三キログラムの圧力を標準大気圧という。

＊ 科学を学ぶ読者諸氏は心に留めておいてほしい。本書では、専門的な言葉よりもできるだけ日常の言葉を使うようにしている。例えば、キログラムという単位は正しくは重量ではなく質量を表わしているが、本書ではたびたびその両方に使われる。この本でわたしがやっているのはそういうことだ。

接する面積が大きいほど圧力は小さくなる

空気圧を計算するもうひとつの方法——他のどんな圧力でも同じ——は、ごく単純な公式を用いる。あまりに単純なものだから、わたしはいちいち公式とは言わず言葉にしてきた。圧力とは、力を面積で割ったものだ。すなわち P=F/A。従って海水面における空気圧（大気圧とも言う）は、一平方センチメートル当たり約一キログラムとなる。では、別の角度から力と圧力と面積の関係を描き出してみよう。

あなたが凍った池でスケートをしているとき、氷が割れて誰かが池に落ちたとする。さあ、どうやって氷の穴に近づく？　氷の上を歩いて？　それは間違いだ。腹這いになって、ゆっくり、少しずつ前進すれば、体の力がより広い面積に分散されるので、氷にかかる圧力は減り、氷は割れにくくなる。直立姿勢と腹這いとでは、氷にかかる圧力が大幅に違う。

例えば、あなたの体重が七〇キロで、二本の足を氷につけて立っているとする。足の裏ふたつぶんの面積が約五〇〇平方センチ（〇・〇五平方メートル）なら、あなたは〇・〇五平方メートル当たり七〇キログラム、すなわち一平方メートル当たり一四〇〇キログラムの圧力をかけていることになる。片方の足を上げると圧力は倍増し、一平方メートル当たり二八〇〇キログラムになる。あなたの身長がわたしと同じ一八〇センチだとして、氷の上に腹這いになると何が起こるだろうか。そう、七〇キロの体重は約八〇〇〇平方センチ（〇・八平方メートル）に分散し、あなたの体が氷にかける圧力は一平方メートル当たり八七・五キロ、ざっと見積もって片足で立ったときの三二分の一になる。力がかかる面積が大きければ大きいほど圧力は小さくなり、逆に面積が小さければ小さいほど圧力は大きくなる。圧力に関わることの多くが、直観に反しているのだ。

一例を挙げると、圧力には方向性がない。しかし、圧力によって引き起こされる力には方向性がある。圧力が働く面に対して垂直だ。さあ、てのひらを上にして広げ、そこにかかる力を想像しよう——今回は管はなし。わたしのてのひらの面積は約一五〇平方センチだから、一五〇キログラムの力が上からてのひらを押しているはずだ。それほどの重さを楽々と支えていられるのは、なぜだろう？　断るまでもなく、わたしは重量挙げの選手ではない。てのひらにかかる力がもしこれだけなら、とてもこの重さを支えることはできないだろう。しかし、そこには別の力が働いている。空気が作り出す圧力は四方八方からわたしたちを取り囲んでいるので、手の甲にも上向きに一五〇キログラムの力が働いているのだ。ゆえに、わたしの手にかかる力はプラスマイナスゼロになる。

しかし、それほど大きな力で押されているのに、手の骨が砕けないのはなぜだろう？　その程度の力で砕けるような、やわな骨ではないからだ。てのひらと同じ大きさの板を考えてみよう。これもやはり、大気の圧力で砕けたりはしない。

では、人間の胸郭はどうだろう？　胸郭の面積は約一〇〇〇平方センチだから、空気圧が及ぼす力は約一〇〇〇キログラム、つまり一トンになる。背中にも正味約一トンの力がかかっている。なぜ、肺が押しつぶされないのだろう？　それは肺内部の空気の圧力もまた一気圧で、肺の中の空気と胸郭の外側から押してくる空気の圧力に差がないからだ。だから、わたしたちはなんの苦もなく呼吸をすることができる。ここで、胸郭と同じ寸法のボール紙または木の板または金属板の箱を考えてみよう。箱は閉じておく。箱の内部の空気は、肺の中にある吸気と同じで、一気圧だ。わたしたちの肺がつぶれないのと同じ理由で、この箱もつぶれることはない。家が大気の圧力でつぶれないのは、家の中の空気圧が外の圧力と等しいからだ。これを圧力平衡と言う。箱（あるいは家）の中の空気圧が一気圧よりうんと低かったら、状況はかなり違ってくるだろう。たぶん、箱はつぶれてしまう。わたしはそれを授業で実演しているが、詳細はまたあとで。

わたしたちがふだん空気圧に気づいていなくても、それが重要であることに変わりはない。天気予報では必ず、低気圧と高気圧の情報が伝えられる。それに、高気圧のもとでは好天が続きやすく、低気圧が雨や風の前線を引き連れてきがちなことは誰でも知っている。だから、わたしたちは、空気圧の測定を強く欲しているのだ――しかし、感じることができないものを、どうやって測定するというのか？　気圧計で測ればいいという答えもあるだろうが、もちろんそれではあまり謎を解き明かす役には立たない。

ストローを使った手品

皆さんも何十回となく経験してきたはずのちょっとしたトリックから始めよう。水――わたしが授業で使うのは水ではなくクランベリージュースだが――の入ったコップにストローを一本入れると、ジュース（水）はストローの中に入っていく。ここで、ストローの吸い口を指でふさぎ、そのままコップから引き抜いても、ジュース（水）はストローの中にとどまっている。まるで手品だ。なぜそうなるのだろう？　答えはそれほど単純ではない。

この現象の原理を説明できれば、気圧計の仕組みもわかってくるだろうが、そのためには液体の圧力を理解しなくてはならない。液体だけから生じる圧力を静水圧（ハイドロスタティック・プレッシャー＝〝ハイドロスタティック〟は「休んでいる水」を意味するラテン語に由来する）と呼ぶ。液体――例えば海――の表面下の総圧力は、その液体の表面にかかる大気圧

（広げたてのひらを上に向けたときと同じ）と静水圧の和であることに注意しよう。ここに基本的な原理がある。静止した一定の液体中では、水位が同じなら圧力も同じである。従って水平面上ではどこでも圧力は同じである。

つまり、プールの浅いほうの端に立つあなたが、水面から一メートル下で手を広げたとき、その手にかかる圧力は大気圧（一気圧）と静水圧の合計であり、深いほうの端に立つあなたの友人が、水面から一メートル下で広げた手にかかる圧力とまったく同じなのだ。しかし、あなたがもし水面下二メートルに手を移動したら、手にかかる静水圧は二倍になる。水面から特定の水位までのあいだにある流体が多ければ多いほど、その水位での静水圧は大きくなる。

ちなみに空気圧についても、この原理は有効だ。わたしたちは折に触れて、地球上の大気は空気の大海のようだなどと言うが、その大海の底、すなわち地表面のほとんどで空気の圧力は約一気圧だ。しかし、非常に高い山のてっぺんに立つと、空気が薄いので、大気圧も低くなる。エヴェレストの頂上では、大気圧は地表の三分の一しかない。

なんらかの理由で水平面の圧力が同じではなくなると、液体は圧力が均等になるまで流動する。空気でも同じことが起こり、わたしたちはその作用が風であることを知っている――気圧の差をならすために高気圧から低気圧へと空気が動くことによって起こるのが風であり、気圧が均一になると風はやむ。

では、ストローの問題に移ろう。液体の中にストローを入れる――この時点で、吸い口はふさがれていない――と、液体がストローに入ってきて、コップの中の液体の表面と同じ高さで止まる。ストローの中に入った液体の表面と、ストローの外側でコップの中の液体の表面にかかる圧力は、どちらも同じ一気圧だ。

さあ、そのストローを吸ってみよう。まず空気を少し吸い込むことになり、それによってストロー内部の液体の上にあった空気柱の圧力が下がる。もしストロー内の液体の位置が変わらなければ、その上にある空気の圧力が下がるのだから、液体表面の圧力は一気圧より低くなる。つまり、同じ水平面にあって等しかったストローの内と外、ふたつの表面の圧力に差ができる。あってはならないことだ。必然的に、ストロー内の液体は、ストロー内の圧力が外と同じ一気圧に戻るまで上昇し続ける。仮に、吸うことでストロー内の気圧が一パーセント下がる（一・〇〇気圧から〇・九九気圧へ）としたら、飲用に適したほぼすべての液体――水でもクランベリージュースでもレモネードでもビールでもワインでも――が、ストロー内で一〇センチ上昇する。なぜ一〇センチなのか？

ストロー内の液体は、失われた〇・〇一気圧を補うまで上昇しなければならない。そして、液体の静水圧を計算する公式（ここには書かないが）によれば、〇・〇一気圧の静水圧は、高さ一〇センチの水（または同程度の密度を持つ液体ならなんでも）の円柱から生じる。

ストローの長さが二〇センチなら、ジュースを二〇センチ上昇させて口に届かせるために、ストロー内の空気圧が〇・九八気圧に下がるまで強く吸い込まなければならない。この理屈は、あとで必要になるので覚えておくこと。これで、スペースシャトル内の無重量状態のすべて（第3講を参照）とストローの働き（本講）がわかったわけだから、ひとつ興味深い問題を提示しておこう。スペースシャトルの中をジュースの球が浮遊している。このジュースには重さがないので、コップは必要ない。宇宙飛行士がそのジュースの球に慎重にストローを挿入し、吸い始める。この方法でジュースを飲むことができるだろうか？　シャトル内の空気圧は約一気圧と仮定する。

一〇・四メートルまで水を吸い上げることができる

さて、ストローの吸い口を指でふさぐトリックに戻ろう。その状態でストローをゆっくり、五センチほど引き上げると、ストローの先がジュースの中にあるかぎり、ジュースがストローから出ていくことはない。ストロー内のジュースの水位は、持ち上げる前の位置とほとんど（まったく、ではない）変わらない。それを確認するには、引き上げる前にジュースの表面の位置をストローに記しておけばよい。そのストロー内のジュースの最高水位は、今、コップの中のジュースの表面より約五センチ高くなる。

しかし、つい先ほど、液体内の圧力はストローの中と外で均等化すると高らかに言明したばかりなのに、なぜこうなるのか？　規則に反してはいないか？　いや、そんなことはない！自然はとても巧緻性に富んでいる。吸い口を指でふさがれたことによって、ストロー内に閉じ込められた空気はわずかながら体積を増し、ちょうどその分だけ圧力が減って（約〇・〇〇五気圧）、その結果、ストロー内の液体の圧力がコップの液体の圧力と（同じ水位で）等しく、どちらも一気圧になる。そのせいで、ストロー内のジュースの上昇は五センチよりほんの少し（一ミリばかり）小さくなり、そのわずか一ミリ分だけストロー内の空気の体積が増して、圧力がしかるべき値まで下がるのだ。

吸い口をふさいで管をゆっくり引き上げるという操作で、（海水面から）どれくらいの高さまで水を持ち上げられるものだろうか？　それは、操作を始めた時点で、管の中にどれだけの空気が閉じ込められているかによって変わってくる。ストロー（管）の中に空気がほんの少ししかないか、もっと望ましいのはまったくない場合、最大で約一〇・四メートルまで水を引っ張り上げることができる。もちろん、小さなコップで確かめるのは無理だが、水を満たしたバケツなら可能だろう。これほどとは予想していなかった？　もっと意表をつくのは、管の形状はどんなものでも構わないということだ。ねじれた管でも、コイル状にぐるぐる巻いた管でも、中の水は垂直方向に約一〇・四メートルまで上昇する。高さ一〇・四メートルの水が一気圧の静水圧を生み出すからだ。

大気の圧力が小さくなれば、水柱が上昇する最大値も小さくなるという知見から、大気圧を測定するひとつの方法が得られる。実地検分のために、ニューハンプシャー州ワシントン山（標高約一九〇〇メートル）の頂上に立ってみよう。そこでは大気の圧力は約〇・八二気圧となり、従って管の外の水面にかかる圧力も一気圧ではなく〇・八二気圧だ。それと同じ水位で、管の中の水の圧力を測れば、やはり〇・八二気圧になるはずで、水柱が上昇しうる最大値もまた低くなるにちがいない。水柱の最大値は〇・八二×一〇・四メートルで、約八・五メートルになる。

メートルとセンチメートルの目盛を記した管にクランベリージュースを入れて水柱の高さを測定できるようにすれば、即製クランベリージュース気圧計のできあがりで、それは気圧の変動を教えてくれる。ちなみに、フランスの科学者ブレーズ・パスカルは赤ワインを使って気圧計を作ったという。さすがフランス人だ。一七世紀半ばに気圧計を発明したとされているのは、一時期ガリレオの助手を務めたこともあるイタリアのエヴァンゲリスタ・トリチェリで、気圧計の中身として最終的に選ばれたのは水銀だった。同じ高さの円柱なら、密度の濃い液体ほど高い静水圧を生じさせ、管の中での上昇幅が小さくなるからだ。水の約一三・六倍の密度を持つ水銀を使うと、管の長さはうんと手ごろなものになった。高さ約一〇・四メートルの水柱の静水圧（一気圧）は、一〇・四メートル÷一三・六、すなわち約七六センチの水銀柱の静水圧と等しい。

そもそもトリチェリは、空気圧を測定するためにこの装置を作ったわけではない。吸引ポンプが吸い上げられる水柱の高さに限界があるのかどうかを知りたかったのだ。それは灌漑における深刻な問題だった。トリチェリは、底をふさいだ長さ約一メートルのガラス管に水銀を注ぎ、管の口を親指でふさいで上下をひっくり返してから、水銀を満たした深皿に入れ、親指を離した。このとき管の中の水銀がいくらか深皿に流れ出たが、管に残った水銀柱の高さは約七六センチメートルだった。管の上部にできた空間は、トリチェリの論によれば真空であり、実験室で作られた最も初期の真空のひとつとなった。水銀の密度が水の約一三・六倍であることはわかっていたので、トリチェリは水柱の最大水位――ほんとうに知りたかった数字――を約一〇・四メートルと算出した。この実験の副産物として、トリチェリは、時間の経過とともに水銀の水位が上がったり下がったりすることに気づき、その変動が気圧の変動によるものだと考えた。ご明察。そして、水銀気圧計の管の上部に常に少しだけ真空が存在する理由も、この実験で説明できる。

シュノーケルでどこまで潜れるか

水柱の最大水位を算出する過程で、トリチェリは、誰もが海で魚の姿を見ようとするとき頭に浮かびそうな疑問もいっしょに解き明かしてくれた。シュノーケリングをやってみた経験のある人は多いだろう。ほとんどのシュノーケルには長さ三〇センチ足らずの管がついている。もっと深く潜《もぐ》りたくなって、管がもっと長ければいいのにと思ったことはないだろうか？　いったいどれぐらいの深さまで、シュノーケルで潜れるのだろう？　一メートル？　三メートル？　五メートル？

授業でこの問いに答えるとき、わたしは液柱計と呼ばれる単純な装置を好んで使う。たいていの実験室に備わっている標準的な道具だ。あとで少し説明するが、とても単純な構造なので、家庭でも簡単に作ることができる。わたしがほんとうに知りたいのは、人間は水面下どれぐらいの深さまでなら、水上の空気を肺に取り込めるのかということだ。それを突き止めるためには、胸郭にかかる海水の静水圧を測らなくてはならない。深く潜れば潜るほど、それは高圧になるはずだ。

わたしたちを取り囲む圧力は、同一水平面であれば均一で、その大きさは大気圧と静水圧の和であるということを、すでに学んだ。もしわたしがシュノーケルをつけて水中に潜るとしたら、外から空気を取り込まなくてはならない。その空気には一気圧の圧力がある。従ってシュノーケルから空気を取り込むとき、肺の中の空気の圧力は外と同じ一気圧になる。しかし、わたしの胸郭にかかる圧力は大気圧に静水圧を加えたものだ。つまり胸郭にかかる圧力は肺の中の圧力より大きく、その差はまるまる静水圧のぶんだ。この圧力差は、空気を吐くときにはなんの問題にもならないが、空気を吸うときには胸郭を広げる必要が出てくる。もし深く潜りすぎて、静水圧があまりにも大きくなると、圧力差をはね返す筋力がないという単純な理由で、それ以上空気を取り込めなくなる。だから、さらに深く潜りたければ、圧縮された空気を吸って静水圧に対抗する必要がある。しかし、高度に圧縮された空気は人間の体に重い負荷をかけるので、水中に潜っていられる時間がきびしく制限されている。

シュノーケリングに話を戻し、さて、どこまで潜れるのか？　この疑問を解明するため、わたしは講堂の壁に液柱計を固定する。長さ約四メートルの透き通ったビニール管を思い描いてほしい。壁の左側の高いところに管の一方の端を取り付け、壁に沿ってU字形に管を這わせる。U字の両腕の長さはそれぞれ二メートル弱。ビニール管約二メートルぶんのクランベリージュースを注ぎ入れると、ジュースは当然ながらU字の両腕の同じ高さまで収まる。さて、管の右端から空気を吹き込んで、クランベリージュースをU字の左腕に押し上げてみる。ジュースが垂直方向に押し上げられた距離が、わたしがシュノーケルで潜れる深さになる。なぜか？　それはつまり、この数値は、わたしの肺が水の静水圧に対抗して奮い起こせる圧力の大きさを示しているからだ。こういう目的に用いる液体として、クランベリージュースは水と同等のものと考えてよく、しかも水よりは学生たちにとって見やすい。

わたしは上体を前に傾け、息を全部吐き切ってから、肺いっぱいに空気を吸い、管の右端を口に当てて、思いきり空気を吹き込む。頰はくぼみ、瞳が左右に揺れ動き、そしてジュースはU字の左側をじりじり上昇していって、どうにか――さあ、結果はいかに？――五〇センチに達する。そこまでで全力を使い果たしたわたしは、数秒間しかその水位を維持できない。結局、ジュースをU字の左側で五〇センチ押し上げ、それはまた右側で五〇センチ押し下げたということなので、合計するとジュースの柱を垂直方向に一〇〇センチ、つまりまるまる一メートル動かしたことになる。もちろん、シュノーケルを使って呼吸するときは、吹くのではなく吸うことで静水圧に対抗する。とすると、吸うほうが簡単なのだろうか？　ではふたたび、今度はジュースをどこまで吸い上げられるかという実験をやってみる。ところが、結果はほぼ同じで、ジュースはわたしが吸った側で五〇センチ上昇し、反対側で五〇センチ下がって、わたしはすっかり力を使い果たす。

これは水面下一メートル、つまり一〇分の一気圧の環境でシュノーケリングをしたのと同じことだ。学生たちは決まって、この実演結果に意外そうな顔をし、自分なら老いぼれ教授よりうまくやれるだろうと考える。そこで、大柄で力も強そうな男子学生をひとり呼び出して、やらせてみる。学生は顔を真っ赤にして全力を尽くし、終わったあと呆然とする。わたしの記録をほんの少し――二センチほど――しか上回れなかったのだ。

そう、シュノーケルを通して呼吸ができる水深の限度は、せいぜいそれぐらいだということになる。たった一メートルぽっち。しかも、数秒間持ちこたえるのが精いっぱい。ほとんどのシュノーケルが一メートルよりずっと短く、たいていは三〇センチほどしかないのはそのせいだ。もっと長いシュノーケルを自作――材料はなんでもかまわない――して、試してみるといい。

ちょっとしたシュノーケリングで水に潜るとき、胸郭にはどのくらいの力がかかるものだろうか？　水深一メートルの静水圧は一気圧の一〇分の一、言い換えると一平方センチ当たり一〇分の一キログラムだ。人間の胸郭の表面積はおよそ一〇〇〇平方センチ。従って、胸郭にかかる力は約一一〇〇キログラム、肺の中の空気圧によって胸郭の内壁にかかる力は約一〇〇〇キログラムになる。一〇分の一気圧の圧力差が一〇〇キロ！　こうして見ると、シュノーケリングはかなり過酷な行為と言えないだろうか。もし水深一〇メートルまで潜ったら、静水圧はまるまる一気圧、表面積一平方センチ当たり一キログラムだから、気の毒な胸郭にかかる力は、肺の中の一気圧から生じる外向きの力より一〇〇〇キログラム（一トン）大きい。

だから、アジアの真珠採り潜水夫たち――日常的に水深三〇メートルまで潜る者もいる――は命がけで働いていることになる。シュノーケルが使えない深さなので、息を止めて素潜りするしかなく、それも数分が限度だから、すばやく真珠貝を採取して海面に戻らなくてはならない。

潜水艦はどこまで深く潜れるか

ここまで来てようやく、工学技術が成し遂げた数々の偉業のありがたみがわかろうというもので、その代表的な例が潜水艦だ。では、水深一〇メートルの位置にある潜水艦について考えてみよう。艦内の空気圧を一気圧と仮定する。静水圧（潜水艦の外と中の圧力差に相当する）は一平方メートル当たり約一万キログラム、つまり一〇トンだから、超小型の潜水艦がたった一〇メートル潜るにもかなりの強度が必要になる。

この点で、一七世紀前半に潜水艇を発明した人物――わが祖国オランダのコルネリス・ファン・ドレベル――の功績は異彩を放っている。ドレベルの潜水艇は水深約五メートルに潜っただけだが、その程度の深さであっても、二分の一気圧の静水圧に対処しなければならず、しかも潜水艇は木と革でできていた！　当時の記録によれば、ドレベルは複数製作した潜水艇の一艇を、イギリスのテムズ川で試運転することに成功したという。この試作品の動力は六人の漕ぎ手であり、一六人乗りで、水中に数時間とどまることができたようだ。〝シュノーケル〟に相当するものを浮き袋で支えて水面上に出していた。ドレベルは、英国王ジェイムズ一世が潜水艇に感銘を受け、海軍のために大量に発注してくれるのではないかと期待したが、残念ながら国王とその将軍たちはたいして感銘を受けなかったらしく、潜水艇が実戦に用いられることはなかった。ドレベルの潜水艇は、秘密兵器としての迫力には欠けたかもしれないが、工学技術の精華という点では間違いなく突出していた。ドレベルと初期の潜水艇について詳しく知りたい人は、こちらのサイトにアクセスするとよい。http://www.dutchsubmarines.com/specials/special_drebbel.htm.

現代の海軍潜水艦がどれくらいの深さまで潜行できるかは軍事機密だが、一般に流布している情報によると、水深約一〇〇〇メートルまで潜行可能だという。この水深の静水圧は一〇〇気圧前後、一平方メートル当たり一〇〇万キログラム（一〇〇〇トン）だ。意外な事実とは言えないが、アメリカの潜水艦は高級鋼材でできている。ロシアの潜水艦はさらに頑丈なチタンでできているので、アメリカの潜水艦よりも深いところまで潜行できると言われている。

潜水艦本体の強度が足りなかったり、深く潜りすぎたりした場合に、何が起こるかを実演してみせるのは簡単だ。一ガロン・サイズのペンキ缶に真空ポンプを取り付け、中の空気を少しずつ吸い出せばいい。缶の中と外の気圧差は最大でも一気圧（潜水艦の中と外の気圧差とは大違い！）だ。わたしたちはペンキ缶にかなりの強度があることを知っているが、それでも目の前で、気圧差の力で、その缶が炭酸飲料の薄っぺらなアルミ缶のようにぺしゃんこになる。まるで、見えない巨人の手につかまれて、握りつぶされたかのように……。誰もがたぶん、同じような感じで、飲料水のプラスチックボトルから空気を吸い出してへこませた経験があるはずだ。直観的に、ボトルがへこんだのは吸い出す力のせいだと思ったことだろう。しかし、ほんとうの理由は、わたしがペンキ缶の空気をポンプで吸ったとき、あるいはあなたがプラスチックボトルの空気をある程度吸い出したとき、外からの空気圧を押し返す力が内部になくなっていたからだ。これこそが大気圧がいつ何時でも働いている証拠なのである。

金属製のペンキ缶も、プラスチック製の飲料水ボトルも、ありふれた日常的なものだ。しかし、物理学者の目を通すと、まったく違う様相が見えてくる。想像を絶する強い力どうしの均衡だ。わたしたちの生活は、ほとんど目に見えない諸力、大気圧や静水圧から来る力、厳然たる重力の均衡なしには成り立たない。これらの力はあまりにも大きいので、万一――あるいはある日――ほんの少しでも平衡が崩れたら、大惨事になりかねない。高度一万メートル（大気圧はわずか〇・二五気圧）の上空を時速八八〇キロメートルで飛んでいる航空機の、胴体の継ぎ目の漏れ穴が広がったらどうなるだろう？　あるいはパタプスコ川の川面から一五～三〇メートル下に掘られたボルチモア海底トンネルの天井で、わずかな亀裂がぱっくりと開いたらどうなるだろう？

途方もなく大きな力どうしがつりあっている

今度街なかを歩くときには、物理学者になったつもりでものを考えてみよう。あなたが見ている風景の実体はなんだろう？　沿道のどの建物を見ても、あなたの目に映るのは、内部で繰り広げられている壮絶な戦いの結果だ。といっても、会社内の政治的な駆け引きのことではない。片方の陣営では、地球の重力がありとあらゆるものを引っ張り下ろそうと奮闘している――壁、床、天井は言うに及ばず、空調ダクト、郵便シュート、エレベーター、秘書もＣＥＯも無差別に、果ては朝食のコーヒーとクロワッサンまで……。もう一方の陣営では、鋼と煉瓦とコンクリートに司令官の大地を加えた連合軍が、建物を天空へ押し上げようとしている。

そういう観点に立つと、建築術や建設工学というものを、下向きの力と戦って静止状態を保つための技芸と見ることもできる。羽のように軽い高層建築という発想は、重力を逃れる方便として成果を収めたのだろうか？　現実には、直接的な成果はなく、重力との戦いを文字どおり新たな高みへ引き上げる役を果たした。少し考えてみれば、この膠着状態があくまで一時的なものであることがわかる。建築材料は腐食し、劣化し、崩れていくが、そのあいだも自然界の力は容赦なく作用し続ける。単に時間の問題だ。

この均衡への戦いが最も脅威となる舞台は、大都市だろう。二〇〇七年にニューヨーク市で起こった恐ろしい事故のことを考えてみよう。八三年前に地下に埋め込まれた直径約六〇センチの蒸気管が、突如として高圧蒸気を抑えきれなくなった。その結果、レキシントン通りに直径約六メートルの穴をあけた蒸気が、レッカー車を飲み込み、近くにある七七階建てのクライスラー・ビルより高く吹き上がった。これほどの破壊力を秘めた力がその絶妙なバランスを必ずしも維持できないとしたら、誰も市街地を安心して歩けないことになる。

途方もなく大きな力どうしの膠着状態は、人工物の中にだけあるわけではない。樹木を考えてみよう。穏やかで、静かで、動かず、時間をかけて生長し、辛抱強い――樹木は数十もの生物的戦略を駆使して、重力と、さらには静水圧と戦っている。毎年新しい枝を伸ばし、幹には新たな年輪を加え続け、木と地球のあいだの引力がしだいに大きくなるなかで、木としての強さを増していくのだから、それは偉業と呼ぶにふさわしい。大きな重力に逆らって、とても高い枝々にまで樹液を押し上げているのだ。樹木が一〇メートル以上の高さに育つというのは、驚嘆すべきことではないだろうか。なにしろ、ストローの実験では、一〇メートルまで水を吸い上げるのがやっとで、それが限度だった。樹木はなぜ（そしてどうやって）、それよりずっと高くまで水を上げることができるのか？　セコイア杉の中には、一〇〇メートル近くまで生長するものがあり、そのてっぺんの葉にも水が届いている。

だからわたしは、嵐が去ったあと倒れている巨木を見ると、深い同情を覚える。激しい風か、あるいは枝に積もった氷と重い雪のせいで、その木が時間をかけて練り上げ、調整してきた力の微妙なバランスが狂ってしまったのだ。この終わりなき戦いについて考えるたびに、わたしは、数百万年前のある日、わたしたちの祖先が二本の脚で立ち上がって、重力との戦いに踏み出したことに、感謝の念をいっそう強くする。

飛行機はなぜ飛ぶのか

絶えず引っ張り続ける重力にあらがい、空気の流れを操作する術《すべ》を会得しようという人類古来の営みの中で、空を飛ぶこと以上に壮大なものはないだろう。どういう仕組みで飛べるのか？　ベルヌーイの定理とか、翼の上と下の気流とかに関わりがあるという話を、耳にしたことがある人もいるかもしれない。この定理に名前を冠された数学者ダニエル・ベルヌーイは、一七三八年に出版した『水力学』の中で、現在わたしたちが〝ベルヌーイの方程式〟と呼んでいる式を公表した。簡単に言えば、液体と気体の流れにおいて、流れの速度が増すと流れの圧力は低くなる、という内容だ。頭で理解するのはむずかしいが、実際の動きの中で確かめることはできる。

Ａ４サイズの紙を一枚、口もと（口の中ではなく）へ持っていき、短い辺を口に当てる。重力の作用によって紙は下に垂れる。口もとの辺に向かって強く息を吹きかけると、どうなるだろう？　そう、紙が持ち上がる。息の強さによっては、紙を跳ね上がらせることもできる。あなたは今、ベルヌーイの定理を実演したところで、この単純な現象は、飛行機がどうやって空を飛ぶのかを説明する手がかりを与えてくれる。多くの人は、飛行機が飛ぶところを見慣れているかもしれないが、ボーイング７４７が離陸するのを見たり、乗客としてその離陸を味わったりするのは、じつに非日常的な体験だ。初めて飛行機の離陸を見た子どもが、喜びに顔を輝かせるところを見るといい。ボーイング７４７‐８の最大離陸重量（飛行機が離陸を許される重量の上限）は五〇〇トンに近い。それだけの重さが、どうやって空中を航行できるのだろう？

飛行機の翼は、上を通過する空気より下を通過する空気のほうが速く流れるように設計されている。ベルヌーイによれば、翼の上面の空気の流れが速いと、上側の空気圧が下がり、翼の下側の空気圧との差によって、上に揚げる力が発生する。これを〝ベルヌーイの揚力〟と呼ぼう。多くの専門書が、飛行機を揚げる力はベルヌーイの揚力だけで説明できるとしており、事実、至るところでこの説を目にする。とはいえ、一分間か二分間考えてみれば、そんなはずはないということがわかる。もしこの説が正しいとしたら、飛行機はなぜ上下逆さまに飛ぶことができるのだろう？

どう見ても、ベルヌーイの定理だけで飛行機を揚げる力を説明することはできない。ベルヌーイの揚力のほかに、いわゆる〝反作用揚力〟が存在する。これについては、Ｂ・Ｃ・ジョンソンが小気味のよい論文『空力学的揚力、ベルヌーイ効果、反作用揚力』（http://mb-soft.com/public2/lift.html）で詳しく述べている。反作用揚力（どんな作用にも、大きさが等しく向きが反対の反作用がある、というニュートンの第三法則に由来）は、翼の下側を通過する空気が、上向きに曲がるときに発生する。その空気は、翼の前方から後方へ流れ、翼によって下向きに押される。これが〝作用〟だ。この作用は必ず、等しい力で上向きに働く空気の反作用を伴うので、翼に上向きの揚力が生じる。ボーイング747（高度約九〇〇〇メートルを時速八八〇キロで航行する）を例に挙げると、揚力の八〇パーセント以上が反作用揚力から、二〇パーセント未満がベルヌーイの揚力からもたらされる。

反作用揚力は、自動車で移動するときにごく単純な動作で実感できる。誰でも子どものころ、一度はやったことがあるはずだ。走行中の車内で窓をあけ、窓の外に腕を突き出して、進行方向に手を向けてから、指先が真上を向くように手を傾けてみよう。手が上向きに押されるのを感じるだろう。ほら！　これが反作用揚力だ。

これで、なぜ上下逆さまになっても飛べる飛行機があるのか、わかったような気がするだろう。しかし、もし飛行機が一八〇度ひっくり返ると、ベルヌーイの力も反作用の力も下方を向くことに気づいただろうか？　通常の飛行では翼の角度が上向きになっているから反作用の力は上向きだが、機体が一八〇度ひっくり返ったら、翼の角度は下向きになる。

もう一度先ほどの実験をやって、反作用揚力をあなたの手で実感しよう。指先を上に向けているあいだは上向きの力を感じるだろう。では、指先が下を向くように角度を変えてみよう。あなたの手は、下向きの力を感じるはずだ。

だとすると、どうして逆さ飛行が可能なのだろう？　逆さ飛行に必要な揚力は、どうにかして上向きの反作用力から持ってくるしかない。それが唯一の選択肢だからだ。操縦士が（逆さに飛んでいる状態で）機首をじゅうぶんに上げて、翼がふたたび上向きの角度になったとき、それは可能になる。高度な技術を要する操作なので、かなり熟練した操縦士にしかできない。

それに、自然現象としての反作用揚力はあまり安定していないから、それだけに頼るのはむしろ危険だ。反作用揚力の不安定さは、車の窓から外に手を出したときに実感できる。あなたの手は前後に大きく揺れ動くだろう。事実、飛行機事故が離陸直後や着陸直前に多いのは、反作用揚力がなかなか制御できないことが主な原因だ。揚力に占める反作用揚力の割合は、通常高度の飛行時より離陸時と着陸時のほうが大きい。大型旅客機が着陸する際、乗客が機体のぐらつきを感じることがあるのはそのせいだ。

五メートルの高さからジュースをストローで飲めるか

圧力にまつわる謎は、正真正銘、ほぼ果てしなくわたしたちを悩ませ続ける。例として、ストローの物理学に話を戻そう。最後にもうひとつ、難問に挑んでほしい。いい頭の体操になるだろう。

ある週末、わたしは自宅で考えた。「コップからジュースを飲めるストローの長さは、どれくらいが限度だろう？」特別長いストローなら、誰でも目にしたことはあるはずだ。ねじったりコイル状に巻いたりした形のものもあり、子どもたちに人気が高い。

わたしたちはすでに、ストローをどんなに強く吸っても、管の中のジュースを最大で約一メートルしか移動させることができない——しかも、数秒間しか維持できない——ということを確かめた。それは、ストローでジュースを一メートルより高く吸い上げることはできないという意味だ。そこでわたしは、細いビニール管を一メートルの長さに切って、それを実証できるかどうか試してみた。なんの問題もなく、ちゃんとジュースを吸うことができた。次は管を三メートルの長さに切って、キッチンの床に水を満たしたバケツを置き、椅子の上に立つと、当然のように、一メートルの高さまで水を吸い上げることができた。すばらしい。それからわたしは、こんなことを考えた。二階に上がって窓から下を見ると、誰かがテラスにいて、ジュースかワインか何か——どうせなら、たっぷりのクランベリーウォッカにしようか——が入った特大サイズのタンブラーを横に置いている。さて、もし長い長いストローがあったら、それを上から盗み飲みすることができるだろうか？　わたしは答えを突き止めようと決心し、その試行錯誤から、授業中の目玉となる実演のひとつができあがった。これを見て、たまげない学生はいない。

わたしはコイル状に巻かれた透明のビニール管を取り出し、最前列の女子学生をひとり、助手に指名する。クランベリージュース——ウォッカはなし——が入った大きなビーカーを、全員に見えるよう、教壇の床に置く。ビニール管を手に、高い梯子を登り始める。最頂部の高さ、床から約五メートル！

「さてと、これがわたしのストローだ」そう言って、ビニール管の一方の端を下ろす。助手が管の端をビーカーに入れて支えると、その期待感が梯子の上まで伝わってくる。学生たちはわたしを見上げて、あっけに取られている。それはそうだろう。わたしがクランベリージュースを一メートルそこそこしか動かせなかったのを、みんなしかと目撃しているのだ。そのわたしが今、五メートルの梯子の上にいる。この高さから、何をやらかそうというのか？

わたしは吸い始める。うめき声を洩らしながら、ジュースをゆっくりと一メートル吸い上げ、やがて二メートル、さらに三メートル……。ここでいったんジュースの水位が少し下がるが、すぐにまたじりじりと上がり始め、ついにはわたしの口に達する。わたしは大きく「うーん」

とうなり、教室は拍手喝采に包まれる。いったい、何が起こったのか？　わたしはどうやって、この高さまでジュースを吸い上げることができたのか？

正直に言おう。わたしはずるをした。そもそもこのゲームにはルールなどないのだから、それはたいしたことではない。ひと吸いして、もうそれ以上空気を取り込めなくなるたびに、わたしは管の口を舌でふさいだ。言い換えれば栓をしたわけで、すでに見てきたように、そうすることで管の中のジュースの水位を維持できる。そこでいったん息を吐いてからまた吸い始め、これを何度も繰り返す。わたしの口は吸引ポンプに、わたしの舌は停止弁になる。

五メートルの高さまでジュースを吸い上げるためには、管内の空気の圧力を約二分の一気圧に下げる必要がある。そして、そう、知りたがりのあなたにこっそり教えるが、同じずるをして液柱計をだますこともできるし、クランベリージュースをもっともっと長い管で吸い上げることだってできる。それはつまり、湖や海で、シュノーケルを使ってずっと深くまで潜れるということなのだろうか？

どう思う？　答えがわかったら、わたしに耳打ちしてくれ！

Over and Under
—Outside and Inside—
the Rainbow

第5講 虹の彼方に
――光の不思議を探る

虹は見ようと思えば、
庭のスプリンクラーでも見ることができる。
太陽を背にして自分の影が落ちる角度の
四二度離れたところを見てみよう。
なぜ虹の外側は暗く、内側は明るいのか。
虹の外側にもうひとつの虹がかかるのはなぜ?
ガラスの虹とは何だろう?

身の周りのちょっとした不思議の多くを――じつに見ごたえのあるものかもしれないのに――たいがい見逃してしまうのは、観察眼が養われていないからだ。四、五年前のある朝、愛用のヘリット・リートフェルトの赤と青の椅子に腰かけてエスプレッソを飲んでいたとき、わたしは、木の葉の影が窓越しに壁に映って揺らめいている中に、美しい光の水玉模様が散らばっていることにふと気がついた。それに目を留めたことがうれしくてたまらず、ぱっと瞳を輝かせると、妻のスーザンが何が起こったのかはつかめないながらも、持ち前の勘の鋭さを発揮して、どうかしたのかと興味を示した。

「あれがなんだか知ってるかい？」わたしは円い光の集団を指しながら応じた。「どうしてあいうことが起こるのか、わかるかい？」そうして、妻に説明した。普通に考えると、壁には円形の光ではなく、小さく不規則な形の光がたくさん映りそうなものではないか？　しかし現実には、枝葉の多数の小さなすきまのひとつひとつが、暗箱や針穴写真機のような働きをして、光源の像を、この場合は太陽の像を再現する。光が通過するすきまの形状はどうあれ、すきまが小さいかぎり、壁に再生されるのは光源そのものの形なのだ。

だから、部分日食のあいだなら、窓から差し込む日光が壁に円形の光を投げかけることはない。壁の光はどれも、光源の太陽の形そのままに部分的に欠けているだろう。アリストテレスはなんと、二〇〇〇年以上も前にこのことを知っていた。奇しくもわが家の寝室の壁で、木漏れ日の斑点が光の特筆すべき属性を実演してくれるという、すてきな体験だった。

ニュートンが解明した虹の秘密

じつのところ、光の驚くべき物理的効果は、あるときはこのうえなくありふれた光景の中に、またあるときは自然界の最も美しい創造物の中にと、至るところで見られる。例えば、虹を考えてみよう。幻想的で不思議な現象だが、そこらじゅうに現われる。一一世紀のイスラム教徒の科学者兼数学者で、光学の父として知られるイブン・アル＝ハイサム、フランスの哲学・数学・物理学者のルネ・デカルト、そしてアイザック・ニュートン卿など偉大な科学者たちが、虹の魅力にとりつかれ、解明しようとした。それなのに、物理学教師の大半が虹を授業で取りあげない。これは信じがたいことだし、もっと言えば犯罪的だと思う。

虹という物理現象は、必ずしも単純ではない。けれど、だからどうだというのか？　わたしたちの想像力をこれほどかきたててくれるものに、取り組まずにいられようか？　虹という神々しい創造物ならではの美にひそむ謎を、理解したいと思うのは当然ではないだろうか？　わたしは昔から虹について講義するのが大好きで、教室で学生たちに「この授業が終わるころには、きみたちの人生は以前とはがらりと変わっているだろう」と予告する。本書でも、同じことを言いたい。

昔の教え子や、ネット上でわたしの授業を観たことのある人たちが、数十年にわたって虹などの大気現象の不思議な画像をわたしのもとに郵送したり、メールで送ったりしてくれている。まるで虹の調査網を世界じゅうに張り巡らしているような気分だ。そういう写真の中にはすこぶる希少価値の高いものもあり、特にナイアガラ瀑布の虹の写真は、大量の水しぶきが発生する場所なので見ごたえがある。虹の写真をわたしに送りたくなったら、遠慮はご無用！

きっとあなたも、人生で虹を何百回とまではいかなくとも、少なくとも何十回かは見たことがあるはずだ。フロリダやハワイなど、陽が照っているあいだににわか雨が頻繁に降る熱帯地方で過ごした人なら、もっとその経験は豊富だろう。まぶしい日差しのもとで、ホースや散水機で庭に水やりをして、自分で虹を創り出したという人も多いだろう。

多くの人たちが数々の虹に〝見入った〟ことがあるのに、虹の正体を〝見きわめた〟人はほとんどいない。古代の神話は虹を〝神々の弓〟と呼んだり、生者のいる場所と神々のいる場所をつなぐ橋や通路と考えたりした。また、西洋で最も有名な例で言うと、すべてを滅ぼす洪水を二度と地上にもたらさないという、ヘブライ語聖書中の神の約束を象徴するのが虹だった。「わたしは雲の中にわたしの虹を置く」という、創世記の言葉にあるように。

虹の魅力の一端は、大空に堂々と広がる雄大さと、はかなさにある。しかし、物理学ではありがちなことだが、虹の成因は、尋常ならざる数の並はずれて微小なもの、すなわち直径が一ミリに満たないこともあるような、空に浮かぶちっぽけな球状の水滴だ。

科学者たちは少なくとも一千年にわたって虹の成因を解明しようとしてきたが、ほんとうに説得力のある説明を初めて世に示したのは、一七〇四年に『光学』を著したアイザック・ニュートンだった。ニュートンは複数の要因を一度に理解していて、そのどれもが虹を生み出すのに欠かせない。ニュートンはまず、普通の白色光がありとあらゆる色から構成されることを立証した（わたしは〝虹のありとあらゆる色〟と書きかけたが、こういう表現をするのはまだ早いだろう）。ガラスのプリズムで光を屈折させる（曲げる）ことで、構成する色に分ける。それから、屈折させた光をふたたび別のプリズムに通すというやりかたで、色付きの光を白色光に戻すことにより、プリズム自体がなんらかの方法で色付きの光を創り出したわけではないことを証明した。また、水を含めた多数のさまざまな物質が光を屈折させることも突き止めた。かくしてニュートンは、光を屈折、反射させる雨粒こそが、虹を生み出す鍵だと理解するに至った。

ニュートンが正しく結論づけたように、空の虹は、太陽と膨大な数の雨粒と人間の目がうまく協働してできるもので、人間の目はぴったり正しい角度で雨粒を観察しなくてはならない。どうやって虹が生み出されるのかを理解するためには、光が一滴の雨粒に入り込むときに何が起こるかに話を絞る必要がある。ただし、このたったひとつの雨粒についてこれから述べる話はどれも、実際には虹を作る無数の雨粒に当てはまるということを念頭に置いてほしい。

虹の三条件

あなたが虹を目にするために必要な条件は、三つある。第一に、太陽があなたの背後にあること。第二に、あなたの正面の空に雨粒がなくてはならず、ただし雨粒までの距離は数キロでも二、三〇〇メートルでもいい。第三に、日光が雲のような障害物にさえぎられることなく雨粒に到達できなくてはならない。

光線は雨粒に入りながら屈折する際に、光線を構成するさまざまな色に分かれる。赤色の光の屈折率が最小であるのに対し、紫色の光の屈折率は最大だ。こういう多様な色の光線がすべて、雨粒の奥へと移動し続ける。光の一部はそのまま進み続けて雨粒を抜けるが、斜めに跳ね返って、つまり反射して、雨粒の前面へ戻る光もある。ちなみに、二回以上反射する光もあるのだが、その話はあと回しにする。差し当たっては、一回だけ反射する光にのみ関心を向けよう。その光が雨粒の前面から外に出るときに、光の一部がふたたび屈折することで、さらにさまざまな色の光線に分かれる。

こういう太陽光線は屈折し、反射し、雨粒から出る途中でふたたび屈折したあと、入ってきたときとはだいたい逆方向の進路を取る。なぜ虹が見えるのかを解く鍵は、太陽光の雨粒への入射方向から約四二度より常に小さい角度の方向へと、赤い光が出ていくことにある。そして、無限に遠くにある太陽からの光の入射方向は、どの雨粒でもほぼ同じと言えるので、どの雨粒からも赤い光が同じ角度で出ていく。赤い光が雨粒から出る角度は〇度から四二度のあいだだが、けっして四二度を超えることはなく、この最大角度は光の色ごとに異なる。紫の光なら、最大角度は約四〇度だ。光の色ごとに異なるこの最大角度が、虹の縞模様を作るもとになる。

条件がそろっているときに虹を見つける簡単な方法がある。左下図のように、太陽から人の頭部を経て、地面の影の先端へと線を引くと、その線は太陽光が雨粒に差す方向とぴったり平行になる。太陽が空高く昇っているほど、この線は急角度になり、影が短くなる。逆もまたしかり。太陽から頭部を経て影の先端へと至るこの線を、〝仮想線〟と呼ぶことにしよう。この線は、虹を見るには空のどこに注目すればよいかを教えてくれるので、とても重要だ。

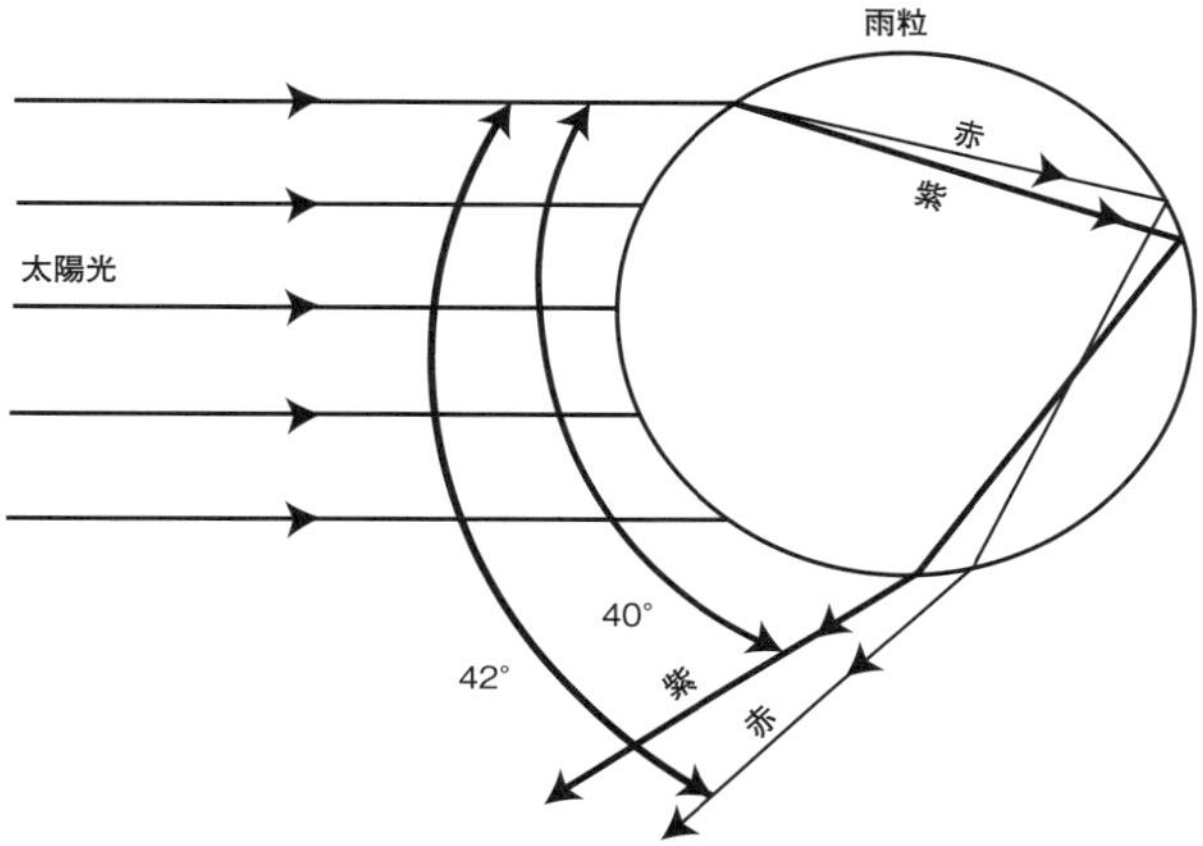

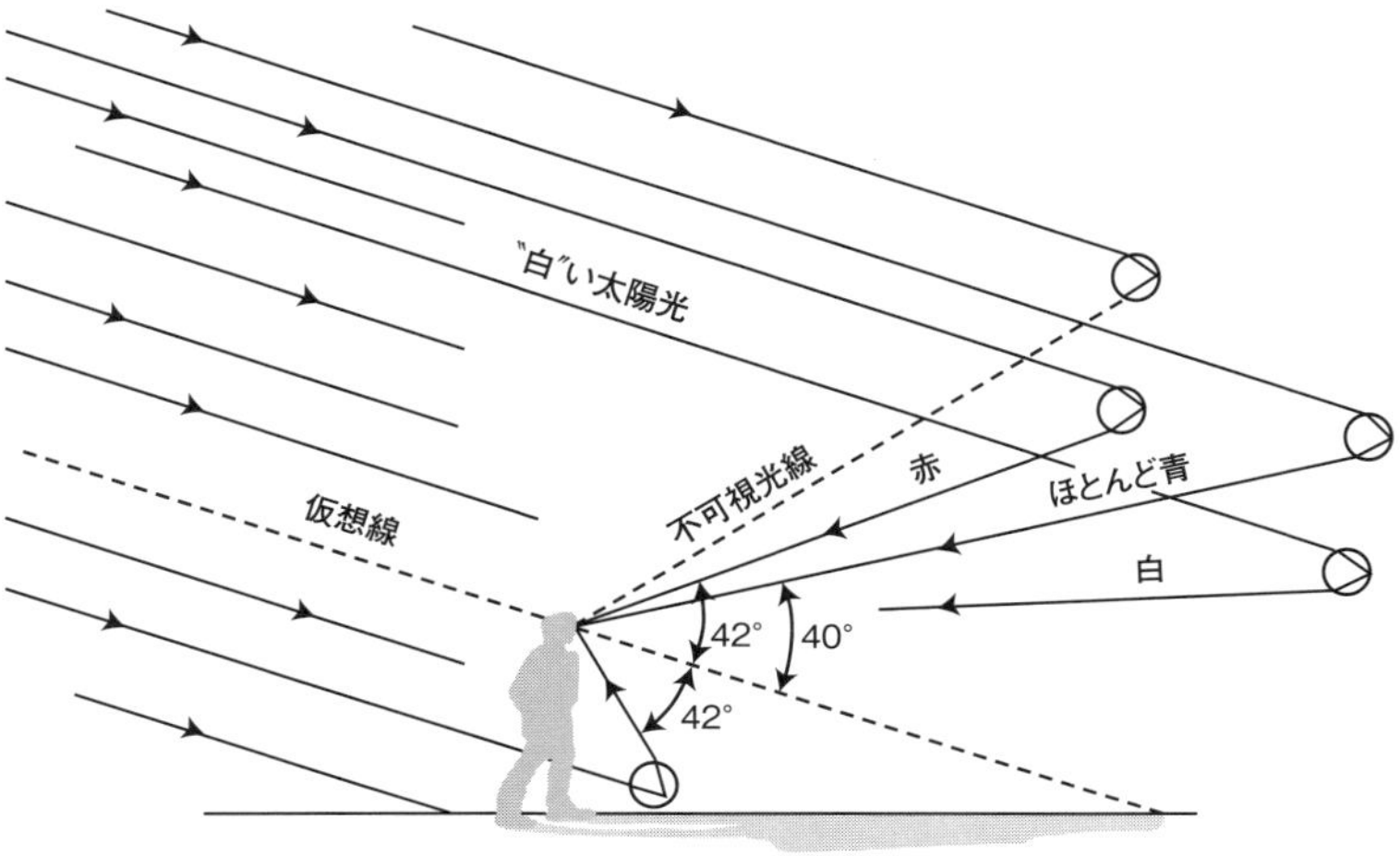

〝仮想線〟から42度の位置にある雨粒はすべて赤く、40度なら青く見える。40度より小さい角度にある雨粒は（日光のように）白く見える。42度より大きい角度にある雨粒からの光は見えない（本文参照）。

仮想線から――まっすぐ上でも、右でも左でもかまわないが――約四二度離れたところに注目すると、そこに虹の赤い帯が見えるだろう。また、約四〇度――上、右、左に――離れたところには紫の帯が見えるはずだ。しかし、じつは虹の紫の帯は見えづらいので、青のほうがずっと容易に目に入ってくる。そういうわけで、ここからは約四〇度の位置にある帯を単に青色と呼ぶことにしよう。ここで述べた角度は、先ほど雨粒を出ていく光の最大角度の話で触れた角度と同じではないだろうか？　そう、それは偶然ではない。もう一度、図を確認しよう。

　虹の青い帯についてはどうだろう？　青い光の最大角度がほぼ四〇度で、赤い帯より二度小さいことを思い出してほしい。青い光は屈折し、反射し、屈折しながらさまざまな雨粒を最大四〇度の角度で出ていくことになる。だから、仮想線から四〇度離れたところに青い光が見えるのだ。四〇度の位置にある帯は、四二度の帯より仮想線に近いので、青い帯は常に赤い帯の内側にある。虹を構成する（橙色、黄色、緑色などの）ほかの色は、赤と青の帯のあいだに見られる。これについてさらに詳しくは、ネット上でわたしの虹についての授業を参観されたい。
http://ocw.mit.edu/courses/physics/8-03-physics-iii-vibrations-and-waves-fall-2004/video-lectures/lecture-22/

　ここであなたは、青い光の最大角度の位置には青い光しか見えないのかと不審に思うのではないだろうか？　理屈から言えば、赤い光は最大角度が四二度なのだから、それより小さい四〇度の位置に現われてもおかしくないはずだ。もしそういう疑問をいだいたなら上出来で、とても鋭い指摘と言える。その答えは、どんな色の光でも、最大角度の位置にある場合はほかの色を圧倒する、というものだ。といっても、赤い光の角度は全色の中で最大なので、四二度の位置には赤い帯しかない。

虹の見つけかた

なぜ虹は直線ではなく、弓形なのだろうか？　人の目から影の先端まで続く仮想線と、四二度という最大角度に話を戻そう。仮想線から――上下左右の全方向に――四二度離れたところをつなぐと、色の弧が描き出されるので、虹は弓形になる。しかし、ご存じのとおり、虹はどれも完全な円弧というわけではなく、断続的に連なったものもある。これが起こるのは、空の全方向にじゅうぶんな雨粒がないときか、虹の特定の部分が障害物となる雲の影に隠れているときだ。

太陽、雨粒、人の目の協働関係には、また別の重要な側面があり、それがわかれば――自然の虹か、人工的な虹かを問わず――虹のありようをもっとよく理解できるだろう。例えば、なぜ巨大な虹もあれば、地平線沿いの虹もあるのだろうか？　また、波しぶき、噴水、滝、園芸用ホースの水しぶきの中にときどき見かける虹の原因はなんだろうか？

あなたの目から影の先端に至る仮想線に立ち返ってみよう。この線は、背後の太陽から始まって地面まで伸びている。ところが頭の中では、この線を影の先端を経たずっと先まで、好きなだけ伸ばすことができる。この仮想線がとても有用なのは、ある円の中心点（観測者から見て太陽と正反対の位置にある、いわゆる対日点《たいじつてん》）を貫くところを思い描けるからで、虹はその円の外周上にできる。この円は、地表が邪魔をしなければ虹がどこからどこまで形作られるかを表わす。虹が地平線より上にあるか下にあるかは、太陽の高度によって決まる。太陽がとても高い位置にあるときは、虹は地平線からちらりとのぞく程度なのに対し、午後遅くの日没前か、早朝の日の出前後に、太陽がとても低い位置にあって、あなたの影が長いときには、虹は空の中ほどに達するくらい巨大になりうる。なぜ、空の中ほどなのだろうか？　それは地平線からの虹の最大角度が四二度、つまり空の真上を九〇度として、その半分の四五度に近いからだ。

では、虹をとらえるにはどうすればいいのか？　何よりもまず、いつ虹が形成されるかに関して、自分の本能を信頼することだ。大半の人には、そういう優れた直感が備わっている。例えば、豪雨の前に太陽が輝いているときや、豪雨の直後に太陽が出てくるとき、あるいは、天気雨で日光が雨粒に差しているときに直感が働く。

虹が出そうだと感じたら、手順は以下のとおり。まず、太陽に背を向けること。それから自分の頭の影を見つけて、仮想線から全方向に約四二度離れた位置に注目する。じゅうぶんな日光と、じゅうぶんな雨粒があれば、太陽と雨粒と人の目が協働して、色彩豊かな虹が見えるだろう。

太陽がまったく見えない場合を考えてみよう。太陽が雲や建物などで隠れているが、明らかに輝いているという場合だ。太陽と雨粒のあいだに雲がなければ、こういうときでも虹が見えるはずだ。わたしは午後遅くに自宅の東向きの居間から、西の太陽が見えない状況でも虹を見ることができる。さらに言えば、虹を見つけるにはたいていの場合、仮想線や四二度を意識する必要はないが、この二点に注意を払うかどうかで大きな違いが生じる場合がある。わたしはマサチューセッツ州の海岸沖にあるプラム島の浜辺を散歩するのが大好きだ。午後遅く、太陽は西に、海は東にある。もし波がじゅうぶんに高く、細かい水滴をたくさん散らしているなら、その水滴が雨粒のような働きをして、ふたつの小さな虹のかけらが見える。片方は仮想線から約四二度左にあり、もうひとつは約四二度右にある。こういう虹はほんの一瞬しかもたないので、注目すべき場所が前もってわかっていれば、見つけるのにとても役立つ。波はずっと打ち寄せ続けるので、辛抱強く待っていれば必ず虹を発見できるだろう。これについては、本講の後半でさらに詳しく解説する。

今度虹を見つけたときに、探してみるとよいものがある。特定の光が雨粒から屈折して出ていく際の、最大角度についての解説を覚えているだろうか？　ある雨粒から青や赤や緑の光が見えるからといって、雨粒自体が屈折や反射の角度を選んでいるわけではない。つまり、雨粒は四〇度より小さい角度でも、多くの光を屈折させ、反射させ、屈折させる。この光は彩度がだいたい等しいさまざまな色が混じり合ったもので、わたしたちの目には白い光に映る。だから、虹の青い帯の内側がとても明るくて白いのだ。一方、雨粒の内部で屈折し、反射し、ふたたび屈折してから、四二度を超える角度で出ていく光はまったくないので、虹のすぐ外側の空は、虹の内側の空より暗くなる。この効果は、虹の内側と外側の空の明るさを比較すると一目瞭然なのだが、意識して探さなければ、たぶん気づきもしないだろう。『大気光学』というサイト（www.atoptics.co.uk）には、この効果が見られるすばらしい虹の画像が掲載されている。

二重にかかる虹

学生たちに虹の説明を始めてからというもの、わたしは虹がどれほど中身の濃い題材であるかを、そして自分がもっと知識を深めなくてはならないことを実感した。おそらくあなたも時折見かけたことのある〝二重虹〟を例にとろう。実際には、空にはほぼ必ず二本の虹がかかる。

本講義で論じてきたいわゆる〝主虹《しゆにじ》〟（一次虹）と、〝副虹《ふくにじ》〟（二次虹）と呼ばれる虹だ。

二重虹を見たことがある人なら、おそらく副虹が主虹よりずっと淡いことに気づいただろう。けれども、副虹の色の順番が青が外側で赤が内側と、主虹の逆であることにはたぶん気づき損ねたのではないだろうか。この本の口絵ページに、二重虹の鮮明な写真が掲載されている。

副虹の成因を理解するためには、架空の雨粒に話を戻さなくてはならない。当然ながら、副虹を作るにもおびただしい数の雨粒が必要であることを念頭に置こう。雨粒に入っていく光線には、一回だけ反射するものもあれば、雨粒を抜けるまでに二回反射するものもある。任意の雨粒に入っていく光線は、内部で何回も反射しうるのだが、主虹を作り出すのは光線が一回だけ反射した雨粒だ。一方、副虹は、光線が二回反射してから屈折して出ていった雨粒だけで作り出される。雨粒の内部での、この余分な跳ね返りこそが、副虹で色の順番が逆になる理由なのだ。

副虹が主虹とは異なる位置――常に主虹の外側――にできる理由は、二回反射した赤い光線が、常に約五〇度より大きい角度で（そう、大きい角度で）雨粒を抜けるから、また二回反射した青い光線が常に約五三度より大きい角度で出ていくからだ。従って、主虹の約一〇度外側に副虹を探す必要がある。副虹が主虹よりずっと淡いのは、雨粒の内部で二回反射する光線が一回反射する光線よりはるかに少ないので、副虹を作る光線が少ないからだ。当然、そのせいで副虹は見えにくいのだが、副虹がたいてい主虹に伴っていることと、副虹をどこに探せばよいかがもうわかったので、これからは副虹がもっとたくさん見えるのは間違いない。また〝大気光学〟（Atmospheric Optics）のサイトをしばしご覧になることもお勧めしたい。

これで虹の構成要素がわかったので、自宅の裏庭で、私道で、あるいは歩道でも、一本の園

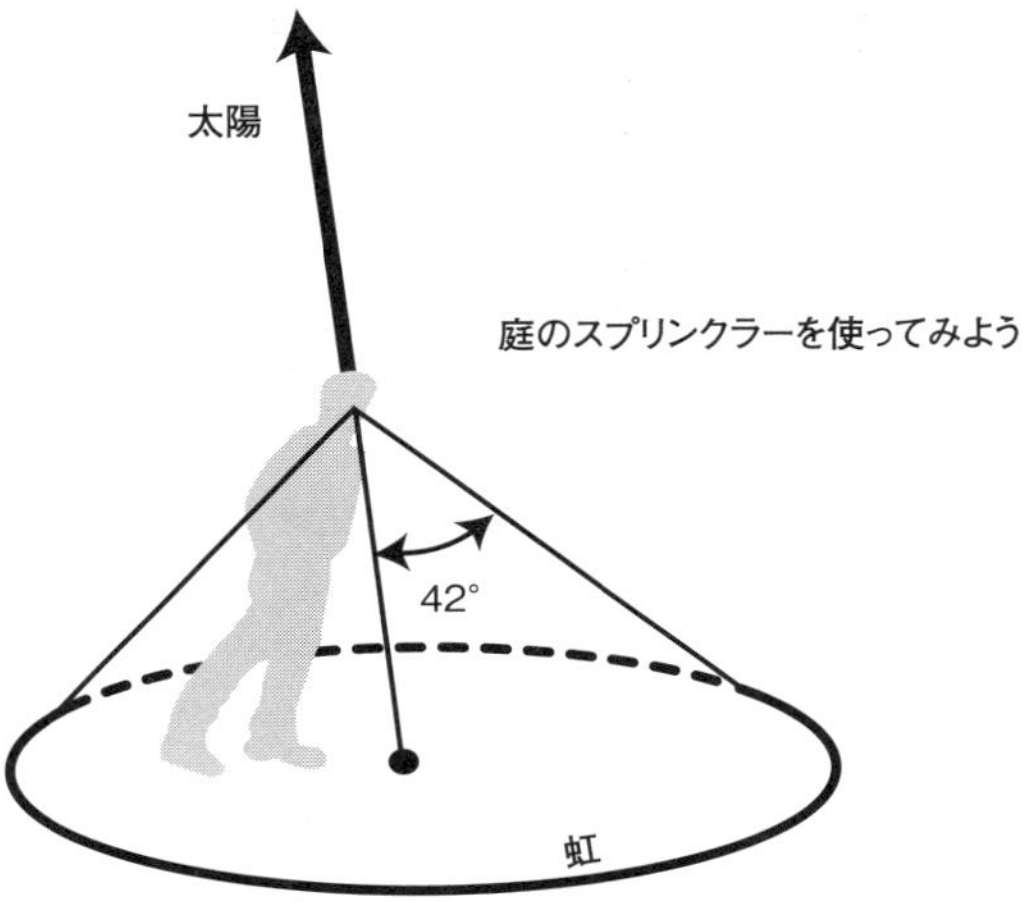

芸用ホースでちょっとした光学的マジックを実演することができる。ただしこういう場合は、水滴を操作できること、また水滴が物理的に自分の近くにあることから、自然の虹とはふたつの大きな違いが生じる。ひとつは、太陽が高く昇っているときにも虹を形成できることだ。なぜかというと、自分と自分の影とのあいだに水滴を生じさせるという、自然界ではまれな状況を作れるからだ。日光が到達できる水滴があるかぎり、虹が生じうる。あなたはこれをすでに、たぶん意図しないままやったことがあるかもしれない。

ホースに水量調節のノズルが付いているなら、細かい水しぶきが出るよう調整すると、水滴がきわめて細かくなる。そして太陽が高く昇ったら、ノズルを地面に向けて水を噴射し始めよう。円形の虹全体を一度に見ることはできないが、部分的には見えるだろう。ノズルを自分を囲むように円形に動かし続けると、虹の円全体が少しずつ見えてくるはずだ。なぜ、こういう方法をとらなくてはならないのか？　頭の後ろには目がついていないからだ！

仮想線から約四二度の位置に赤、円形の虹のいちばん内側に青、青のさらに内側に白い光が見えるだろう。わたしは庭の水やりをしながらこのささやかな創作活動を行なうのが大好きで、ぐるりと回転して完全な三六〇度の虹を作ることができると、特に満足感を覚える（もちろんこの場合、常に太陽が自分の後方にあるわけではない）。

一九七二年のある寒い冬の日、わたしは授業用に自家製の虹の鮮明な写真を撮ろうと意気込んで、自宅の敷地でたった七歳の哀れな娘エマにホースを持たせて空高く水をほとばしらせ、そのようすをかたわらで撮影した。科学者の娘たる者、科学のためとあらば少々の苦行には耐えなくてはなるまい。かくしてわたしはすばらしい写真を手に入れ、おまけに明暗を際立たせるアスファルト舗装の私道を背景に使うことで、副虹の撮影まで成し遂げた。本書の口絵ページで、エマと虹の写真を見ることができる。

皆さんにもぜひ、この実験を試してほしい。ただし、夏に行なうこと。そして、副虹が見えなくても気落ちしないこと。あなたの自宅の私道がじゅうぶん暗い色でないと、副虹の色が淡すぎてはっきり見えないかもしれない。

第三の虹はあるか？

虹の見つけかたを理解したのだから、今後あなたは無意識に、次から次へと虹を探さずにはいられなくなるだろう。わたしもよく、自制がきかなくなる。先日、妻のスーザンと車で自宅に向かっていたときのこと、雨が降り始めたが、わたしたちはあいにく真西へ、つまり太陽の方向へ進んでいた。それで、かなりの交通量にもかかわらず、わたしは車を路肩に停めた。車外に出て振り返ると、そこにはほんものの美が出現していた！

さらに白状すると、わたしは太陽が輝いているときに噴水の近くを通りかかると必ず、そこに出るはずの虹を探せるような位置に陣取ってしまう。晴れた日に噴水の近くを通ったら、試してみるといい。太陽を背にして、太陽と噴水のあいだに立ち、噴水の水しぶきが空中の雨粒とちょうど同じ働きをすることを思い出そう。仮想線を形成する自分の影の先端を見つけ、仮想線から四二度離れたところに注目する。視線の方向にじゅうぶんな水滴があれば、虹の赤い帯が探り当てられ、そうなれば虹の残りの部分もたちどころに目に入ってくるだろう。噴水で完全な半円の虹が見えることは――噴水の間近に迫ることしか方法がないせいで――まれなのだが、とても美しい眺めだから、とにかく試してみる価値はある。

念のため言っておくが、噴水で虹を見つけたら、あたりを歩いている人たちにそのことを教えたいという欲求に駆られるかもしれない。わたしはよく通行人に噴水の虹を指差すのだが、中にはわたしを変人と見なす人もいるに違いない。しかし言わせてもらえば、こういう人目につかない不思議を、なぜわたしひとりだけで楽しまなくてはいけないのか？　わたしは当然の務めとして、虹をみんなに見せる。もし目の前に虹が現われるのがわかっているなら、ぜひ虹を探し、ほかの人にも見せてやろうではないか。あんなに美しいものなのだから。

学生たちはよく、第三の虹（三次虹）もあるのかと質問する。あるとも言えるし、ないとも言える。見当がついた人もいるだろうが、第三の虹は雨粒内での三回の反射から生じる。この虹は太陽を中心とし、対日点を中心とする主虹と同様に、半径は角距離《かくきょり》【訳注：二点間の距離を、観測点からその二点までの二直線がつくる角度で表わしたもの】で言うと約四二度で、赤い帯が外側にある。従って、第三の虹を見るには太陽の方向に注目しなくてはならないし、自分と太陽のあいだに雨が降らなくてはいけない。しかし、雨が降るとなると、太陽はまず見えないだろう。さらなる問題もある。日光の多くがまったく反射せずに雨粒を通過するせいで、太陽の周囲にとても明るくて大きな輝きが発生するため、第三の虹を見るのは実質的に不可能になる。第三の虹は副虹よりさらに淡く、主虹や副虹よりずっと規模が大きい。だから、ただでさえ淡い光が空にさらに大きく広がるせいで、第三の虹を見るのはずっとむずかしくなってしまう。わたしの知るかぎり、第三の虹の写真は存在せず、見たことがあるという人もひとりも知らない【三次虹の写真（訳者調べ） http://www.nationalgeographic.co.jp/news/news_article.php?file_id=2011101102&expand#title】。とはいえ、目撃談は複数ある。

キャッチ・ザ・レインボー

もっともなことだが、人は虹が現実のものなのかどうかを知りたがる。虹とは、こちらが近づくほどきりもなく遠ざかる蜃気楼なのではないか、という疑念に駆られるからだ。そもそも、なぜ虹の末端を見ることができないのか？　こういう考えが頭から離れないなら、どうか安心してほしい。虹とは現実であり、現実の日光が現実の雨粒と現実の人の目と影響し合ってできたものだ。ただし、虹は人の目、太陽、雨粒の精密な協働関係の産物なので、あなたは通りの向こう側の人とは異なる虹を見ることになる。つまり、虹とは誰にとっても現実だが、人によって異なるものなのだ。

虹が地球に接する端の部分が通常見えないのは、端が存在しないからではなく、あまりに遠くにあるから、あるいは建物や木々や山々に隠れているから、あるいは端の部分では大気中の雨粒が少ないせいで虹が淡すぎるからだ。しかし、虹にじゅうぶん近づくことができれば、虹に触れることも可能であり、園芸用ホースで作る虹ならそれができるはずだ。

わたしはシャワー中にこの手で虹を握ることも覚えた。ある日、偶然に発見したのだ。シャワーの水しぶきに向かい合っていたとき、不意にその中に二本の（そう、二本の！）まばゆい主虹が見え、それぞれ長さ約三〇センチ、幅が約二・五センチだった。あまりに胸躍る、あまりに美しい現象で、夢かと思われた。わたしは手を伸ばして虹をつかんだ。なんという感動！四〇年間も虹についての授業を行なっていながら、それまで手の届くところに主虹を二本見たことなど一度もなかった。

何が起こっていたのかを解説しよう。浴室の窓からひと筋の日光がシャワーの水しぶきに差し込んでいた。ある意味では、わたしは噴水の正面ではなく、噴水の中にいたようなものだった。水がわたしの間近にあり、わたしの両目の間隔が約八センチなので、左右の目が別々の仮想線をなしていた。絶好の角度、絶好の水量のおかげで、わたしの両目がそれぞれに主虹を見たわけだ。片方の目を閉じると、片方の虹が姿を消し、もう片方の目を閉じると、もう片方の虹が消滅した。この思いがけない光景を撮影できればよかったのだが、あいにくわたしのカメラにはたったひとつの〝目〟しかないので不可能だった。

その日、あんなに虹の近くにいたおかげで、虹がどれほど現実的なものかを新しい形で認識できた。わたしが頭を動かすと、ふたつの虹も動いたが、頭を固定しているかぎりは、虹の位置も変わらなかった。

時折わたしは朝のシャワーの時間を、二本の虹が見られるような時間帯に調節する。浴室の窓からしかるべき角度で日光が差し込むような適切な高さに、太陽が昇っていなくてはならず、そういう状況が整うのは五月中旬から七月中旬のあいだだけだ。ご存知かもしれないが、一年の特定の月には日の出が早まって太陽がより高く昇り、また北半球では、冬期には太陽が（真東から）南寄りに昇り、夏期には（真東から）北寄りに昇る。

わが家の浴室の窓は南向きだが、自宅の南側には建物があるので、日光が真南から入ってくることはけっしてなく、だいたい南東からしか差し込まない。初めて浴室で二本の虹を見たのは、いつもよりだいぶ遅く、午前一〇時ごろにシャワーを浴びていたときだった。あなたがシャワー中に二本の虹を見るには、日光が水しぶきに届くような窓が必要になる。というより、浴室の窓から外を見て太陽が見えなければ、〝シャワー虹〟を探してもむだだ。現われるはずがないのだから……。日光が水しぶきまでちゃんと達することが条件だ。そして、たとえ日光が直接差し込んでいても、虹が見えるという保証はない。なぜなら、仮想線から四二度の位置にたくさんの水滴が必要なのだが、そうはならないかもしれないからだ。

こういう条件を整えるのはむずかしいと思うが、挑んでみる価値はある。もし浴室に日が差すのが午後遅い時間だと判明したら……その場合、シャワータイムの見直しを考えてみてはどうだろうか。

なぜ船乗りはサングラスをかけるのか

虹探しに出かけようと決めたら、偏光タイプと呼ばれるサングラスは必ずはずしていくこと。でないと、すばらしい光景を見逃してしまうだろう。わたしはある日、この手のサングラスで愉快な体験をした。前述のとおり、わたしはプラム島の浜辺を散策するのが大好きだ。それに、どうやったら波しぶきの中にかわいらしい虹が見られるかも説明したと思う。何年も前に、その浜辺を散歩していたときのこと。快晴で風が吹き、浜辺に波が打ち寄せる際に大量の水しぶきが上がっていたので、本講義ですでに述べたように、小さな虹のかけらが何度も見られた。わたしはさっそく友人に虹を指し示したが、友人はわたしがなんの話をしているのかわからないと言った。わたしたちは浜辺を五、六回も行き来したにちがいない。わたしが「ほら、あそこに」と、ややいらだちながら叫ぶと、友人が「何も見えないよ！」とわめき返すという具合だ。しかし、わたしはそこでぴんと来て、友人にサングラスをはずさせ、確かめてみると、案の定、それは偏光サングラスだった。サングラスをはずした友人は虹が見えるようになり、虹を指差して、今度はわたしに教えてくれた！　いったい、何が起こっていたのだろうか？

虹は、ほぼすべての光が偏光しているという、自然界の中でもかなり珍奇な現象だ。〝偏光〟という言葉は、サングラスの用語としてよく知られている。〝偏光サングラス〟という言葉は、専門的には必ずしも正確ではないのだが、まずは偏光した光について解説させてほしい。しかるのちに、サングラスと虹の話に進もう。

波動は〝何か〟が振動することで生み出される。例えば、音叉《おんさ》やバイオリンの弦の振動から、次の講義で解説する音波が生まれる。また光波は、振動する電子から生まれる。さて、その振動がすべて一方向で、波動の伝播方向と垂直に交わるとき、その波動を〝直線偏波《へんぱ》〟していると言う。以後、簡明を期するために、本講義でこの種の偏光した光について語る際には〝直線〟という言葉を省くことにする。

音波がけっして偏波しないのは、音波という圧力波中の空気分子の揺動が、波動の伝播方向と常に同じだからだ。ぴんと張ったつる巻きばねを伝わっていく波動のようなものと言える。ところが、光は偏光しうる。日光や住宅の白熱電球からの光は偏光していない。しかし、偏光していない光を偏光した光に転じさせるのは簡単だ。ひとつの方法が、偏光サングラスとして知られるものを買うこと。これで、どうして〝偏光サングラス〟という名称が必ずしも正しいとは言えないのかがおわかりだろう。つまり、精確には光を〝偏光させる〟サングラスなのだ。また、（ポラロイド社の創立者エドウィン・ランドが発明した）直線偏光板を買って、それを通してあたりを見るという方法もある。ランドの偏光板は、一般的には厚さ一ミリ、大きさはいろいろある。こういう（偏光サングラスを含む）偏光板を通過する光は、ほぼすべて偏光している。

二枚の長方形の偏光板を重ね合わせて、片方を九〇度ずらすと、光は通過できなくなる（ちなみに、わたしは学生たちが自宅で実験できるように、偏光板を各自二枚ずつ渡している）。自然界はランドの偏光板の助けがなくても、たくさんの偏光した光を生み出す。太陽から九〇度の方向の青空からの光は、ほぼ完全に偏光している。どうすればそれがわかるのか？　直線偏光板越しに（太陽から九〇度の方向のどこかの）青空を眺めながら、偏光板をゆっくり回転させてみよう。すると、空の明るさが変わることに気づくだろう。空がほぼ真っ暗になったら、その部分の空からの光はほぼ完全に偏光している。このように、偏光した光を認識するには偏光板が一枚あればいい（しかし、二枚あるとずっと楽しい）。

第1講で、どうやって煙草の煙によって白い光を散乱させ、青い光を〝創り出す〟かを説明した。わたしはこの実験を、青い光が元の光に対して約九〇度で講堂に散乱するよう工夫しているので、この青い光もほぼ完全に偏光している。学生たちはこのことを、いつも授業に持参する自分の偏光板で確かめることができる。

日光が（または白熱電球からの光が）水面やガラスの表面にしかるべき角度で、すなわち〝ブリュースター角《かく》〟と呼ばれる入射角度で当たると、反射した光もほぼ完全に偏光している。だからボートや船に乗る人は、水面からの反射光の多くを遮断してくれる偏光サングラスをかけるのだ（ブリュースター角の発見者であるデイヴィッド・ブリュースターは、一九世紀のスコットランドの物理学者で、光学分野の数々の研究を行なった）。

わたしはいつも──そう、いつも──偏光板を少なくとも一枚は財布に忍ばせ、学生たちにもそうするよう説いている。

なぜわたしは、偏光した光の話を延々と語っているのだろうか？　それは、虹からの光がほぼ完全に偏光しているからだ。日光が水滴の内部で反射することから偏光が生じていて、もうおわかりのとおり、水滴内での反射は虹が形成される必須の条件となる。

わたしは教室で（たった一滴だが非常に大きな〝水滴〟を使って）特殊な虹を作り、（一）赤は虹の外側にある、（二）青は内側にある、（三）虹の内側は外側と違って明るくて白い、（四）虹からの光は偏光している、ということを実演できる。わたしにとって、虹の偏光はとても魅惑的だ（いつも偏光板を携行する理由のひとつがそれだ）。授業でのこのわくわくするような公開実験は、以下のサイトで見ることができる。http://ocw.mit.edu/courses/physics/8-03-physics-iii-vibrations-and-waves-fall-2004/video-lectures/lecture-22/

光は粒子かそれとも波か

虹は大気中の創造物の中でも最もよく知られ、最も色彩豊かだが、そういう現象は虹だけではない。広範にわたる数々の大気現象の中には、じつに奇妙で目を引くものもあれば、深い謎に包まれたものもある。しかし、しばらくは虹の話を続けて、そこから何がわかるかを探ろう。

非常に明るい虹を注意深く観察すると、虹の内側に沿って明暗の帯が交互に並んでいるのが見えることがある。これは〝過剰虹〟と呼ばれるもので、本書の口絵ページで見ることができる。この虹を説明するためには、ニュートンによる光線の説明を捨て去らなくてはならない。ニュートンは光が粒子で構成されると考えていたので、雨粒に入り込み、内部で跳ね返り、外に抜けていく個々の光線を思い描く際に、そういう光線が小さな粒子であるかのようにふるまうと想定した。しかし、過剰虹を説明するためには、光が波動から成ると考える必要がある。そして過剰虹ができるには、光の波動がごく小さな、直径一ミリ未満の雨粒を通過しなくてはならない。

物理学全体で最も重要な実験のひとつ（通称〝二重スリット実験〟）は、光が波動でできていることを実証した。一八〇一～〇三年ごろに行なわれたこの有名な実験で、イギリスの科学者トーマス・ヤングは、太陽光線を二重の衝立《ついたて》で二本の細い光線に分けてから三枚目の衝立に投射し、そこに現われた模様（二本の光線が重なってできた模様）について、光が波動から成っていなくては説明がつかないと論じた。後年、この実験は実際に二重の細いすきま《スリット》（または二重の小さな穴）を使って、別のやりかたで行なわれた。さてここで、薄い板紙にあけたふたつの非常に小さな（互いに近い）穴に、細い光線が当たると仮定しよう。光は小さな穴を通過してから衝立に当たる。もし光が粒子でできていたら、ある任意の粒子は片方の穴か、もう片方の穴を通り抜ける（つまり、両方を通り抜けることはできない）ので、衝立にはふたつの明

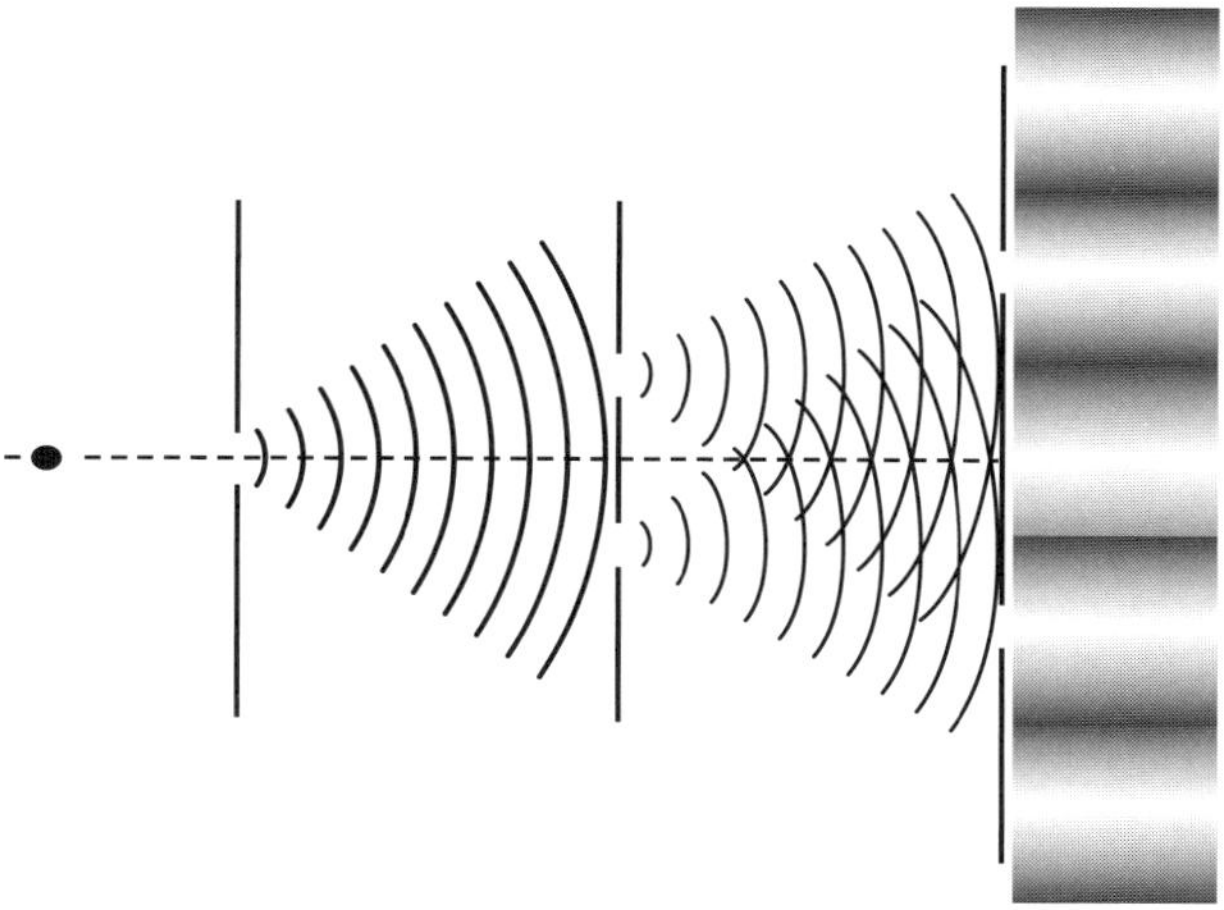

るい点が見えるはずだ。ところが、観察される模様は非常に異なっている。ふたつの波動が衝立にぶつかった場合に予測されるような模様にそっくりなのだ。すなわち、片方の穴からの波動と、もう片方の穴から同時に出てくる同一の波動とが衝突した場合の模様だ。ふたつの波動が重なると、〝干渉〟と呼ばれる現象が生じる。片方の穴からの波動の山が、もう片方の穴からの波動の谷と重なると、互いを打ち消し合う〝相殺的干渉〟という現象が起こって、衝立の相殺的干渉が起こった（複数の）部分は暗いままになる。光と光が重なって暗闇ができるとは、驚嘆すべきことではないか！　一方、衝立のほかの箇所、すなわちふたつの波動が互いと同期する、つまり山どうしと谷どうしが重なり合う部分では〝建設的干渉〟という現象が起こっていて、（この場合も複数の）明るい点が見られる。かくして、衝立には暗い部分と明るい部分が交互に並んだ模様が広がっているのが見られ、この模様こそまさに、ヤングが光線分割実験で

観察したものだった。

わたしは講義中に、赤に加えて緑のレーザー光も使ってこれを実演している。じつに見ごたえのある現象だ。学生たちは、緑のレーザー光の模様が赤の模様に非常に似ているものの、暗い部分と明るい部分の間隔がなんとなく赤より小さいことに気がつく。この間隔は光の色（従って、波長）によって異なる（波長については次講を参照）。

科学者たちは何世紀にもわたって、光が粒子から成るのか、波動から成るのかを巡って意見を戦わせていたが、この実験によって、光が波動であるという衝撃的かつ反駁の余地のない結論に達した。今では光が粒子のようにも、波動のようにもふるまうことが知られているが、その驚愕の結論に達するには、もう一世紀かけて量子力学の発展を待たなくてはならなかった。とりあえず本講では、この話題に深入りする必要はない。

過剰虹の話に戻ると、光の波動の干渉こそが明暗の帯を作り出している。この現象は、雨粒の直径が〇・五ミリほどのときに非常に顕著になる。過剰虹の画像は口絵ページ、またはこのサイト（www.atoptics.co.uk/rainbows/supdrsz.htm）でも見ることができる。

干渉の効果（しばしば回折《かいせつ》と呼ばれる効果）は、水滴の直径が約四〇ミクロン（〇・〇四ミリメートル）より小さいときに、さらに劇的になる。その場合、各色が水滴から出る際に大きく広がるせいで、さまざまな色の波動が完全に重なり合い、複数の色が混じり合って虹が白くなるのだ。白い虹にはよく、暗い帯が一本か二本見られる（過剰虹）。白い虹はとてもめずらしい現象で、わたしは一度も見たことがない。一九七〇年代の中ごろに、学生のカール・ウェールズが美しい白い虹の写真を何枚か送ってくれた。ウェールズはその写真を、（約五×一一キロメートルの）大型の流氷であるフレッチャー氷島から夏の午前二時（そう、午前二時）に撮影した。当時、その氷島は北極から約五〇〇キロ離れた位置にあった。口絵ページで白い虹のきれいな写真が見られる。

こういう白い虹は、ひときわ細かい水滴から成る霧の中にも見ることができる。白い霧虹《きりにじ》を見分けるのはたいへんだ。あなたも知らないうちに何度も見たことがあるかもしれない。日光が通り抜けられるほど霧が薄いときなら、霧虹が現われやすい。早朝の河岸や港、すなわち太陽が低い位置にあって、霧が出やすい場所にいるときに、わたしは霧虹を探し求め、いくつも見たことがある。

車のヘッドライトを使って霧虹を創り出せる場合もある。もし夜間に車の運転中、霧が立ち込めてきたら、安全に駐車できる場所があるか確認しよう。あるいは、自宅にいて霧が出てきたら、車を霧に向けてヘッドライトを点灯しよう。そうして車から離れ、ヘッドライトの光線が当たっている部分に注目する。運がよければ、霧虹が見えるかもしれない。霧の夜の暗闇が、いっそう気味の悪いものになるだろう。ある人が車のヘッドライトで生まれた霧虹に遭遇した際の写真を、ウェブサイト（www.extremeinstability.com/08-9-9.htm）で見ることができる。白い虹の中の暗い帯にお気づきだろうか？

水滴の大きさと、光の波動としての特徴によって、空を彩るこのうえなく美しい現象〝光《こう》輪《りん》〟も説明できる。光輪がいちばんよく見えるのは、雲の上を飛んでいるときだ。探してみる価値のある現象だと、自信をもって言える。光輪を見つけるには、当然のことながら窓際の席を取り、なおかつ下への視界をさえぎる翼の上は避けること。太陽が確実に反対側の窓の向こうにあるようにしたいので、飛行機の飛ぶ時間帯と方向に注意を払わなくてはならないだろう。もし窓の外に太陽が見えたら、実験はおじゃんだ（これも自信をもって言える。納得のいく説明をするには、非常に複雑な計算が山ほど必要になる）。もしこういう条件が整ったら、対日点がどこにあるかを突き止め、そこを見下ろしてみよう。幸運に恵まれたら、雲の中に色彩豊かな光の輪が見えるだろうし、飛行機が雲からそれほど遠くないところを飛んでいれば、光輪が機体の影を囲んでいるところも見えるかもしれない。光輪の直径を角距離で言うと、数度から約二〇度までさまざまだ。水滴が小さいほど、光輪は大きくなる。

わたしがたくさん撮影してきた光輪の写真の中には、飛行機の影がはっきり目に見えるものもあって、そういう写真でじつに楽しいのが、わたしの座席の位置が光輪の中心、すなわち対日点にあることだ。そういう写真の一枚が、口絵ページに掲載されている。

飛行機からだけでなく、あらゆる場所で光輪を見つけることができる。ハイキング中に太陽を背にして、もやの立ち込めた谷を見下ろしたときに光輪を見ることがしばしばある。こういう例では、きわめて不気味な効果が発生する。霧に投影された自分の影が光輪に囲まれているのが見え、色彩豊かな光輪がいくつも重なることもあって、じつに幽霊じみた光景なのだ。この現象は、光輪が頻繁に目撃されるドイツの高峰の名にちなんだ〝ブロッケン現象〟という名称で知られている（〝ブロッケンの虹〟とも言う）。実際に、人の影の周りの光輪は聖人の後光に酷似していて、人影自体もこの世のものならぬ趣なので、〝光輪〟（glory）が実際に諸聖人の頭部を囲む光の輪を指す古語であると知っても、意外ではあるまい。中国では、光輪は〝仏陀の後光〟という名で知られている。

わたしは以前、自分の影が光輪に囲まれている驚異的な写真を撮影したことがあり、それを〝聖ウォルター像〟と銘打っている。何十年も前に友人のロシア人天文学者たちから、コーカサス山脈の口径六メートルの天体望遠鏡を備えた天文台に招待された。それは当時、世界最大の望遠鏡だったが、天体観測には最悪の気象状況だった。わたしは毎日その天文台にいたのだが、午後五時半ごろになると下方の谷から霧が壁のごとくせり上がってきて、望遠鏡を完全に呑み込んでしまうのだ。うそ偽りなく、わたしの滞在中には天体観測など一切できなかった。その迫り来る霧の写真が、口絵ページに掲載されている。天文学者たちと話をするうちに、霧が立ち込めるのはいつものことだと知ったので、「だったらなぜ、こんなところに望遠鏡を設置したんですか？」と尋ねた。天文学者たちの話によれば、党幹部の妻がそこに建設することを望んだからという、ただそれだけのことだった。わたしは驚きのあまり椅子から転げ落ちそうになった。

それはともかく、わたしは数日後、幻想的な写真を撮れるのではないかとひらめいた。東側の谷から霧が立ちのぼってくる時間にはいつも、まだ西側に太陽が強く輝いていたので、光輪にはおあつらえ向きの舞台装置が整っていたからだ。それで次の日、天文台にカメラを持ち込み、霧がうまい具合にのぼってこなかったらどうしようと気を揉み始めた。けれど思惑どおり、霧の壁がむくむくとふくらみ、太陽は依然として輝き、わたしは陽光を背に負っていた。わたしは待って待って待ち続け、ついに自分の影の周りに光輪が現われたので、写真に収めた。なにしろデジタルカメラが登場する前の時代だったので、フィルムを現像するのが待ちきれない思いだったが、ちゃんと写っていた！　わたしの影は長く、幽霊じみていて、カメラの影が壮麗な光輪の中心にある。この写真も口絵ページで見ることができる。

頭部を囲む円光を見るのに、なにもそういう異国の地に身を置く必要はない。日の照っている早朝に、露に濡れたくさむらを（もちろん太陽を背にして）よく見てみると、ドイツ語で〝聖なる光〟《ハイリゲン・シャイン》と呼ばれるもの、すなわち頭部の影を囲む輝きをしばしば見ることができる（これは多色ではなく、光輪ではない)。草の露のしずくが日光を反射して、こういう効果を生み出すのだ。探してみると――ぜひそうしてほしい――光輪より容易に見つかる。早朝で太陽が低い位置にあるので、自分の影がとても長く、中世の絵画の後光に包まれた長身痩軀の聖人そっくりに見えることがわかるだろう。

ガラスの虹

まったく予想もしなかった場所で、多種多様な虹や円光に驚かされることがある。わたしのとっておきの目撃談は、二〇〇四年六月のある晴れた日――たしか夏至の六月二一日――の話で、(当時はまだわたしの妻ではなかった)スーザン、わたしの息子、息子のガールフレンドといっしょに、マサチューセッツ州リンカーンのデコルドヴァ美術館を訪れたときのことだ。みんなで美術館の入口へと構内を歩いていたときに、息子が大声でわたしを呼んだ。わたしたちの目の前の地面に、呆然とさせられるほど美しい、ほぼ円形の色彩豊かな虹が出ていたのだ(夏至の日だったので、太陽はボストンでは最も高いところ、すなわち地平線から約七〇度の位置にあった)。まったく息を呑むような光景だった!

わたしはカメラを引っ張り出して、できるだけ迅速に、大量の写真を撮った。地面に水滴はなく、その虹の半径が四二度よりずっと小さかったので、少なくとも水滴からできた虹ではないことがすぐにわかった。それでも、見た目は虹そっくりだ。赤が外側、青が内側で、内側に明るい白色光がある。いったい何が原因なのだろうか? 何か透明で球状の粒子からできているらしいということはわかるが、それはいったい何なのか?

口絵ページに掲載した、その写真の一枚がとてもうまく撮れていたので、NASAのサイトに二〇〇四年九月一三日付の〝本日の天文学上の謎〟として掲載されるに至った*（ちなみに、これは秀逸なサイトなので、毎日ご覧になることをお勧めする。http://apod.nasa.gov/apod/astropix.html）。この虹が何であるかについて、約三〇〇〇件もの推論がわたしのもとに寄せられた。いちばん気に入った回答は、四歳のベンジャミン・ガイスラーからの手書きのメモで、「あなたのなぞのしゃしんは、ひかりとクレヨンとマーカーといろえんぴつでかいたとおもいます」と書かれていた。それはマサチューセッツ工科大学（MIT）のわたしのオフィス外の掲示板に貼り出された。全回答の中で、約三〇件がいい線を行っていたが、的中していたのはたった五件だった。

この難問を解くいちばんの鍵は、わたしたちが美術館を訪れた際に、かなりの規模の建築作業が行なわれていたことだ。とりわけ、美術館の壁にサンドブラスト仕上げがなされていたことが大きい。MITで物理学の公開実験を担当し、何年間もわたしといっしょに働いてきたマルコス・ハンキンによれば――当時わたしは知らなかったのだが――ガラスのビーズを使うサンドブラスト仕上げもあるとのことだった。確かに、美術館の地面にとても小さなガラスのビーズがたくさん落ちていて、わたしはそれをスプーン何杯ぶんか持ち帰っていた。わたしたちが見たのは〝ガラス虹〟で、これは現在、ガラスで形成される虹という公的な一カテゴリーとなっている。ガラス虹の半径は約二八度だが、精確な値はガラスの種類によって異なる。

マルコスとわたしは授業用にガラス虹を独自に作れないものか、試してみるのが待ちきれなかった。ガラスのビーズを数ポンドも買い込み、それを大きな黒い紙に貼り付けて、講堂の黒板に掲げた。そうして、わたしの虹の授業の終わりに、講堂の後方からその紙にスポットライトを照射した。実験成功！　わたしは学生たちをひとりひとり教壇に呼んで黒板の前に立たせ、個々のガラス虹のど真ん中に自分の影を映し出させた。

学生たちのあの興奮ぶりを見たら、誰もが自宅で試してみたくなるだろう。ガラス虹を作るのは、さほどむずかしいことではない。難易度はあなたの目的によって異なる。もしガラス虹の色を見たいだけなら、きわめて簡単だ。頭部の影を囲む完全な虹を見たければ、いささかの作業が必要になる。

ガラス虹の小さな断片を見るために必要なものは、約三〇×三〇センチメートルほどの黒い厚紙、スプレー式の透明接着剤（わたしたちが使ったのは３Ｍ社の《Spray Mount Artist's Adhesive》だったが、スプレー式の透明な糊ならなんでも可）、そして球状で無色透明のガラスのビーズだ。ビーズは必ず無色透明で、球状でなくてはならない。わたしたちが使った〝ブラスト処理用粗粒研削ガラスビーズ〟なるものの直径は〇・一五〜〇・二五ミリだ。

厚紙に糊を吹きつけてから、その上にビーズを撒く。ビーズどうしの平均的な間隔は重要ではないが、密であるほど望ましい。ビーズは注意深く扱うこと。床一面にビーズを撒き散らさないよう、屋外で作業を行なったほうがいいかもしれない。糊を乾かしてから、晴れた日であれば外に出よう。

仮想線を（自分の頭から頭の影の先端へ）引いて、厚紙を線上のどこかに置くと、自分の頭の影が厚紙に映るのが見えるだろう。もし太陽が空の低いところにあるなら、紙を椅子に置いてもいい。太陽が高いところにあるなら、地面に置くという手もある。デコルドヴァ美術館でも、ガラスのビーズが地面にあったことを思い出してほしい。自分の頭からどれくらい離れたところに厚紙を置くかは、各自の自由だ。仮に、頭から一・二メートル離れたところに置いたとしよう。それから厚紙を仮想線と直角に約〇・六メートル離れたところに動かす。動かす方角は（上下左右）どこでもかまわない。すると、ガラス虹の色が見えるだろう。もし厚紙をもっと遠くに、例えば一・五メートル離れたところに置きたいなら、ガラス虹の色を見るために、仮想線から約〇・七五メートルのところに動かさなくてはならない。わたしがどうやってこういう数値にたどり着いたのか、不思議に思われるだろうか。理由は単純、ガラス虹の角半径が約二八度だからだ。

ガラス虹の一部を見つけたら、虹のほかの部分を探すために、仮想線を中心に厚紙を円形に動かしてもいい。そうすることで、園芸用ホースで行なったように、円形の虹全体を部分ごとに描き出せる。

自分の影を囲むガラス虹全体をいっぺんに見たいなら、もっと大きな——一平方メートルほどの——厚紙に、大量のガラスのビーズを貼り付ける必要がある。そして、自分の頭の影を厚紙のほぼ中心に置く。もし厚紙から頭までの距離が約八〇センチなら、すぐにガラス虹全体が見えるだろう。厚紙をずっと遠くに、例えば一・二メートルの位置に移すと、虹全体は見えなくなる。どういうやりかたをとるかはあなたしだい。ご随意に！

晴れた日でなければ、わたしが授業で行なったように、壁に厚紙をテープで留めるかぶら下げるかして——スポットライトのような——非常に強力な光を照射することで、屋内での実験も可能だ。光を背にして、頭の影が一平方メートルの厚紙の中央に来るような位置につく。厚紙から八〇センチ離れたところに立てば、ガラス虹全体が自分の影を囲んでいるのが見えるはずだ。これぞガラス虹！

もちろん、虹や霧虹やガラス虹の美しさを堪能するのに、なぜそういう虹が形成されるのかを理解する必要はないが、虹の物理学を理解することで新たな目が開かれる（それが知の麗《うるわ》しさというものだろう）。霧深い朝、あるいはシャワー中、あるいは噴水の近くを歩いているとき、あるいは飛行機で他の乗客が映画を鑑賞している最中にひとり窓の外をのぞくとき、そんな状況で見つかるかもしれないちょっとした不思議に、もっと敏感になれる。あなたが今後、虹が出そうだと感じたら、無意識のうちに太陽に背を向けながら仮想線から約四二度離れたところに注目し、空にかかる神々しい虹の赤い外輪を見つけてくれるよう願っている。

予言しよう。あなたは次に虹を見たとき、ちゃんと赤が外側に、青が内側にあるかを確認するだろう。副虹を見つけようとし、その色の並びかたが主虹とは逆であることを確認するだろう。主虹の内側の空が明るく、外側がずっと暗いことを確かめるだろう。もし（常時そうしてほしいのだが）直線偏光板を携行していたら、主虹も副虹も強く偏光していることを確認するだろう。あなたはそういう欲求を抑えられないはずだ。それは今後の人生にずっとつきまとう宿痾《しゅくあ》となる。病《やまい》に感染させたのはわたしなのだが、治す手立てはなく、だからといって罪悪感などこれっぽっちもいだいてはいない。

＊　この写真を見たい場合は、ＮＡＳＡのサイトの〝Archive〟をクリックし、二〇〇四年九月一三日付の記事（〝2004 September 13〟をクリック）へ。サイトのＵＲＬは本文を参照。

The Harmonies of Strings and Winds

第6講 ビッグバンはどんな音がしたのか

音とはなんだろう?　音楽とはなんだろう?
宇宙のビッグバンのときにはどんな音がしたのだろうか?
本講では、音が出る仕組みから始まり、
共鳴、すべての物体には固有振動数があることを明らかにし、
音でワイングラスを割る実験を実演してみよう。

わたしは一〇歳のときにバイオリンを習い始めたが、一年たつかたたないうちに戦争の混乱に巻き込まれ、止めざるを得なくなった。二〇代になって今度はピアノに挑戦したが、わたしはふたたび混乱に巻き込まれた。どうすれば楽譜を読んでそれを右手と左手の一〇本の指で音楽として再現できるのか、まったくわからなかったのだ。今もってそれは謎のままだが、それでもわたしは音楽がとても好きで、強く惹かれている。さらには、物理学の方向から音楽の理解を深めるようにもなった。じつを言うと、わたしは音楽の物理学が好きなのだ。それは当然ながら音の物理学からスタートする。

あなたは、物体、例えば太鼓の皮や、音叉《おんさ》、バイオリンの弦が高速で振動することによって、音が生まれることを知っているだろう。その振動は目で見てはっきりわかる。だが、それらが振動する時に実際に何が起きているのかは、わかりにくい。なぜなら、通常そのプロセスは目に見えないからだ。

音叉の振動をスローダウンして考えてみよう。音叉の腕が片方に揺れると、その近くにある空気に圧力がかかる。次に腕が反対側に揺れると、押されていた空気は減圧する。このような、音叉の行ったり来たりの動きが空気の波、つまり圧力波を作る。それが音波だ。音波は空気中を超高速で伝わる。そのスピードは「音速」と呼ばれ、およそ三四〇メートル毎秒だ（三秒で約一キロメートル進む）。もっともこれは室温（二〇℃くらい）の空気中を音が伝わる速度であり、媒体によって音の速度はずいぶん違ってくる。水は空気の四倍速く音を伝え、鉄は一五倍速く伝える。

ちなみに、光も媒体によって通過速度が異なり、真空中の光（およびあらゆる電磁波）の速度は三〇万キロメートル毎秒とされているが、水中を可視光線が進むには、その一・三倍の時間がかかる。

音叉に話を戻そう。音叉が生じさせた音波は、わたしたちの耳に届くと、音叉が空気を振動させたのと同じ速さで、鼓膜を振動させる。それから途方もなく複雑なプロセスを経て、鼓膜は中耳の耳小骨——槌骨《つちこつ》・砧骨《きぬたこつ》・鐙骨《あぶみこつ》——を振動させ、次にその振動が、蝸牛管《かぎゅうかん》の中のリンパ液に伝えられる。その振動が聴覚細胞の中で電気信号に変換され、脳に送られ、脳はそれを音として感じとる。じつに複雑な仕組みだ。

音波には——じつのところ、すべての波には——基本的な三つの量的特性がある。周波数、波長、振幅だ。周波数とは、単位時間あたりに揺れる波の数（すなわち、一定の時間内にあるポイントを通過する波の数）で、例えばボートやクルーザーから海面を見ていて、一分間に一〇個の波が通りすぎれば、周波数は一〇周波毎分ということになる。だが実際には、周波数は一秒間に通過する波の数で表わされ、その単位はヘルツ（記号：Ｈｚ）だ。一秒間に波が二〇〇回起きれば、二〇〇ヘルツとなる。

波長とは、波の頂点から頂点までの距離で、波の谷間の長さ、と言うこともできる。波の基本的性質のひとつは、周波数が高くなればなるほど波長は短くなり、波長が長くなればなるほど周波数は低くなるというものだ。ここで物理学上の非常に重要なルール、「波の速度÷周波数＝波長」が登場する。これは、電磁波（Ｘ線、可視光線、赤外線、電波など）からバスタブの湯を伝わる音波、海の波に至るまで、すべての波に共通するルールだ。例えば空気中を伝わる四四〇ヘルツの音（ピアノの中央ド音の上のラ音：Ａ４）の波長は、音速三四〇（メートル毎秒）を周波数四四〇（ヘルツ）で割った値で、〇・七七（メートル）になる。

少し考えれば、なぜそうなるのかがわかるはずだ。音はどの媒体の中も一定のスピードで進むので（気体は別で、温度によって音速は変わる）、一定の時間内により多くの波が通過するには、個々の波はより短くなければならない。逆もまたしかりで、一定の時間内に通過する波の数が少なければ、個々の波は長くなる。波長の単位は波の種類によって異なる。例えば、音波はメートルで表し、光の波長はナノメートル（一〇億分の一メートル）で表わす。

振幅が音の大きさを決める

では、振幅とは何だろう。もう一度、ボートの上から海面の波を見ているところを想像しよう。波の長さは同じでも、高さには違いがあることがわかる。この波の高さが振幅だ。そして音の大きさは、音波の振幅によって決まる。振幅が大きければ大きな音になり、小さければ小さな音になる。それは、振幅が大きいほど音波が運ぶエネルギー量は多くなるからで、サーファーなら誰でも知っているように、ビッグウェーブは巨大なエネルギーを伴う。そういうわけで、あなたがギターの弦を激しくかき鳴らすと、弦はより多くのエネルギーを蓄え、大きな音を出すのだ。水面の波の振幅は、メートルやセンチメートルで表わし、同様に、空気中を伝わる音波の振幅も、気体の分子がその圧力波に押されて揺れる幅と見なすことができるが、通常、そのようなとらえかたはしない。音の振幅は幅ではなく強さによって測り、デシベルで表わす。デシベルという単位はおそろしく複雑なのだが、幸い、本書ではそこまで理解する必要はない。

一方、ピッチは、知覚される音の高さを表わし、周波数によってそれは決まる。周波数が高くなると、ピッチは高くなり、周波数が低くなるとピッチも低くなる。楽器を演奏するときには、周波数を変えてピッチを変えている。

人間の耳は二〇ヘルツ（ピアノの一番低い音は二七・五ヘルツ）から二万ヘルツまでという、きわめて幅広い周波数の音を聞き取ることができる。授業で、わたしは聴力測定器を用いておもしろい実験をする。その機器は、幅広い周波数の音を、強弱を変えて出すことができる。わたしは周波数を徐々に上げていきながら、音が聞こえるかぎり手を挙げているよう、学生たちに指示する。人は年をとるにつれて高い周波数の音が聞き取れなくなる。四〇〇〇ヘルツ（ピアノの中央ドの四オクターブ上）を超えると、わたしには何も聞こえない。しかし、その後もかなり上の周波数まで、学生たちには聞こえるらしい。聴力測定器のダイヤルを回して、一万ヘルツ、一万五〇〇〇ヘルツ、と上げていくと、ひとりまたひとりと手を降ろし始める。二万ヘルツになると、手を挙げている学生は半分くらいになる。ここから先はゆっくりと、二万一〇〇〇、二万二〇〇〇、二万三〇〇〇と上げていく。二万四〇〇〇ヘルツでもまだ数名は手を挙げている。彼らをからかってみよう。測定器のスイッチをオフにして、二万七〇〇〇ヘルツまで上げるふりをするのだ。それでもひとりかふたりの自信家は手を降ろそうとしない。そこでわたしは種明かしをする。愉快なお遊びだ。

ここで音叉について考えてみよう。音叉は強く打っても弱く打っても、一秒間に振動する数が一定なので、出す音の周波数は変化しない。ゆえにいつも同じ高さの音を出すことができるのだ。しかし、強く打つと、その振幅は大きくなる。音叉を打つところをビデオに収め、スローで再生してみればそのようすを見ることができる。強く打つほど、音叉の腕の振幅は大きくなる。振幅が大きくなると、音は大きくなるが、音叉の腕が振動するペースは同じなので音の高さは変わらない。なんだか腑に落ちない、と思うかもしれないが、ちょっと考えれば、それは第3講で述べた振り子の特性とまったく同じだということがわかる。振り子の周期（一往復するのにかかる時間の長さ）は、振幅には関係なく一定なのだ。

宇宙における音波

音に関するこれらのルールは地球の外でも通用するのだろうか？　あなたは、宇宙に音は存在しないという話を聞いたことがあるだろうか？　それはつまり、月の表面でどれほど力強くピアノを弾いても、音はまったくしないということだ。ほんとうにそうなのだろうか？　確かに、月には大気が存在しない。基本的にその環境は真空だ。ゆえに、あなたは、おそらくやや悲しげな表情を浮かべ、星や銀河のすさまじく壮大な衝突さえもまったく音のない世界で進むのだと思うことだろう。一四〇億年昔にこの宇宙を創造したビッグバンさえ、一切の音を立てずに起こったのだ、と思うかもしれない。しかし、結論を急いではならない。生物の大半がそうであるように、宇宙は、数十年前にわたしたちが想像していたより、はるかに混乱していて、はるかに複雑なのだ。

もちろん、わたしたちは宇宙に放り出されたら酸素欠乏ですぐ死んでしまうが、しかし宇宙は、深宇宙さえも、完全な真空ではない。それはあくまで比較の話で、惑星間や銀河間の宇宙は、地球上で作りうるどんな真空よりも完全な真空に近いが、宇宙空間に浮かぶ物質を無視することはできない。

これらの物質の大半は、プラズマと呼ばれるイオン化した気体——水素の原子核（プロトン）や電子のような電荷した粒子で構成される気体——で、その密度は場所によって大きく異なる。プラズマは太陽系にも存在し、太陽から噴き出すそれは、「太陽風」と呼ばれている（この現象については、宇宙物理学者ブルーノ・ロッシがはるか昔に予見していた）。プラズマは、星にも、星と星のあいだにも存在し（この場合、星間物質と呼ばれる）、銀河と銀河のあいだにも存在する（こちらは銀河間物質と呼ばれる）。天文学者の多くは、宇宙で観察される物質の九九・九パーセントはプラズマだと見ている。

こう考えてみよう。物質が存在するところでは、圧力波（すなわち音波）が生まれ、伝播する。そして（太陽系に限らず）宇宙のどこにでもプラズマが存在するのであれば、わたしたちには聞こえないとしても、多くの音波が存在するはずなのだ。わたしたちの耳は、かなり幅広い周波数の音——実際のところ、最低周波数と最高周波数では一〇〇〇倍もの差がある——を聞き取ることができるが、宇宙の音を聞くようにはできていない。ひとつ例を挙げよう。ペルセウス座銀河団は地球からおよそ二億五〇〇〇万光年離れたところにある巨大な銀河団だが、二〇〇三年、その銀河団に属する銀河の中心にある、巨大なブラックホールを取り巻く非常に高温のガス（プラズマ）に、波紋が発見された。それは、物質がブラックホールに呑み込まれたときに放出された莫大なエネルギーによって発生した音波だった（ブラックホールについては第12講でもっと詳しく勉強しよう）。物理学者がその周波数を調べ、その音はBフラットだと明かした。Bフラットとは、ピアノの中央のド（二六二ヘルツ）の五七オクターブも下（10^{17}分の一）の、非常に低い音だ。この宇宙の波紋は、http://science.nasa.gov/science-news/science-at-nasa/2003/09sep_blackholesounds/ で見ることができる。

ビッグバンはどんな音がしたか？

ビッグバンの話に戻ろう。宇宙を誕生させたその爆発が、最初期の物質――一気に膨張し、その後冷えて、銀河や恒星や惑星になった物質――の中に圧力波（音波）を生じさせたのだとしたら、その名残を今でも見ることができるはずだ。そこで、物理学者たちは太古のプラズマに刻まれた最初の波と波のあいだがどのくらい離れていたか、そして、宇宙が一三〇億年にわたって膨張してきた現在、さらにどこまで離れたかを計算した。そして、最初の波長は五〇万光年で、今では五億光年になっていることを突き止めた。

現在、銀河のマッピングをするふたつの巨大プロジェクトが進められている。ニューメキシコ州で進行中のスローン・デジタル・スカイサーベイ（ＳＤＳＳ）と、オーストラリアで進行中の２ｄＦ銀河赤方偏移サーベイだ。どちらも宇宙に刻まれた波紋を観察し、同じことを発見した。さて何だろう？　それは「銀河と銀河は、五億光年離れている場合が最も多い」ということだ。つまり、ビッグバンが鳴らしたゴングの低い音は、現在、五億光年というとてつもなく長い波長を持っているのだ。その周波数は、わたしたちが聞き取れる音の五〇オクターブも下（10^{15}分の一）である。天文学者のマーク・ホイットルはその音を特殊なソフトウェアで再現し、「ビッグバン・アコースティック」と名づけた。彼のウェブサイトhttp://www.astro.virginia.edu/~dmw8f/index.phpを訪ねれば、あなたもそれを聞くことができる。彼は時間を圧縮し（一億年を一〇秒に圧縮）、誕生して間もない宇宙の音を人工的に五〇オクターブ高くして、ビッグバンが創造した音楽を人間の耳でも聞けるようにしたのだ。

共鳴の不思議

共鳴がもたらすさまざまな現象は、共鳴が起こらなければ、まるでおもしろみのないものになっていたか、あるいはそもそも存在しなかっただろう。音楽に限らず、ラジオ、時計、トランポリン、ぶらんこ、コンピューター、列車の警笛、教会のベル、そしてあなたも膝や肩の検査で世話になったかもしれないＭＲＩ（ご存じだろうか？　ＭＲＩのＲは共鳴《リソナンス》の頭文字だ）、そのすべてに共鳴が関わっているのだ。

そもそも共鳴とは何か？　ぶらんこに乗った子どもを押すときのことを思い出せば、わかりやすいだろう。ご存じのとおり、ぶらんこは軽く押すだけで、大きく揺らすことができる。なぜなら、ぶらんこは一種の振り子で、固有の振動数があり（第3講を参照のこと）、その振動数に合わせて押すと、小さな力でもしだいに高くまで揺らすことができるのだ。二本の指で軽く押し続けるだけで、子どもを高くまで上げることも可能だ。

そのとき、あなたは共鳴の力を借りている。物理学で言う共鳴とは、ある物体——振り子から、音叉、ワイングラス、太鼓の皮、鋼桁《こうげた》、原子、電子、核、気柱（管の中の柱状の空気）に至るまで——が固有の振動数においてより力強く振動することを言う。そのような振動数を、固有振動数、あるいは共振振動数、固有周波数と呼ぶ。

例えば音叉は、常にその固有振動数で振動するように作られており、その振動数は、基準音とされるピアノの中央ドの上のラの四四〇ヘルツが一般的だ。どう叩いても、その音叉の腕は一秒間に四四〇回振動する。

すべての物質には固有振動数がある。あるシステムや物体が固有振動数で振動するようにエネルギーを加えれば、比較的小さな力で、非常に大きな結果を生み出すことができる。例えば空のワイングラスを優しくスプーンで叩くか、縁を濡れた指でこすると、ワイングラスは固有振動数の音を鳴らし始める。こうして見てくると、共鳴はどこからか余分なエネルギーをもらえるお得なシステムのように思えるが、実際はそうではなく、共鳴する物体は、その固有振動数において、投じられたエネルギーを最も有効に活用しているだけのことだ。

縄跳びの縄も同じ原理で動く。ご存じのとおり、ふたりの人がそれぞれ端を握って振ると、縄はきれいな弧を描いて回り始める。肝心なのは、無闇やたらに振り回すのではなく、規則的に上下あるいは左右に振って縄の振動を導くことだ。そうすれば、ある時点で縄は心地よさげに回転し始める。あとは手を軽く動かすだけで、その動きを保つことができる。そしてあなたの友人は、その弧の真ん中で、直観的に縄の固有振動数にタイミングを合わせて、縄跳びを楽しむことができるのだ。

そうやって遊んでいたころのあなたは知らなかっただろうが、この動きは、縄の両端を持つふたりのうち、一方が手を動かすだけで、つまりもうひとりはただ握っているだけで導くことができる。その場合、縄が最低次の固有振動数（＝基本周波数）で回る距離を保つことが重要だ。ダブルダッチと呼ばれる、二本の縄を交互に内側に向かって回す縄跳びができるのも、縄を回すのにほとんどエネルギーが要らないからだ。この場合、あなたの手の力は駆動力（周期的な外力）で、縄は駆動される振動子となる。縄が固有振動数で回り始めたら、それ以上手を動かさなくてもいいということを、あなたは直観的に知っている。

もし、手の動きを速めたら、縄はのたくり、跳んでいた人はたちまち縄に足を取られるだろう。ところが、縄にじゅうぶんな長さがあれば、手をさらに速く動かして、ふたつの弧を描くこともできる。縄の中央は動かないまま、その左右が山と谷を描いて回り始める。中央の動かない一点（揺れがゼロとなる位置）を節《ふし》と呼ぶ。縄がふたつの弧を描きだしたら、それぞれにひとりずつ入って跳ぶことができる。そんな縄跳びを、あなたはサーカスで見たことがあるかもしれない。どうして、そんなことが起こるのだろう？　それは、縄が二次固有振動数で振動し始めたのだ。じつは、振動するものはすべて複数の固有振動数を持っており、縄跳びの縄も、最低次だけでなく、二次、三次と、より高次の固有振動数を持っている。それについて少し説明しよう。

授業でこの複数の固有振動数について説明するときには、棒を二本直立させ、それに三メートルの縄の端をつなぐ。そして一方の端を小型モーターにつなぎ、二・五センチほどの幅で上下動させる。じきに縄はその最低次固有振動数（基本周波数）に達し、縄跳びの縄のように弧を描いて回り始める。次に、モーターの周波数を上げて、より速く縄を動かし続けると、弧はふたつになる。これは第二次高調波で、縄を基本波の二倍の速さで振動させると生じる波型だ。基本波が二ヘルツ（一秒間に二回振動）で振動していたとすれば、第二次高調波は四ヘルツで振動する。振動をさらに速くし、基本波の三倍、つまり六ヘルツにすれば、第三次高調波が生じ、縄は、二点（節）が不動のまま、三つの弧を描いて回り始める。それぞれの弧は一秒間に六回、隣りと互い違いに回る。

楽器の仕組み

先に、人間が聞くことのできる最低の周波数は二〇ヘルツだと言ったことを覚えているだろうか？　縄跳びが奏でる音楽が聞こえないのはそのためだ。しかし、他の種類のひも、例えばバイオリンやチェロの弦となると、話はまったく違ってくる。バイオリンで試してみようか？もちろんわたしには弾かせないほうがいい。なにしろこの六〇年間、まったく上達していないのだから。

バイオリンが奏でる哀愁に満ちた美しい音があなたの耳に届くまでには、数多くの物理的現象が起こっている。バイオリンやチェロ、ハープ、ギター——その他、あらゆる弦やひも——の音は、弦やひもの長さ、張力、重さの三つの要素によって決まる。弦が長く重くなり、張力が低くなるほど、音は低くなる。弦楽器の演奏者が演奏の前に弦の張り具合を調整するのは、正しい周波数に戻して、正しい音を出すためだ。

ここから先は不思議なことが起こる。バイオリニストが弦を弓ではじいて、弦にエネルギーを付加すると、弦はあらゆる振動数の中から、その固有振動数を選んで振動し始める。そしてさらに驚くべきことに、弦は音叉とは違って、——わたしたちの目には見えないが——同時に複数の固有振動数で振動し、複数の響きを生み出すのだ。

基音（楽譜上の音）の整数倍高いこれらの響きは、倍音《ばいおん》と呼ばれ、強弱の異なるいくつもの倍音がひとつになって、そのバイオリンやチェロの音色あるいは音質を作り出している。音叉や聴力測定器、あるいはラジオから流れる警報信号が、単一の周波数からなる音を出すのとは違って、楽器は、複数の周波数からなるきわめて複雑な音を出しているのだ。すなわち、トランペット、オーボエ、バンジョー、ピアノ、バイオリンの特徴的な音は、それぞれの楽器がいくつもの波長の音を混ぜ合わせて出している。目に見えない宇宙のバーテンダーが、客の求めに応じて、「はい、バンジョーの音をどうぞ、次はケトルドラムですね、おや、お客さんは二胡ですか、さあ、トロンボーンの音色ができましたよ」と、次々に無数の音のカクテルを作り上げているところを想像すると楽しくなる。

音が大きくなる仕組み

楽器を発明した人々は、その音をわたしたちが楽しめるよう、もうひとつ、楽器の重要な特徴を発明した。音楽を聴くには、その周波数がわたしたちに聞き取れる範囲に収まるというだけでなく、その音がじゅうぶん大きくなければならない。しかし、弦を軽くはじくだけではあまり強い音は出せない。弦を強くかき鳴らして、より多くのエネルギーを付与すれば、より強い音波を生じさせることができるが、それでも遠くまで届く強い音は出せないだろう。だが幸いなことに、ずいぶん昔、少なくとも一〇〇〇年以上前に、人間は、弦楽器の音をはるか遠くまで響かせる方法を見出した。

あなたも、祖先たちが直面した問題を再現し、また、解決することができる。三〇センチほどのひもの端をドアノブか引き出しの取っ手に結びつけ、もう一方の端を強く引っ張った状態で、指ではじいてみよう。たいした音は出ないはずだ。ひもの長さや太さ、引っ張る強さを調整すれば、どうにか聞き取れる程度の音は出せるかもしれないが、その音は小さく、隣りの部屋の人に聞こえるようなものではない。次に、プラスチック・カップの底に穴をあけてひもを通し、（カップが手のほうへ滑り落ちてこないよう）ひもをドアノブや取っ手より高くなるように持つ。そしてひもをはじくと、音はさっきより大きくなっているはずだ。なぜだろう？ひもが振動の一部をカップに伝え、カップが広い表面積を通して、それを周囲の空気に伝えたからだ。

この実験は、共鳴板の原理を説明している。共鳴板はギターからベース、バイオリン、そしてピアノに至るまで、弦を用いるすべての楽器に欠かすことのできないものだ。通常、木でできていて、弦の振動を何倍にも増幅させて空気に伝えている。

ギターやバイオリンの共鳴板は、容易に見ることができる。なにしろその楽器本体が共鳴板なのだ。一方、グランドピアノのそれは響板と呼ばれ、弦の下に、床と平行に置かれている。アップライトピアノの響板は弦の後ろ側に垂直に入っている。ハープは、胴体の弦がつながっている部分が響板になっている。

わたしの授業では、いくつかの方法で共鳴板の働きを実演する。そのひとつでは、娘のエマが幼いころに幼稚園で作った楽器を用いる。それはケンタッキーフライドチキンの空箱に普通のひもを一本張っただけのもので、木の棒を使ってひもの張り具合を変えることができる。じつに楽しい実演で、ひもをぴんと張るほど音は高くなっていく。ケンタッキーの箱は共鳴板の役目をみごとに果たし、ひもの音は、教室の後ろのほうにいる学生の耳にも届く。わたしが気に入っているもうひとつの実験では、何年も前にオーストリアで買ったマッチ箱ほどのミュージックボックスを使う。その箱には、共鳴板がついていない。ハンドルを回すと音が出る仕組みになっているが、わたしが手に持ってハンドルを回しても、誰にもその音は聞こえない。わたし自身、聞こえないのだ！　次に、ボックスを実験作業台に置いてハンドルを回してみる。すると今度は、講堂のいちばん後ろにいる学生にも聞こえる大きな音が出る。この実演を行なうたびに、なんの変哲もない作業台が優れた共鳴板になることに驚かされる。

しかし、真の芸術品となるとそんな簡単なことではすまされない。高品質の楽器の製法は秘密とされている部分が多く、例えば、スタインウェイ社がその世界的に有名なピアノの響板の秘密を明かすことはないだろう。また、一七世紀から一八世紀にかけて類まれなバイオリンを製造したアントニオ・ストラディバリウスの名は皆さんも聞いたことがあると思う。彼が残したバイオリンは五四〇挺残っており、二〇〇六年にはそのうちの一挺が三五〇万ドルで売却された。ストラディバリウスの秘密を解明して、その神秘的な音を出せる安価なバイオリンを作ろうと、多くの物理学者が熱心に研究を重ねてきた。その論文のいくつかをwww.sciencedaily.com/releases/2009/01/090122141228.htm で読むことができる。

倍音

和音が心地よく聞こえるかどうかは、周波数と音の調和によって決まる。少なくとも西洋の音楽においてよく知られる音の組み合わせは、ある音と、周波数がその二倍になる音（つまり一オクターブ上の音）との組み合わせだが、ほかにも長三度（ドとミ）、長五度（ドとソ）など、耳に心地良い和音はいくつもある。

古代ギリシャのピタゴラスの時代から、数学者と〝自然哲学者〟は周波数をめぐる美しい数学に心を奪われてきた。〝ピタゴラス音律〟はどこまでが彼自身の発見で、どこまでが古代バビロニアの数学に学んだもので、どこまでが弟子たちの功績なのか、歴史家の意見は分かれているが、長さと張力の異なるひもが出す音の周波数は、予測可能な整数比になることをピタゴラスが発見したことは事実だ。ゆえに物理学者の多くは彼のことを〝史上初のひも理論家〟と呼びたがる。

楽器の制作者は、この知識をうまく利用してきた。例えばバイオリンの異なる弦は、長さは同じだが、重さと張力が異なるために、周波数の高い音や低い音、それに倍音を出すことができる。バイオリニストは弦を押さえる指を上下させて、振動する弦の長さを変える。指を顎の方向に動かせば、弦の振動する部分は短くなり、基音だけでなく倍音もすべて、周波数と音が高くなる。そこにはきわめて複雑なプロセスが絡んでいる。インドのシタール（棹の長い弦楽器）などでは、演奏弦（実際に弾かれる弦）の横か下に共鳴弦と呼ばれる弦が張られており、演奏弦が弾かれるのに合わせて、固有振動数で振動する。

楽器の弦が複数の倍音の周波数で振動するようすを見ることはできないが、マイクとオシロスコープをつなげて、それをきわめてわかりやすい形で見せることができる。あなたはじかにではなくても、テレビか何かでオシロスコープを見たことがあるだろう。オシロスコープのスクリーンには、中央を水平に走るラインを軸として、その上下に波形（振動）が描かれていく。集中治療室や救急室で患者の心拍を測るために用いられる機械だ。

わたしは学生たちに、自分の楽器を持ってこさせて、それぞれが生み出す倍音のカクテルを見る。

基準音の音叉をマイクに近づけて鳴らすと、スクリーンには四四〇ヘルツのきれいな正弦曲線が描かれる。そのラインはすっきりしていてきわめて規則的だ。なぜなら、先に述べたように、音叉はひとつの周波数の音しか出さないからだ。しかし、バイオリンを持参した学生に同じ音を弾いてもらうと、スクリーンにはおもしろい変化が現われる。基音のラインは残っているが、倍音が加わったせいで、そのラインははるかに複雑なものになるのだ。チェロだと曲線のようすはまた違ってくる。ふたりがバイオリンで違う音を奏でたら、曲線はどれほど複雑になることだろう！

共鳴の実験で、歌手がその声帯（より詳しく言えば〝声帯ひだ〟）に空気を送ると、そのひだは振動し、音波を生じさせた。学生に、同じように歌を歌ってもらったところ、オシロスコープの画面には同じように複雑な曲線がいくつも描かれた。

ピアノは、鍵盤を叩くと、その動きを受けてハンマーが弦――針金――を叩く。弦の長さと重さと張り具合は、第一倍音（基音）の周波数に合わせて調整されている。しかしどういうわけか、バイオリンの弦や声帯と同じく、ピアノの弦も同時にいくつもの高い倍音を響かせるのだ。

ひも理論への跳躍

ここで、一気に原子より小さな世界に飛び、原子核よりずっと小さいバイオリンの弦が、異なる倍音の周波数で振動しているところを想像してみよう。言いかえれば、物質の基本的構成要素は、振動する微小なひもであり、それがさまざまな規模の、異なる倍音の周波数で振動していて、いわゆる素粒子――クォーク、グルーオン、ニュートリノ、エレクトロンを生み出していると考えてみるのだ。それができれば、あなたはひも理論の基本概念を理解したことになる。ひも理論は、この宇宙のすべての力、すべての素粒子を説明しうる唯一の理論を構築しようとしてきた四〇年にわたる理論物理学者たちの努力の結晶である。言うなれば、〝万物〟を説明する理論なのだ。

この理論が成功しているかどうかは、誰にもわかっておらず、ノーベル物理学賞を受賞したシェルドン・グラショーは、それについて、「物理学の理論なのか、哲学の理論なのかわからない」と評している。しかし、もしひも理論が正しくて、この宇宙の最も基本的な単位が、さまざまなレベルで共鳴する、想像も及ばないほど小さなひもなのだとしたら、宇宙とその力と素粒子は、単純なメロディが徐々に複雑になっていくモーツアルトのピアノ曲『きらきら星変奏曲』の宇宙版と言えるかもしれない。

音でワイングラスを割る実験

冷蔵庫に入っているケチャップの瓶から、世界一高いビルに至るまで、すべての物体には固有振動数がある。その多くは不可解で予測しにくい。車を持っている人は、共鳴音を聞いて不快な思いをしたことがあるだろう。たいていの場合、そのノイズは一定のスピードで聞こえ始め、さらにスピードを上げると消える。

わたしが前に乗っていた車は、信号で止まってアイドリングしていると、その振動がダッシュボードの基本的周波数になるらしく、ノイズが始まった。しかし、アクセルを踏んでエンジンの回転数を上げると、車自体はまだ動いていなくても、車の振動の周波数が変わってノイズは消えた。ときには、聞いたことのないノイズがしばらく続くこともあったが、それも車のスピードを上げるか下げるかすると消えた。スピードが変わると振動の周波数が変わって、ぐらついたマフラーや古くなったエンジンマウントの固有振動数と同じになり、車は、「わたしを修理に連れてって、わたしを修理に連れてって」とうるさく言い始めるのだ。わたしはその声をずっと無視していたが、やがてこの共鳴がもたらすダメージに気づいた。ついに車を修理に出したところ、ノイズはぴたっと消えた。もっと早くそうするべきだった。

学生時代に、友愛クラブのディナーのあと、つまらないスピーチをする人がいたら、わたしたちはワイングラスの縁を濡れた指でこすって音を出した。ワイングラスの固有振動数の音だ。一〇〇人もの学生がいっせいにそれをやると、非常にうるさい音になる（まさに友愛の証だ）。しかし、その効果はてきめんで、スピーチをしている人は学生たちが何を言いたいのかをすぐ理解した。

オペラ歌手がある音程の声を大音量で出すと、ワイングラスが割れるという話はあなたも聞いたことがあるだろう。共鳴について学んだ今、あなたには何が起こったかがわかっているはずだ。少なくとも理論上は、ごく単純な話だ。ワイングラスの固有振動数を調べて、その振動数の音を発するとどうなるだろう。わたしの経験では、大半の場合、何も起こらない。わたしはオペラ歌手が声でワイングラスを割るところを見たことがないので、授業にオペラ歌手を招くことはしない。かわりにワイングラスを一個選び、とんとんと叩いて、その固有振動数をオシロスコープで調べる。当然ながら、グラスによって固有振動数は異なるが、わたしが用いるグラスはたいてい、四四〇ヘルツから四八〇ヘルツのあいだに収まる。それからその固有振動数の音を電気的に発生させる（ぴったり同じというのは不可能だが、できるだけ近い音を出すようにしている）。そしてスピーカーをアンプにつなぎ、徐々にそのボリュームを上げていく。どうしてボリュームを上げるのか？　それは、音が大きければ音波のエネルギーが大きくなり、より大きな力がグラスにかかるからだ。そしてワイングラスの振動を大きくすれば、グラスは内に外に大きく曲がり、（予定どおりにいけば）割れる。

振動するようすをよく見せるために、グラスにカメラを近づけ、ストロボライトで照らす。固有振動数とはわずかに異なる周波数でスタートする。ワイングラスが振動し始めるのが見える。グラスの向こう側とこちら側が寄ったり離れたりし、音のボリュームを上げるにつれてその歪みは大きくなっていく。そして周波数を微調整したりするうちに、「ガシャン！」ワイングラスは粉々になる。これが実験最大の見せ場で、学生たちはグラスが割れるのを待ちきれないようだ（この実験のようすは、わたしの〈八・〇二〝電気と磁気〟〉第27講で見ることができる。http://ocw.mit.edu/courses/physics/8-02-electricity-and-magnetism-spring-2002/video-lectures/lecture-27-resonance-and-destructive-resonance/

また、わたしはクラドニ板もよく使う。それは、とても不思議で美しい方法で、共振の効果を見せてくれる。クラドニ板とはおよそ三〇センチ四方の金属板で、長方形でも円形でもかまわないが、いちばん望ましいのは正方形だ。その中央部分を棒などに固定し、下から支える。そして板の上に細かな粉を振りかけ、板の縁を垂直にバイオリンの弓でこすると、板はその固有振動数のひとつかそれ以上で振動し始める。やがて振動波の山と谷になる部分の粉は振り落とされ、金属の面が見えてくる。そして、粉は、振動しない部分節《ノード》に集まる（弦のノードは点だが、クラドニ板のような二次元の物体のノードは線になる）。

板のどこを弓で〝演奏〟するかによって、板の異なる固有振動数が刺激され、板の表面に、予想できないおもしろい模様が浮かびあがる。授業では、より効果的な――そしてあまりロマンチックではない――方法を用いる。板を振動器の上に置くのだ。振動器の周波数を変えることにより、目をみはるような模様が次々に現われてくる。YouTubeでそのようすを見ることができる。www.youtube.com/watch?v=6wmFAwqQB0g この模様の背景にある数学を、ご想像あれ！

親子のための公開講座では、わたしは子どもを演壇にあげて、クラドニ板の縁をバイオリンの弓でこすらせる。彼らはその美しく神秘的な模様に大喜びする。わたしが物理を通して追究しているのはそういうことなのだ。

管楽器の音楽

しかし、わたしたちはオーケストラの半分をのけもの扱いしてしまった！　フルートやオーボエやトロンボーンはどうだろう？　なんといっても、管楽器には振動する弦も、音を増幅する共鳴板もない。管楽器は大昔からある――わたしは少し前に新聞で、禿鷲《はげわし》の骨を刻んで作られた三万五〇〇〇年前のフルートの写真を見た――けれど、弦楽器より少し謎めいている。というのも、ひとつにはそのメカニズムが目に見えないからだ。

もちろん、管楽器にもいろいろある。フルートやリコーダーのように、先端が両方とも開いているものもあれば、クラリネットやオーボエやトロンボーンのように、一方の端が閉じているものもある（ただし、人が吹くことができるようにいくつか穴があいている）。しかし、すべての管楽器では、普通は人の口から空気が吹き込まれて楽器の内部の気柱が振動するときに、音が鳴る。

管楽器の内部に空気を吹き込んだり、器具で送り込んだりすることは、ギターを爪でかき鳴らしたり、バイオリンの弦を弓で刺激したりするのと同じだ——気柱にエネルギーを分け与えることで、ありとあらゆる周波数を空洞に放り込んでいるのであり、気柱そのものが、主にその長さに応じて、共鳴したい周波数を選ぶ。想像もつかないようなやりかたで、楽器の中の気柱は基本周波数に加えて高い倍音の一部を選び出し、それらの周波数で振動し始めるが、その結果は比較的簡単に計算できる。気柱はひとたび振動し始めると、振動している音叉の腕と同じように、空気を押したり引いたりして、音波を聞き手の耳に届ける。

オーボエ、クラリネット、サクソフォンの場合は、リードを吹き、そのリードがエネルギーを気柱に伝えて共鳴させる。フルートとピッコロ、リコーダーに関しては、演奏者が穴の縁に、あるいはマウスピースへ息を吹き込む行為そのものが共鳴を生み出す。そして、金管楽器については、唇をしっかり閉じて、楽器に摩擦音を吹き込まなくてはならない——訓練を受けていなければ、まずできないことだ。わたしなら、いまいましい楽器に唾を吐くだけに終わってしまう!

フルートやピッコロのように楽器の両端が開いていたら、基本周波数の複数倍になっているそれぞれの倍音で気柱が振動できるという点は、先に述べた弦楽器と同じだ。一方の端が閉じていて、もう一方の端が開いている木管楽器に関しては、管の形が重要になる。オーボエやサクソフォンのように管の内径が円錐形なら、楽器はフルートと同じようにすべての倍音を生み出せる。しかし、クラリネットのように内径が円柱形なら、気柱は基本周波数の奇数倍——三倍、五倍、七倍など——でしか共鳴できない。複雑な理由で、金管楽器はすべて、フルートのようにすべての倍音で共鳴する。

より直観的に理解しやすいのは、気柱が長いほど、周波数は低く、生み出される音のピッチも低いということだ。管の長さが半分になると、第一倍音の周波数（基本周波数）は二倍になる。従って、ピッコロはとても高い音を生み出し、ファゴットはとても低い音を生み出す。この基本原則で、パイプオルガンにさまざまな長さのパイプがある理由も説明できる。あるオルガンは九オクターブにまたがる音を生み出せる。そのオルガンには巨大な管がある――長さ一九・五メートルで（両端があいている）、約八・七ヘルツの基本周波数を生み出すが、これはまさに人の耳では聞き取れないほど低い音で、ただ振動を感じられるだけだ。これほど巨大なパイプは世界にふたつしかない。というのも、たいして実用的ではないからだ。長さが一〇分の一の管は、一〇倍高い基本周波数を生み出すから、八七ヘルツになる。長さ一〇〇分の一の管は、約八七〇ヘルツという基本周波数を生み出す。

木管楽器奏者はただ楽器に息を吹き込んでいるだけではない。楽器の穴をあけたりふさいだりもしていて、これらの穴は気柱の長さを実質的に短くしたり長くしたりする役目を果たし、それによって気柱の生み出す周波数が上がったり下がったりする。それゆえに、あなたが子どもの笛で遊ぶとき、すべての穴を指でふさいで気柱を長くすると、低い音色が出るのだ。同じ原則は金管楽器にも当てはまる。気柱が、たとえ円を描いて伸びている場合でも、長くなればなるほど、音のピッチは低くなる。つまり、すべての倍音の周波数が低くなる。Ｂフラット・チューバまたはＢＢフラット・チューバと呼ばれる最も低いピッチを出すチューバは、長さ五・五メートルの管を持ち、その基本周波数は約三〇ヘルツだ。付属の、いわゆる回転弁で音色を二〇ヘルツに下げることができる。Ｂフラット・トランペットの管は長さ約一・四メートルだ。トランペットやチューバのボタンは付属の管をあけたり閉めたりして、共振周波数のピッチを変える。トロンボーンは視覚的に最も把握しやすい。スライド管を引き出すと、気柱が長くなり、共振周波数が低くなる。

わたしが授業中に木製のスライド・トロンボーンで『ジングルベル』を演奏すると、学生たちは喜んでくれる——それしか吹けないことは学生たちには黙っている。じつは、わたしは演奏家としてはあまりにお粗末なので、何度授業で演奏しても相変わらず前もって練習しなくてはならない。スライド管に目印まで付けている——正確に言うと、文字で、一、二、三などの数字を書いてある。わたしは楽譜を読むことすらできない。しかし、前にも言ったように、音楽の才能がまったくなくても、わたしは相も変わらず音楽の美しさを味わっているし、自分で演奏して大いに楽しんでいる。

一リットルのペットボトルで実験しよう

これを書いているあいだ、わたしは、炭酸水が入っていた一リットルのペットボトルの中の気柱で実験をして楽しんでいる。それは完璧な気柱ではない。なぜなら、瓶の首が少しずつ広がって、瓶の直径と同じ大きさになっているからだ。瓶の首に関する物理学は、ご想像どおり、ほんとうに複雑なものになりかねない。しかし、管楽器の音楽の基本原則——気柱が長いほど、共振周波数は低い——は、やはり当てはまる。あなたもこの実験を簡単にやってみることができる。

からのソーダかワインの瓶を口いっぱい近くまで満たして（水で！）、口の縁を吹いてみよう。少し練習が必要だが、すぐに気柱を共振周波数で振動させられるだろう。最初は高いピッチの音が出るが、あなたが水を飲むにつれて（なぜ水をお勧めしたか、おわかりだろう）、気柱が長くなり、基本周波数のピッチは下がる。わたしは、さらに気柱を長くすれば、満足のいく音が出ることも知っている。第一倍音（基音）の周波数が低いほど、より高い周波数で付加的な倍音を発生させる可能性が高まり、より複雑な調べが得られるのだ。

弦とまったく同じように、音が鳴るのは瓶が振動しているからだと、あなたは考えるかもしれないし、サクソフォンが振動するのを感じるのとまったく同じように、実際に瓶が振動しているのを感じる。しかし、この場合もやはり、共鳴するのは気柱だ。その点をはっきりさせるために、次の問題を考えよう。まったく同一のワイングラスをふたつ取り出して、ひとつをからにし、ひとつを半分満たし、それぞれのグラスをスプーンで軽く叩くか、濡れた指で縁をこするかして、それぞれの第一倍音を生じさせたら、どちらのグラスの周波数が高いか、またそれはなぜか？　わたしがこの質問をするのはフェアではない。あなたをおとしいれて、間違った答えを言わせようとしているからだ――すまない！　しかし、おそらくあなたは正解にたどり着けるだろう。

同じ原則は、ミュージカル・チューブなどと呼ばれる、長さ七五センチで蛇腹状の自由に曲げられる着色プラスチック・チューブでも働いていて、そういうチューブをたぶんあなたも見たことがあるか、それで遊んだことがあるだろう。その仕組みを覚えているだろうか？　頭の周りでチューブを回し始めると、はじめは低周波数の音色が聞こえる。もちろん、あなたはその音が第一倍音だと思うだろうし、わたしが初めてこのおもちゃで遊んだときもそう思った。しかし、どういうわけか、わたしは第一倍音を生じさせるのに成功したためしがない。最初に聞こえるのはいつも第二倍音なのだ。速度が上がるにつれて、ますます高い倍音が発生しうる。インターネット上の広告には、こういうミュージカル・チューブで四つの音色を楽しめると書かれているが、三つしか聞こえないかもしれない——四つめの音色は第五倍音だが、ごくごく速く回さなくてはならない。長さ七五センチのチューブで最初から五番めまでの倍音の周波数を計算したところ、二二三ヘルツ（これは聞こえたためしがない）、四四六ヘルツ、六六九ヘルツ、八九二ヘルツ、一一一五ヘルツだとわかった。ピッチは非常に速いスピードで非常に高くなるのだ。

危険な共鳴

共鳴の物理学は教室での実演にとどまらず、はるかに広い範囲に適用される。楽器が違うと、音楽が生み出す気分も違ってくることを考えてみよう。音の共鳴はわたしたちの感情に語りかけて、楽しさ、不安、落ち着き、畏《おそ》れ、恐怖、喜び、悲しみなどをもたらす。情緒の共鳴ということが体験としてよく語られるのも不思議ではなく、それは豊かさや深さに満ちた関係を築き、協調と思いやりと願望の含みを持つ。誰かほかの人と〝同調〟したいと思うのも偶然ではない。そして、そういう共鳴を、一時的であれ永遠にであれ、失ってしまったり、ハーモニーを奏でていたように思えたものが不協和音の衝突や感情のざわめきに変わってしまったりするのは、どれほど痛ましいことか。エドワード・オールビー著『ヴァージニア・ウルフなんかこわくない』の登場人物、ジョージとマーサのことを考えてみよう。ふたりはひどいけんかをしてしまう。けんかが一対一のときは、ふたりは熱気を生み、客たちにとっては単なる見世物であり続ける。ふたりが力を合わせて客を巻き込むと、ずっと危険な存在になる。

共鳴（共振）は物理学でも強烈な破壊力を持ちうる。近年の歴史における破壊的な共振の最も華々しい例は、一九四〇年一一月に横風がタコマ・ナローズ橋の主径間の桁を直撃したときに起こった。この驚異の工学技術建造物（上下に振動することから暴れ馬ガーティというあだ名がつけられた）は、激しく共振し始めた。横風が橋の振動の振幅を増すと、建造物は揺れてねじれだし、ねじれがますますはなはだしくなると、主径間の桁が引き裂かれて、水中に崩落した。この華々しい崩壊シーンを、www.youtube.com/watch?v=j-zczJXSxnw で見ることができる。

その九〇年前にフランスのアンジェのメーヌ川にかかっていた吊り橋で、四七八名の兵士が隊列を組み、歩調を合わせて行進しながら渡っていたとき、橋が崩壊した。兵士の行進が橋の共振を引き起こし、腐食していたケーブルをぽきんと折ってしまったのだ。二〇〇名以上の兵士が下の川に落ちて死んだ。その惨事のせいで、フランスでは吊り橋の建設が二〇年以上にわたって頓挫した。一八三一年には、イギリス軍の部隊がブロートン吊り橋で歩調を合わせて行進していたために、橋床が共振して橋の片端のボルトが抜け、橋は崩壊した。死亡者はいなかったが、イギリス陸軍は全部隊に、以降橋を渡るときは行進の歩調を崩すように指示した。

ロンドンのミレニアム橋は二〇〇〇年に開通したが、大きくがたがたと揺れる（エンジニアが横共振と呼ぶ現象が見られた）ことに、何千人もの歩行者が気づいた。わずか数日後、異例の措置ながら、当局は橋を二年間閉鎖し、その間に制振ダンパーを設置して、歩行者の歩みで発生する動きをコントロールしようとした。ニューヨーク市のかのブルックリン橋でさえ、二〇〇三年の大停電の際に橋を埋め尽くした歩行者たちを震えあがらせた。歩行者は橋床の横揺れを感じ、中には気分が悪くなった者もいたのだ。

　そういう状況では、歩行者が橋にかけている重量は、普段橋を渡っている車よりも大きく、歩行者の足の動きが合わさると、歩調が合っていなくても、橋床に共振振動――がたがたという揺れ――が生じ始める恐れがある。橋が一方に動くと、歩行者は反対側に足を踏み出してバランスを取り、揺れの振幅を拡大してしまう。エンジニアたちでさえ、群衆が橋に与える影響についてはよくわからないと認めている。幸いにも、エンジニアたちは強風と地震に耐えられる超高層ビルを建築するための知識はじゅうぶんに持っていて、強風時と地震時に自分たちの創造物を破壊しかねない共振周波数が発生するという脅威に対処できている。想像してみよう――わたしたちの祖先が作った三万五〇〇〇年前のフルートのもの悲しい音を生み出したその同じ原理が、重厚で壮大なブルックリン橋や世界で最も高いビルを脅かしかねないというのだ。

The Wonders of Electricity

第7講 電気の奇跡

冬場にドアノブに手をかけると、
衝撃を受けるのはなぜなのだろうか。
ときに火花さえ散るのはなぜ？　雷とは何だろうか？
本講では、電子が生み出す電気の仕組みを
分子レベルから解き明かしたうえで、これらの現象を解明する。
そのとき、ドアノブとあなたの手のあいだには、
三万ボルトもの電位差がある。

この実験は、冬場の空気が乾燥した日にやれば、うまくいくだろう。日が落ちて暗くなったら、ポリエステルのシャツかセーターを着て、鏡の前に立ち、ゆっくりその服を脱いでみよう。洗濯物を乾燥機から出す時のようにぱちぱちと音がするのは予想どおりだ（あなたが静電気を防ぐ柔軟剤シートの愛用者なら話はべつだが）。しかし、この実験では、音が聞こえるだけでなく、小さな火花がたくさん見えるはずだ。わたしがこの実験を気に入っているのは、見る角度をちょっと変えただけで、日常生活の中で物理学を経験できることを教えてくれるからだ。それに、わたしが学生たちによく言うように、この実験は恋人といっしょにやるとさらに楽しいものになるだろう。

ご存じのとおり、冬に敷物の上を歩いていってドアノブに触れると——思い出して顔をしかめる人もいるかもしれないが——手にびりびりと痛みが走る。それが静電気のせいだということもあなたは知っている。友人と握手したときや、クロークでコートを手渡したときにも、同じような痛みを感じたことがあるだろう。正直言って、冬場はどこもかしこも静電気だらけのように思える。ブラシで髪をとかすと、毛の一本一本がばらばらになるし、帽子を脱ぐと髪が逆立ちすることもある。なぜ冬にかぎってそうなるのだろう？　そして、なぜそれほど多くの火花が散るのだろう？

こうした疑問に初めて答えようとしたのは古代ギリシャ人で、のちに電気と呼ばれるこの現象に名前をつけ、書き記した。二〇〇〇年以上昔に、ギリシャ人は、琥珀《こはく》――樹脂が化石化したもので、ギリシャ人やエジプト人はそれを宝石に加工した――を布でこすると、枯れ葉を引き寄せることを知っていた。じゅうぶんこすると、琥珀は衝撃を生み出すこともできた。

こんな逸話が伝えられている。古代ギリシャの女性は、パーティーで退屈すると、琥珀の指輪を服でこすって、蛙《かえる》に押しあてたそうだ。もちろん蛙は跳び上がって、酔狂な客人から逃げようとし、古代の人たちはその様子を見て大いに楽しんだという。もっとも、このお話の信憑性はかなり低い。まず、そこここに蛙がいて、酔っ払いに電気ショックを与えられるのを待っているなんて、いったいどんなパーティーだろう。加えて、これから少々説明するつもりだが、蛙をよく見かける湿っぽい季節には、特にギリシャでは、静電気を発生させるのはむずかしいのだ。ともかく、この話がほんとうかうそかは別として、「琥珀」はギリシャ語ではエレクトロンと呼ばれ、森羅万象さまざまなものの名付け親であるギリシャ人が、電気（エレクトリシティ）の名付け親でもあるのは、確かな事実だ。

一六世紀から一七世紀のヨーロッパでは、物理学は自然哲学と呼ばれていた。その頃の物理学者は、原子やその構成要素については何も知らなかったが、すぐれた観察者にして、実験者、および発明家であり、一部は卓越した理論家でもあった。ティコ・ブラーエ、ガリレオ・ガリレイ、ヨハネス・ケプラー、アイザック・ニュートン、ルネ・デカルト、ブレーズ・パスカル、ロバート・フック、ロバート・ボイル、ゴットフリート・ライプニッツ、クリスティアーン・

ホイヘンス――彼らは皆、発見し、本を書き、互いと論争し、中世のスコラ哲学を覆した。

一七三〇年代になると、(パーティーの余興などではなく)電気の科学的研究が、イギリス、フランス、そしてもちろん、当時アメリカ最大の都市だったフィラデルフィアで行なわれるようになり、かなりの進歩を遂げた。その研究に従事した人々は、絹布でこすると、ガラス棒はある種の電荷(Aと呼ぼう)を帯び、琥珀やゴムは別の電荷(Bと呼ぼう)を帯びることを知った。電荷の種類が違うとわかったのは、荷電した同じ材質のもの(例えばガラス棒どうしやゴム棒どうし)を近づけると、目に見えない力が働いて互いに反発したが、異なる材質のもの(例えばガラス棒とゴム棒)を近づけると、反発するどころか逆に引き合ったからだ。

こすると物体が電荷を帯びるというのは、じつに興味深い現象であり、「こする」という意味のギリシャ語に由来する「摩擦帯電効果(トライボエレクトリック・エフェクト)」というすてきな名前まで付いている。物体どうしの摩擦によって電荷が生じるように見えるが、じつはそうではない。物質の中には、電荷Aを貪欲に引き寄せるものと、喜んで電荷Aを手放し、そうすることで電荷Bを獲得しようとするものがある。相反する性質を持つそれらの物質は、こすり合わせて接触する回数を増やしてやると、電荷の移動が容易になり、それぞれAとBの電荷を帯びるのだ。物質を電荷AとBの帯びやすさの順に並べたのが「帯電列」(インターネットで探せば簡単に見つけられるだろう)で、ふたつの物質がその表で遠く離れているほど、こすり合わせると電荷を帯びやすい。

櫛《くし》の材料として一般的なプラスチックと硬質ゴムについて考えてみよう。帯電列の表において、このふたつは頭髪からかなり遠い位置にある。そのせいで、冬に髪を櫛でとかすと、髪――特にわたしの髪――は、簡単に火花を飛ばし、逆立ってしまうのだ。そして、わたしが熱心に髪を櫛でとかして櫛と髪の両方を帯電させると、髪は火花を飛ばすだけでなく、一本一本が同じ電荷――ＡかＢかは関係ない――を帯びて互いと反発し、わたしはマッドサイエンティストみたいな姿になる。また、靴をカーペットにすりつけながら歩くと、靴底とカーペットの材質によってあなたはＡかＢの電荷を帯びる。そして近くのドアノブを握ってびりびりと感じたら、それは、あなたの手がドアノブから電荷を受け取ったか、電荷を放出したかのどちらかだ。その電荷がＡであれＢであれ、あなたはショックを感じるのだ。

フランクリンの「電気流体」説

ベンジャミン・フランクリン――外交官にして、政治家、編集者、政治哲学者であり、遠近両用眼鏡・潜水用足ひれ・走行距離計・フランクリンストーブの発明者でもある――こそが、すべての物質には、彼が言うところの「電気流体」あるいは「電気火」が浸透しているという考えかたを世に知らしめた人物だ。この説は、ほかの自然哲学者たちの実験結果をうまく説明できていたため、説得力があった。例えばイギリス人のスティーヴン・グレイは、電気は金属製のワイヤーで遠く離れたところへ伝えられることを示していた。したがって電気を、通常は目に見えない流体や火――実際のところ、電気の火花は火に似ている――にたとえるのは理にかなっていた。

フランクリンは、この「火」を多く含む物質は正電荷になり、「火」が足りないと負電荷になる、と説明した。さらに彼は、プラス（正）とマイナス（負）という便利な呼びかたを導入し、羊毛か絹でこすったガラスが過剰な「火」を含むようになる現象を「プラスの電荷を帯びる」と呼ぶことにした。

フランクリンは何が電気を発生させるのかを知らなかったが、「電気流体」というその考えかたは、完全に正しいというわけではないものの、優れていて、有用でもあった。彼は、ある物質から電気流体を取り出して別の物質へ移行させると、流体が増えたほうは正電荷を帯び、減ったほうは負電荷を帯びる、と説明した。それが意味するのは、電荷の総量は変わらないという電荷保存の原理だ。ある量の正電荷を生み出すと、自動的に同じ量の負電荷が生まれる。電荷はゼロサム・ゲームであり、物理学者に言わせれば、「電荷は保存される」のだ。

フランクリンは、今日のわたしたちと同様に、同じ電荷（プラスどうし、マイナスどうし）が反発し、反対の電荷（プラスとマイナス）が引き合うことを知っていた。そして実験を重ね、反発力であれ引き合う力であれ、物体が電気火を多く持つほど、そして互いと近いほど、強くなることを学んだ。さらに彼は、グレイを始めとする当時の科学者と同じく、物質には、電気流体（電気火）を伝える物質――今日では「導体」と呼ばれる――と、伝えない物質――「不導体」あるいは「絶縁体」と呼ばれる――があることも理解した。

しかしフランクリンは、電気火が何でできているかを突き止めることはできなかった。火でも流体でもないとしたら、電気とはいったい何なのだろう？　そして、冬になると増えるように感じるのはなぜだろう？――少なくともわたしが暮らすアメリカ北東部では、冬場にはあちこちで人が電気ショックを受けている。

人間が思考できるのも電気があるからだ

1　マサチューセッツ州のデコルドヴァ美術館構内で、ウォルター・ルーウィンの影を囲む〝ガラス虹〟。2004年９月13日付の〝本日の天文学上の謎〟。著者提供。

2　ロシアのコーカサス山脈にあるＢＴＡ-６望遠鏡へとせり上がる霧の壁。著者提供。

3　（定刻どおりに）霧が近づいてきたとき、太陽がまだ出ていたので、このような〝聖ウォルター〟の写真が撮れた。著者提供。

4　コロラド州パイクス・ピーク近くで撮影された白い虹。虹の内側に付随する暗い帯に注目。ヴォイテク・リフリーク提供。

5　ニューメキシコ州の超大型干渉電波望遠鏡群の上空にかかる二重虹の写真。赤い帯が主虹では外側にあるが、副虹では内側にあること、また主虹の内側の空が外側の空よりどれほど明るいかにも注目。ところが、副虹の外側の空は、内側より明るい。主虹と副虹に挟まれた非常に暗い部分は〝アレキサンダーの暗帯（あんたい）〟と呼ばれる。タフツ大学のケネス・R・ラング、ワシントン州バッテル天文台のダグラス・ジョンソン提供。

6　緑と紫の過剰虹の連なりを伴う虹。アンドルー・ダン提供。

7　冬のある日、虹を創り出すべく果敢に著者の助手を務める娘エマ。著者提供。

8　著者撮影による、飛行機の影を囲む光輪の写真。（翼のすぐ後ろの）著者の座席が光輪の中心点。著者提供。

9　113万5000立方メートルの気球の打ち上げ、オーストラリア、アリススプリングズにて。著者提供。

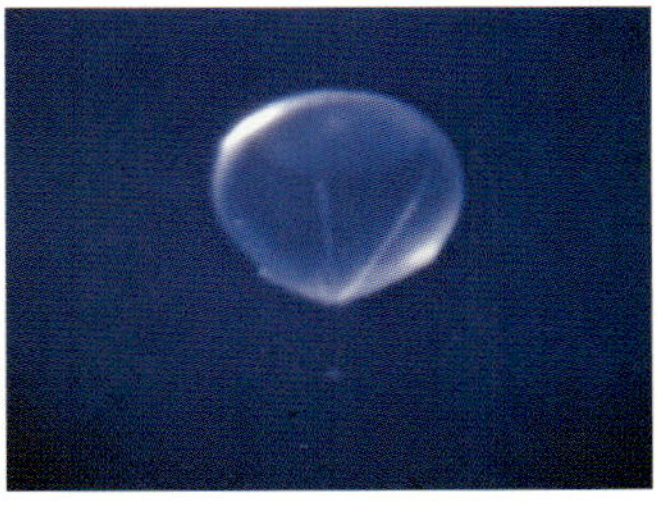

10　望遠鏡から見る、高度４万4000メートルでの113万5000立方メートルの気球。著者提供。

11　日の出直後の、膨らんだ96万立方メートルの気球。1970年10月15日、オーストラリア、ミルジューラにて。この飛行中、著者のグループはＧＸ 1＋4の存在と、その2.3分の周期を発見した。著者提供。

12　ミュンヘンで開催された1972年夏季オリンピックの閉会式を飾った気球〝虹〟。オットー・ピーネと著者との共同作品（最終講参照）。ヴォルフ・フーバー提供。

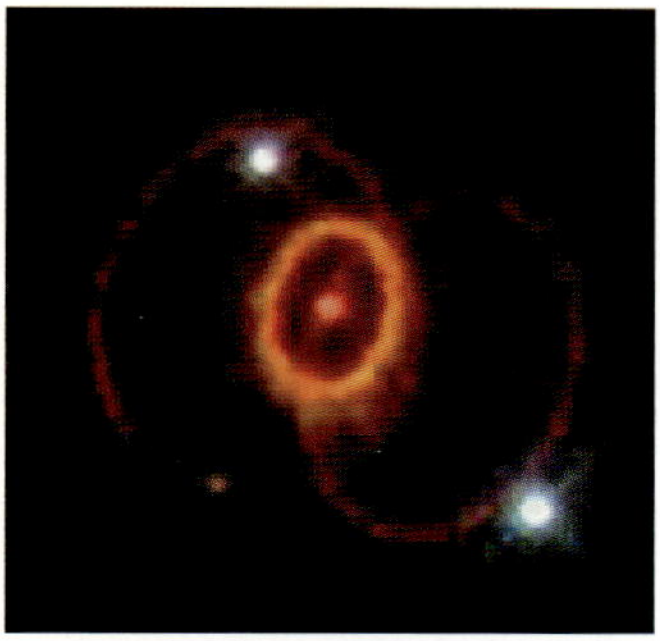

13　超新星１９８７Ａ。三つのリングは爆発の数万年前に恒星から放出された物質。一番明るい内側のリングについては本文に詳しい（第12講参照）。恒星爆発時の光がリングの中央に見られる。なお、二つの白い星は超新星１９８７Ａとは関係ない。クリストファー・バローズ博士、ＥＳＡ（欧州宇宙機関）、ＳＴＳｃｉ（宇宙望遠鏡科学研究所）、ＮＡＳＡ（アメリカ航空宇宙局）提供。

14　白鳥座Ｘ－１連星系の想像図。左側はＨＤＥ２２６８６８と命名された供与星で、質量は太陽の約30倍と推測される。右側は増大するブラックホール。供与星から流出するガスによって形成された降着円盤に囲まれている。ブラックホールの質量は太陽の約15倍。ハッブル宇宙望遠鏡、ＥＳＡ（欧州宇宙機関）提供。

15　約11光年もの直径を持つ蟹星雲。青い光は、星雲内の磁場の周りをまわる電子によって放射される。フィラメントは1054年に爆発した恒星の外層部の名残。地球から見ると、月の６分の１ぐらいに見える。ＮＡＳＡおよびハッブル遺産チーム提供。著作権：ＮＡＳＡ（アメリカ航空宇宙局）／ＥＳＡ（欧州宇宙機関）／ＪＰＬ（ＮＡＳＡジェット推進研究所）／アリゾナ州立大学。

原子の内部をのぞき込んで電気火の本質を探る前に、電気は、フランクリンが知っていたより——そして、わたしたちの大半が気づいているより——はるかに広く、この世界に行き渡っていることを知っておく必要がある。電気は、日常の経験のほぼすべてに関わっているだけでなく、わたしたちが何かを見て、知り、行なうことができるのは、すべて電気のおかげなのだ。わたしたちが考えたり、感じたり、瞑想したり、不思議に思ったりするのは、脳のおよそ一〇〇〇億の細胞の一部で、電気が行き来するからだ。わたしたちが呼吸できるのは、神経線維を伝わってくる電気信号（神経インパルス）によって、胸のさまざまな筋肉が、調和のとれた複雑な動きをしているからだ。最もわかりやすい例を挙げれば、横隔膜が収縮して下がると、胸腔が広がって肺に空気が取り込まれ、横隔膜が弛緩して上がると、胸腔は狭まり、肺から空気が押し出される。このような動きが可能になるのは、無数の微弱な電気信号が体全体の筋肉に絶えずメッセージを送り、収縮と弛緩を交互に命じているからだ。わたしたちが生きているかぎり、そのようなメッセージが体内を行き交うのだ。

また、わたしたちの目が見えるのは、網膜の小さな細胞、桿状体《かんじょうたい》と円錐体がそれぞれモノクロとカラーの刺激をとらえ、その刺激を電気信号の形で視神経から脳へと送り込んでいるためであり、それをもとに、脳は、今見ているものが果物を売る屋台なのか、摩天楼なのかを判断している。車も電気がなければ走らない。ハイブリッド車が増えてはいるものの、現在、ほとんどの車はガソリンを燃料としている。エンジンがガソリンで動くには、電気がバッテリーからシリンダーの点火装置に流れ込み、そこで火花を放って一分間に数千回という制御された爆発を引き起こす必要がある。さらにそのガソリンの燃焼にも、電気は絡んでいる。分子は電気の力（電子）によって原子が結びついたものであり、化学反応——ガソリンの燃焼のような

――には必ず電子の移動が伴うのだ。

電気のおかげで、馬は走り、犬はあえぎ、猫は伸びをする。電気のおかげで、サランラップはしわくちゃになり、梱包テープはくっつき、セロファンの包装紙はチョコレートの箱にへばりついてはがれようとしない。これですべてというわけではないが、電気なしで存在しているところを想像できるものはなく、そもそも電気がなければわたしたちは想像することもできないのだ。

電子をこそげとる

それは、わたしたちの体内の、細胞より小さな存在についても言える。地球上のあらゆる物質は原子で構成されており、電気を理解するには、原子の内部に目を向けて、しばらくのあいだ、その構成要素を見ていかなくてはならない。そのすべてを見ようとしたら、とんでもなく複雑な話になるので、必要な要素だけ見ていくことにしよう。

原子は非常に小さいので、よほど高性能で精巧な機器――走査トンネル顕微鏡、原子間力顕微鏡、透過電子顕微鏡――を用いなければ、見ることができない(これらの顕微鏡でとらえた驚くべき画像をインターネット上で見ることができる。www.almaden.ibm.com/vis/stm/gallery.html

世界の総人口にほぼ等しい六五億個の原子を取り出して一列に並べても、長さは六〇センチほどにしかならない。それほど小さな原子の中心に、原子のおよそ一万分の一の大きさしかない原子核がある。その原子核は、正電荷を帯びた陽子(プロトン)と中性子(ニュートロン)

という二種の粒子からできている。後者は、名前からわかるように、電荷を帯びず、電気的には中性だ。陽子（「プロトン」はギリシャ語で「最初のもの」の意）の質量は、中性子とほぼ同じで、一キログラムのおよそ一〇億分の一の一〇億分の一の一〇億分の二（2×10^{-27}）という想像も及ばないほど小さな値になる。したがって、ひとつの原子核に何個の陽子と中性子が含まれていても――中には二〇〇個以上含むものもある――原子核はきわめて軽い。それに、とても小さく、直径は一センチのおよそ一兆分の一だ。

しかし、電気を理解するうえで最も重要なのは、陽子が正（プラス）の電荷を持っていることだ。陽子の電荷をプラスと呼ぶことに論理的な根拠はないが、フランクリンが、絹布でこすったガラス棒に残った電荷をプラスと呼んだことから、陽子がプラスとなった。

さらに重要なのは原子核以外の部分で、それは電子（エレクトロン）によって構成されている。電子は、負電荷を帯びた粒子で、原子核を（原子サイズで言えば）少し遠くから雲のように取り囲んでいる。手の中にある野球のボールが原子核だとすると、電子の雲は八〇〇メートルも離れたところにある。つまり、原子の大半は空っぽの空間なのだ。

電子の負電荷は、陽子の正電荷と同じ強さを持つ。その結果、同数の陽子と電子を持つ原子や分子は電気的に中性になる。中性でないもの、つまり、電子が余っているか不足している原子や原子団をイオンと呼ぶ。第６講で論じたプラズマは、気体を構成する分子が部分的にあるいは完全に、イオン化した状態を指す。この地球上でわたしたちと関係のある原子と分子のほとんどは、電気的に中性である。室温の純水を例に挙げれば、一〇〇〇万個の分子のうち、イオン化しているのはわずか一個だけだ。

フランクリンが決めた約束事の結果（その物理的状況とはちぐはぐなのだが）、電子を過剰に持つ物質はマイナスの電荷を帯びていると言われ、電子が不足している物質はプラスの電荷を帯びていると言われる。ガラス棒を絹の布でこすると、かなりの電子が「こすりとられる」ため、ガラス棒はプラスの電荷を帯びる。琥珀や硬質ゴムを同じく絹でこすると、それらは電子を集めて、マイナスの電荷になる。

ほとんどの金属では、多くの電子が原子から抜け出して、原子のあいだを自由にさまよっている。それらは、外部の電荷（プラスでもマイナスでも）に影響されやすく、帯電した物質が近づくと、それに近づくか遠ざかるかして、電流を生じさせる。電流についてはほかにも言っておきたいことがあるのだが、ここでは、そういう材質は帯電した粒子、すなわち電子を容易に運ぶ《コンダクト》ため、導体《コンダクター》と呼ばれる、とだけ言っておこう（イオンも電流を生じさせるが、金属を始めとする固体の中では生み出さない）。

わたしは、電子はいつでもすぐ遊べる状態にあるという考えかたが好きだ。つまり電子は、正電荷が来ても、負電荷が来ても、すぐ反応し、すぐ動けるようになっているのだ。不導体では、そういう動きはほとんどなく、すべての電子は原子の中にきちんと収まっている。しかし、だからといって、不導体で遊ぶことができないわけではない——とりわけ、どこにでもあるゴム風船はかなり楽しませてくれる。

これから紹介する実験には、ひと袋のゴム風船が必要となる（ひねってバルーンアニマルを作るような、薄い風船のほうがうまくいく）。また、ガラス棒が欲しいところだが、手近にそんなものがある人はいないだろうから、ガラスのコップかワインのボトル、または電球で代用できないものかと試してみたが、どうやってもだめだった。そこで、プラスチックか硬質ゴムの大きな櫛を使うことにしよう。絹の布も必要だ。古いネクタイかスカーフ、あるいは、そんなものはもう捨ててしまいなさいと誰かにさんざん言われている、流行遅れのシルクシャツでもいい。しかし、髪がくしゃくしゃになってもかまわないのなら——科学のためなら、誰が気にするだろう？——自分の髪を使うこともできる。そして、紙をちぎって、数十枚の紙切れにする。数は問題ではないが、一円玉くらいの小さな紙切れにしよう。

静電気の実験はすべてそうだが、この実験も、冬場の乾燥した日（あるいは、昼下がりの砂漠）で行なったほうがうまくいく。なぜだろう？　それは、空気自体は導体ではない——じつのところ、空気はきわめて優れた絶縁体である——ものの、空気中に水分が含まれていると、ここでは詳しくは説明しないが、複雑な理由で電荷が空気中に流れ出てしまうからだ。空気が湿っていると、電荷は棒や布や風船にたまることなく、流出していく。そういうわけで、ドアノブに触れてびりびりするという厄介な問題は、空気が非常に乾いているときしか起こらない。

櫛をつかった実験

実験の材料が揃い、電気の奇跡を体験する心の準備が整ったら、まず、完全に乾かした髪を何度もとかすか、絹の布でこするかして、櫛に電荷を貯めよう。帯電列から、プラスチックか硬質ゴムの櫛は、負電荷を集めることがわかっている。その櫛を紙切れの山に近づけたら何が起こるか、そしてなぜそうなるかについて考えてみよう。あなたが「何も起きない」と答えたとしても、それはそれで理解できる。

さて、紙切れの小山の数センチ上に櫛を持っていこう。そしてゆっくり下げていくと、どうなるか？　さあ、驚いただろうか？　もう一度やってみよう——偶然などではない。何枚かの紙切れは、勢いよく櫛にくっつき、そのままくっついているものもあれば、しばらくして落ちていくものもある。しばらく遊んでいれば、紙切れを立たせたり、机の上で踊らせたりもできるだろう。いったい何が起こっているのだろう？　なぜ櫛にくっついている紙切れもあれば、飛び上がって櫛に触れると、すぐ落ちていく紙切れもあるのだろう？

それらはとてもいい質問であり、筋の通った答えがある。紙の原子の電子は、あまり自由には動けないものの、櫛の負電荷に反発して、原子の中でできるだけ櫛から遠い場所にいようとする。そうすると、紙の原子の櫛に近い側は、わずかに正電荷が多くなる。このプラスに帯電した側が、櫛の負電荷に引き寄せられるので、軽い紙なら櫛に向かって飛び上がるのだ。この引き寄せる力が、櫛の負電荷と紙の電子との反発力に打ち勝つのは、ふたつの荷電粒子のあいだに働く力（引力、あるいは反発力）が、電荷の強さ（ふたつの粒子の電荷の積）に比例し、粒子間の距離の二乗に反比例するからだ。この重要な発見は、発見者のフランスの物理学者シャルル・ド・クーロンにちなんでクーロンの法則と呼ばれている。お気づきのとおり、クーロンの法則はニュートンの万有引力の法則に驚くほどよく似ている。ちなみに、電荷の基本単位はクーロンで、正電荷の基本単位はプラス一クーロン（陽子約6×10^{18}個分）で、負電荷はマイナス一クーロン（電子約6×10^{18}個分）である。

クーロンの法則から、荷電粒子間の距離が少し違えば、引力や反発力に大きな影響が及ぶことがわかる。つまり、近くにある電荷の引力は、遠くにある電荷の反発力を上回るのだ。

このプロセス全体を誘導と呼ぶ。それは、中性の物体に帯電した物体を近づけることによって、中性の物体の（プラスとマイナスの）電荷を、帯電した物体に近い側と遠い側に誘導するからだ。つまり、櫛を紙切れに近づけると、紙切れの中で電荷が分極するのである。このちょっとした実験のさまざまなバージョンを、MIT World の親子向けのわたしの授業「電気と磁力の奇跡」で見ることができる。http://mitworld.mit.edu/video/319

ここで気になるのは、すぐ落ちる紙切れもあれば、くっついたままの紙切れもあることだ。それは次のような理由による。紙が櫛に触れると、櫛に含まれる余分な電子の一部が紙に移動する。そうなっても、櫛と紙のあいだにはまだ引力が働いているかもしれないが、おそらく重力のほうが強くなるので、紙は落ちてしまうのだ。移動する電荷が多ければ、櫛と紙のあいだには反発力が生じる可能性もある。その場合、重力に電気的な反発力が加わって、下へ落ちる紙の動きを速めることになるだろう。

電子が動き、物は引きあう

さて、次はいよいよ風船の登場だ。膨らませて口を結び、そこにひもをくくりつけたら、家の中で、風船を吊り下げられる場所を探そう。天井のランプから下げてもいいし、ひもに錘《おもり》をつけてテーブルに置き、床上一五センチくらいのところにぶら下げてもいい。風船の準備が整ったら、櫛を絹か頭髪にこすりつけて、もう一度帯電させる――こすればこするほど、強い電荷が生まれることを思い出そう。その櫛を、ゆっくりと風船に近づけていく。風船はどうなるだろう。

さあ、やってみよう。これもかなり不思議な感じがする。風船が櫛に近づこうとするのだ。紙の場合と同じように、櫛が風船のゴムの中で電荷を分極させた（つまり、誘導した）わけだ。では、櫛を遠ざけるとどうなるだろう――そして、なぜそうなるのか？　あなたは直観的に、風船が垂直に戻ることを知っていて、今ではその理由もわかっている。原子の中でできるだけ櫛から遠くにいようとしていた電子が、その反発力から解放されるからだ。櫛をこすって、紙切れや薬屋でもらう風船で遊ぶだけで、これほど多くのことを学ぶことができる。

さらにいくつか風船を膨らませよう。ひとつを髪にせっせとこすりつけたらどうなるだろう？　そのとおり。あなたの髪は不思議な動きをし始める。なぜか？　それは帯電列を見ればわかるように、頭髪はきわめてプラスに帯電しやすい物質だからだ。つまり、ゴムはあなたの髪から多くの電子を拾い集めて、マイナスに帯電しやすい物質であり、ゴム風船はきわめてマイナスに帯電しやすい物質だからだ。つまり、ゴムはあなたの髪から多くの電子を拾い集めて、髪に正電荷を帯びさせる。そうやって髪の毛の一本一本がプラスに荷電したらどうなるか？　髪の毛は互いから逃れようとして逆立つのだ。これは、冬にニットの帽子を脱ぐときにも起こる。帽子が髪をこすると、髪は電子を奪われて正電荷を帯び、そのせいで逆立ってしまうというわけだ。

風船のほうはどうなっただろう。今あなたは風船を髪に激しくこすりつけた（ポリエステルのシャツにこすりつけると、さらにうまくいくかもしれない）。これから何をするか、想像がつくだろう。その風船を壁か、友人のシャツに押しつけてみよう。風船はくっつく。なぜか？　ここが肝心なところだ。あなたは風船をこすって、風船に電荷を帯びさせた。それを、あまりいい導体ではない壁に押しつけると、壁を構成する原子の中で、電子が風船の負電荷に反発し、風船から遠い側にできるだけ長くとどまろうとしたのだ。つまり、誘導が起こった。

別の言いかたをすると、壁の、風船が触れている部分がわずかに正電荷を帯び、負電荷を帯びている風船を引き寄せているのだ。じつに驚くべき現象だ。しかし、なぜ、風船と壁のあいだで電荷が移動して双方が中性化し、風船がすぐ落ちる、という結果にならないのか？　とてもいい質問だ。そのわけを説明しよう。まず、ゴム風船は頭髪でこすったときに余分な電子を集めた。電子はゴムのような不導体の中では容易には動き回れないため、増えた負電荷はそのまま保たれる。また、あなたは風船を壁にこすりつけて両者の接触を増やしているわけではない。風船はただそこにいて、壁と引き合っているのだ。また、壁と風船の間には摩擦も働いている。第3講で触れた遊園地のローターのことを覚えているだろうか？　風船では、電気的な力がローターの求心力と同じ働きをしているのだ。そして、風船はしばらく壁にくっついているが、やがて湿気のせいで、その電荷が徐々に空気中に漏れ出し、風船は落ちる（風船が最初からくっつかないとしたら、それは湿気が多すぎて空気が導体になっているからだ。あるいは、風船が重すぎるのかもしれない——薄い風船を勧めたのはそういうわけだ）。

わたしの公開授業では、参加した子どもたちに風船をくっつけて遊んだりもする。子どもたちの誕生パーティーでも、何度もそうやって遊んだ。あなたもやってみよう。盛り上がること、請け合い！

誘導はどんな物体でも起こる。不導体だけでなく、導体でもそれは起こるのだ。櫛の実験は、スーパーやワンコインショップで売っているヘリウム入りのマイラーバルーン（ポリエステル、ポリエチレン、ナイロンなどにアルミニウムを蒸着させた風船）でもできるだろう。負電荷を帯びた櫛が近づくと、アルミニウムの自由な電子が逃げるため、正電荷を帯びたイオンが残され、風船は櫛に引き寄せられる。

ゴム風船は、髪やシャツでこすって電荷を帯びさせることができるが、じつを言えば、ゴムは理想的な絶縁体だ——そのため、導線のカバーとしても使われる。ゴムは、導線から電荷が湿った空気へ漏れ出したり、近くのものに飛び移ったり、火花を散らしたりするのを防いでいる。なんといっても、家の壁のような燃えやすい環境で、火花が飛び散るのはありがたくないからだ。ゴムはわたしたちを電気から守れるし、実際守ってくれている。しかし、ゴムでも防ぎきれないのが、雲にたまった静電気が引き起こす雷だ。どういうわけか、ゴム底のスニーカーやゴムのタイヤはわたしたちを雷から守ってくれるという根拠のない伝説が繰り返し語られている。なぜいまだに信じられているのか、わたしにはよくわからないが、そんな話は今すぐ忘れたほうがいい。稲妻はあまりにも強いので、ちょっとくらいゴムがあったところでなんの役にも立たないのだ。車に雷が落ちても平気かもしれない――実際はそうでもないはずだ――が、それはゴムのタイヤとは関係のない話だ。これについてはあとで述べよう。

火花とは何か

先に、雷は巨大で複雑だが、単なる火花にすぎないと述べた。火花とはいったい何なのか、とあなたは思うかもしれない。火花を理解するには、まず電荷に関して、重要なあることを理解する必要がある。電荷は必ず見えない電場（電界）を生み出す。質量が目に見えない重力場を生み出すのと同じだ。反対の電荷を帯びたふたつの物体を近づけて、それらが引き合うのを見たとき、あるいは同じ電荷を帯びたふたつの物体を近づけて、反発するのを見たとき、あなたは物体間に働く電場の力を目の当たりにしているのだ。

電場の強さは、ボルト毎メートルという単位で表わす。正直言って、ボルトの意味は説明しにくい。ましてや、ボルト毎メートルとなるとさらにむずかしいが、挑戦してみよう。物体のボルト数は、その物体の〝電位〟を表わしている。基準とするために、地球（地面）の電位はゼロと定められている。つまり、地面は〇ボルトだ。正電荷を帯びた物体のボルト数（電位差）は正の値になり、プラス一クーロンの電荷（陽子約6×10^{18}個分）を、地面あるいは地面につながれた導体（例えば、家の蛇口）からその物体へ運ぶのに必要なエネルギー量によって表わされる。なぜ電荷を移動させるのにエネルギーが必要なのだろう？　ここで、正の電荷は、正電荷を帯びた物体と反発し合うことを思い出そう。したがって、エネルギーを発生させて（物理学的に言えば、「仕事をして」）その反発力を克服しなければならないのだ。そのエネルギー・仕事量の単位がジュールで、プラス一クーロンの電荷を動かすのに一ジュールのエネルギーが必要なとき、その物体と地面との電位差は一ボルトになる。一〇〇〇ジュールが必要だとすれば、電位差は一〇〇〇ボルトになる（一ジュールの定義については、第9講を参照のこと）。

物体が負電荷を帯びていたらどうなるのだろう？　この場合、その物体の電位は負の値になり、マイナス一クーロン（電子約6×10^{18}個分）を、地面からその物体まで移動させるのに必要なエネルギー量によって表わされる。もしそのエネルギー量が一五〇ジュールであれば、その物体と地面との電位差はマイナス一五〇ボルトになる。

すなわち、ボルトとは電位の単位なのだ。ボルトはイタリアの物理学者アレッサンドロ・ボルタに因む名称で、ボルタは一八〇〇年に電池（エレクトリック・セル）――今日ではバッテリーと呼ぶ――を発明した。ボルトはエネルギーの単位ではないことに注意しよう。ボルトは単位電荷あたりの位置エネルギー（ジュール／クーロン）の単位なのだ。

電流は高い電位から低い電位に流れる。この電流の強さは、ふたつの物体の電位差と電気抵抗によって決まる。絶縁体の抵抗率はきわめて高く、金属のそれは低い。電位差（ボルト数）

が大きいほど、そして抵抗率が低いほど、流れる電流の量は多くなる。アメリカのコンセントのふたつの小さな穴の電位差は、一二〇ボルト（ヨーロッパでは二二〇ボルト）で、電流は交流になっている（交流という問題については次講で扱う）。電流の単位はアンペア（ａｍｐ）で、フランスの数学者で物理学者のアンドレ＝マリ・アンペールにちなんで名づけられた。電線を流れる電流が一アンペアなら、電線のどこでも、一秒当たり一クーロンの電荷が通過している。

さて、静電気の火花はどうなったのだろう？　ここまで学んだことによって、火花をどのように説明できるだろう？　つまり、こういうことだ。カーペットに靴を何度もこすりつけたために、あなたは地面とのあいだに、もしくは、六メートル先の金属製のドアノブとのあいだに、約三万ボルトもの電位差を蓄えてしまった。六メートルで三万ボルトだから、五〇〇〇ボルト毎メートルの電位差だ。あなたがドアノブに近づいても、ドアノブとの電位差は変わらないが、距離が縮まるので電場の強さが増す。ドアノブに触れる寸前、一センチほど手前では、三万ボルトにもなる。約三〇〇万ボルト毎メートルだ。

（一気圧の乾燥した大気の中で）電場の値がこれほど高いと、「絶縁破壊」が起きる。電子がその一センチのすきまに飛び込んで空気をイオン化し、そのせいでさらに多くの電子がそこへ飛び込み、電子なだれを起こして火花を散らすのだ！　電流は空気中をすばやく流れて、あなたがドアノブに触れる前に指に届く。今あなたは、前回その電気ショックを受けたときの痛みを思い出しているかもしれない。それが痛く感じるのは、電流があなたの神経を急に収縮させるからだ。

では、電気ショックを受けるときに、ぱちぱちという音がするのはなぜだろう？　答えは単純。電流が空気を超高速で熱することで、小さな圧力波、つまり音波が生じるのだ。また、火花は音だけでなく、光も生み出す――日中はほとんど見えないけれど、見えるときもある。光が生まれる仕組みはもう少し複雑で、空気中で生まれたイオンが空気中の電子とふたたび結びつき、エネルギーの一部を光として放出するのだ。火花は見えなくても（暗い部屋で鏡の前に立っていれば別だが）、とても乾燥している日に髪の毛にブラシをかけると、ぱちぱちという音を聞くことができる。

この先は簡単な計算だ。あなたは髪をブラシでとかしたり、ポリエステルのシャツを脱いだりすることで、髪の先やシャツの表面に、約三〇〇万ボルト毎メートルの電場を生み出している。だから、ドアノブに手を伸ばして、三ミリ離れたところでびりびりときたら、そのときのあなたとドアノブとの電位差は一万ボルト近くもあることになる。

相当大きな数値に思えるかもしれないが、ほとんどの静電気は危険ではない。電位差（ボルト数）が高くても、電流（その瞬間にあなたの体を通り抜ける電荷の数）はごくわずかだからだ。少々痛いのをがまんできるなら、電気ショックを試して、楽しみ、物理学を実演することができる。しかし、ゆめゆめ家のコンセントに金属を差し込んではならない。それはきわめて危険な行為であり、命にかかわることもあるのだ！

自分をポリエステルでこすって電荷を貯めよう（ゴム底の靴かビーチサンダルをはいて、電荷が床に漏れないように）。電気を消し、指をゆっくりと金属製の電気スタンドかドアノブに近づけていく。指が触れる前に、金属と指のあいだに火花が飛び散るのが見えるだろう。電荷を貯めれば貯めるほど、あなたとドアノブとの電位差は大きくなり、火花は強く、音は大きくなる。

学生のひとりが自覚のないまま、自分の体に電荷を貯め続けていた。彼は冬場に限って、ポリエステルのバスローブを着ていたのだ。それは間違った選択だった。ローブを脱ぐときに体に電荷が貯まるため、その後ベッドに入って、枕元の電気スタンドを消すと必ず電気ショックを受けた。帯電列において、人の皮膚は最も正電荷を帯びやすい材質のひとつとされ、ポリエステルは最も負電荷を帯びやすい材質のひとつとなっている。そういうわけなので、暗い部屋の鏡の前で火花が飛ぶのを見るにはポリエステルのシャツが最適だが、ポリエステルのバスローブは避けたほうがいい。

人間の体に電荷が貯まるようすを実演する、劇的でとても面白い方法がある。ポリエステルの上着を着た学生を教壇に上げ、プラスチックの椅子に座らせる（プラスチックは優れた絶縁体だ）。一方、わたしはガラス板の上に立って床から絶縁し、猫の毛皮でその学生を叩き始める。学生たちの笑い声が響く中、ぺしぺしと彼を叩き続ける。そうすることで、彼とわたしはそれぞれ反対の電荷を帯び、電位差が広がっていく。三〇秒ほどたったら、わたしは叩くのをやめて、片手でネオン管の端を持ち、学生たちに見せる。それから教室の電灯を消し、真っ暗闇の中で、ネオン管のもう一方の端で学生に触れると、ネオン管は明るく輝き、わたしたちはどちらも電気ショックを感じる。学生とわたしの電位差は少なくとも三万ボルトはあっただろう。ネオン管とふたりの体を流れた電流によって、それぞれの電荷は取り除かれた。じつに愉快で、わかりやすい実験だ。

実際の授業のようすは、ＹｏｕＴｕｂｅの〝教授が学生を叩く〟で見ることができる。
www.organic-chemistry.com/videos-professor-beats-student-%5BP4XZ-hMHNuc%5D.cfm

電流が人体に危険な理由

電位の謎をさらに探るために、わたしはバン・デ・グラーフ起電機というすばらしい装置を使う。一見、円柱の上に金属球が載っただけのように見えるが、じつはとてつもない電位を生み出すことのできる精巧な装置だ。わたしの教室にあるものは最高約三〇万ボルトとされているが、それよりはるかに高い値も出せる。ウェブ上で公開されているわたしの講座、〈八・〇二〝電気と磁気〟〉の最初の六講では、バン・デ・グラーフ起電機を使った楽しい実験の一部を見ることができる。わたしが絶縁破壊――バン・デ・グラーフ起電機の大きなドームと、地面とつながった小球のあいだに大きな火花が飛び交う――を起こすところや、見えない電場が蛍光管に明かりを灯したり、蛍光管が電場に対して垂直になると明かりが消えたりするようすが収められている。さらに、真っ暗闇の中で帯電したわたしが蛍光管の端に一瞬触れると、地表との回路ができて蛍光管が強い光を放つ、という場面もある。蛍光管に触れるたびに、わたしは「いてっ」と叫んでいる。電気ショックは危険ではないが、正直なところ、かなり痛いのだ。そして、もしあなたが（学生といっしょに）心底びっくりしたいのなら、第六講の最後の部分をお勧めする。そこでわたしは、ナポレオンがエジプトで沼から発火性のガス（メタン）が発生するかどうかを調べるときに用いた衝撃的な方法を実演する。ＵＲＬは：http://ocw.mit.edu/courses/physics/8-02-electricity-and-magnetism-spring-2002/video-lectures/

幸い、電圧が高いだけなら、あなたは死なないし、怪我もしない。肝心なのは、体を通り抜ける電流なのだ。電流とは単位時間に通過する電荷の量で、先に述べたようにアンペアで表わす。特に継続的に流れた場合に、あなたを傷つけたり殺したりするのは、この電流だ。なぜ電流は危険なのか？　ごく簡単に言ってしまえば、電荷が体内を流れると、筋肉が収縮するからだ。生きていくためには、ごく少量の電流によって、全身の筋肉が常に収縮と弛緩を繰り返す必要がある。しかし、大量の電流が流れると、筋肉と神経は強く収縮し、痙攣が止まらなくなり、痛みも伴う。さらに量が増えると、心臓の鼓動が止まってしまう。

そういう理由から、電気と人体にまつわる歴史の暗部として、電気は拷問――電気は耐えがたい苦痛をもたらす――と死刑の道具、つまり電気椅子として用いられてきた。映画の『スラムドッグ$ミリオネア』を観た人は、警察署での恐ろしい拷問の場面で、残忍な警察官に電極を押しつけられた主人公の少年の体が激しく痙攣していたことを思い出すかもしれない。

低レベルなら、電流は体にいい場合もある。皆さんの中には背中や肩を痛めて、電気治療を受けた人もいることだろう。電気治療器の電極パッドを痛めている筋肉に当てて、徐々に電流を増やしていく。何もしていないのに筋肉の収縮と弛緩を感じるという、奇妙な感覚を経験することができる。

電気はもっと激しい医療行為でも使われる。多くの人は、テレビドラマで、心臓発作を起こした人の胸に除細動器の電極パッドを当てて、心拍を再開させようとするシーンを見たことがあるはずだ。わたし自身、去年、心臓手術を受けていて心停止に陥った。医師は除細動器でわたしの心拍を戻そうとし――そして、うまくいった！　除細動器がなかったら、本書は日の目を見なかっただろう。

電流の致死量について専門家の意見は分かれており、それには正当な理由がある。致命的なレベルでの実験があまりなされていないのだ。また、電流が脳や心臓を通過するか、あるいは手などを通過するかによって、結果は大きく異なる。手なら、火傷だけですむだろう。けれども、大方の人が認めているとおり、たとえ一秒未満でも、一〇分の一アンペア以上の電流が心臓を通過すると、死に至る危険性が高い。電気椅子の電流の量はさまざまで、電圧は二〇〇〇ボルト前後、電流は五アンペアから一二アンペアだという。

子どものころ、あなたは、トースターに食パンが詰まっても、フォークやナイフで引っ張り出してはいけない――感電して死んでしまうから、と言われた覚えはないだろうか？　それはほんとうなのだろうか？　わたしは自宅にある三つの電気器具のアンペア数を見てみた。ラジオは〇・五アンペア、トースターは七アンペア、エスプレッソマシンは七アンペアだった。ほとんどの電気器具は、底に貼ってあるラベルにアンペア数などが書かれている。書かれていないこともあるが、そういう場合は、ワット数を電圧（アメリカでは通常は一二〇ボルト）で割れば、その値がアンペア数だ。わが家のブレーカーの定格電流は、ほとんどが一五から二〇アンペアまでに収まる。とはいえ、一二〇ボルトの器具に流れる電流が一アンペアか一〇アンペアかは、じつのところあまり問題ではない。大切なのは、誤ってショートを起こさないことと、間違ってもその一二〇ボルトの電圧に金属で触れないということだ。シャワーを浴びた直後の濡れた体でそんなことをしたら、おそらくあなたは死ぬだろう。結局、トースターのプラグをコンセントに入れたまま、ナイフを突っ込んではいけないと言ったあなたのお母さんは正しかったのだ。電気器具を修理する際には、まず確実にプラグを抜こう。電流はきわめて危険だということを忘れてはならない。

稲妻は地表から空へも走る

もちろん、危険な電流の最たるものは稲妻で、それは電気にまつわる現象の中で、最も驚くべきもののひとつでもある。稲妻は強力で、確実な予測は不可能であり、大いに誤解されていて、謎めいている。ギリシャからマヤに至る多くの神話で、雷は神の象徴、あるいは神が操る武器として描かれてきた。地球全体で、年におよそ一六〇〇万回、日に四万三〇〇〇回以上、一時間に一八〇〇回の雷雨があり、毎秒約一〇〇回、毎日八〇〇万回以上の稲妻が、この惑星のどこかで発生している。

稲妻が発生するのは、雷雲が電荷を帯びたときだ。一般に、雲の上部は正電荷を帯び、下部は負電荷を帯びる。そうなる理由はまだよくわかっていない。信じがたく思えるかもしれないが、大気物理学の分野には、未解明の謎が多く残されているのだ。とりあえず今は、雲の地表に近い側が負電荷を帯びていると想定しよう。そのせいで誘導が起こり、雲に最も近い地表は正電荷を帯びて、地面と雲のあいだに電場が生じる。

落雷の物理的な仕組みはかなり複雑だが、原則として稲妻（絶縁破壊）が起こるのは、雲と地面の電位差が数千万ボルトに達したときだ。わたしたちは、雷は雲から地面に落ちると考えがちだが、じつは、雲から地表へ、地表から雲へと、両方向に走る。平均的な雷で、約五万アンペアの電流が流れる（数十万アンペアに達することもある）。平均的な雷が放出するエネルギーを電力に換算すると、約一兆（10^{12}）ワットになる。しかし、それは数十マイクロ秒ほどしか続かないので、一回の落雷で放出される総エネルギーが数億ジュールを超えることはめったにない。一回の落雷の総エネルギーは一〇〇ワットの電球が一カ月に消費するエネルギーと同じ。したがって、稲妻のエネルギーを取り込もうとするのは、現実的でもなければ、有益でもないと言える。

雷雲までの距離が、稲妻が光ってから雷鳴が聞こえるまでにかかった秒数で測れることは、ほとんどの人が知っている。しかし、その理由がわかれば、雷にはとても強い力が働いていることが、少し見えてくる。ある生徒はその仕組みについて、稲妻が低気圧の領域を作り出し、そこに空気が一気に流れ込み、反対側から入ってきた空気と衝突して雷が鳴る、と説明した。じつを言えば、正解はそのほぼ反対なのだ。雷のエネルギーは空気を摂氏二万度前後まで熱する。太陽の表面温度の三倍以上だ。その超高温の空気が強力な圧力波を生み出し、その圧力波が周囲の冷たい空気にぶつかって、音波を生じさせる。それが空気中を伝わって聞こえるのが雷鳴だ。空気中の音波は五秒で約一・六キロメートル移動するので、秒数を数えれば、雷が落ちた場所までの距離をはじき出すことができるというわけだ。

雷が空気をとてつもない高温にまで熱するという事実が、あなたが雷雨の中で経験したかもしれないもうひとつの現象を説明する。郊外に出る際、雷雨が過ぎたあとで、空気のにおいがいつもと違うことに気づいた経験はないだろうか？　一種のすがすがしさと言おうか、まるで嵐が空気をきれいに洗い流したかのように感じる。都会では排気ガスが多すぎて、そのにおいに気づくのはむずかしいだろう。しかし、あなたがそのすばらしいにおいをかいだことがあったとしても――もし未経験なら、今度、雷と嵐が過ぎたら、外に出て、空気のにおいをかいでみるといい――それが三つの酸素原子で作られた酸素分子、オゾンの香りだということは知らなかったはずだ。普通の香りのない酸素分子は二個の酸素原子から成り、ゆえにO_2と呼ばれる。

しかし、稲妻のとてつもない熱が酸素分子を——すべてではないが、かなりの量を——分離させる。そうして生まれた酸素原子は、そのままでは不安定なので、酸素分子O_2にくっついて、O_3（オゾン）を作る。

オゾンは少量ならいいにおいだと思えるが、濃度が高くなるとむしろくさく感じられる。高圧線の下ではしばしばオゾン濃度が高くなる。高圧線からジジジ……というノイズが聞こえたら、たいていの場合それはコロナ放電が起こっていることを意味する。コロナ放電が起こると、電子が加速して空気の分子に衝突し、オゾンを発生させる。風がなければ、そのあたりではオゾン臭がするはずだ。

スニーカーを履いていても被雷する

ここで、スニーカーを履いていれば落雷にあっても死なないという俗説について、もう一度考えてみよう。五万から一〇万アンペアの雷は、空気を太陽の表面温度の三倍もの高温にできるのだから、スニーカーを履いていようといまいと、あなたをかりかりに焼くか、電気ショックで痙攣させるか、一瞬で体内の水分を高温の水蒸気にしてしまうはずだ。木でも同じようなことが起こる。雷が落ちると、樹液が爆発し、樹皮を吹き飛ばすのだ。一億ジュールのエネルギー——およそ二三キロのダイナマイトに相当する——は、けっして小さなエネルギーではない。

では、落雷のときに車の中にいたら、ゴム製のタイヤのおかげで安全なのだろうか？　安全かもしれない——絶対というわけではない——が、その理由はゴムが電気を通さないこととは無関係だ。高周波の電流は、導体の外側を流れる（この現象は「表皮効果」と呼ばれる）。そして、車の中にいるときのあなたは事実上、金属製の箱、つまり優れた導体の中に座っていることになる。仮にダッシュボードの送風口の内部に触れていても怪我をしないかもしれない。しかし、そんなことは絶対にやめておいたほうがいいとわたしは思う。今どきの車はほとんどがグラスファイバーの部品を使っており、それには表皮効果が働かないので危険度が高い。つまり、あなたの車に雷が落ちたら、車もあなたもきわめて不愉快な思いをするのだ。車に雷が落ちるようすと、落雷後の大型バンの写真を見たければ、以下のサイトで見られる。www.prazen.com/cori/van.html. 間違いなく、冗談で試してみるようなものではない！

わたしたち全員にとって幸いなことに、航空機では状況がまったく異なる。航空機は平均で一機が年に一回は雷に打たれているが、表皮効果のおかげで運よく生き残っている。www.youtube.com/watch?v=036hpBvjoQw にアップされている映像を見よう。

もうひとつ、稲妻に関してやらないほうがいいのは、ベンジャミン・フランクリンが行なったとされる有名な実験で、雷雨の最中に、金属製の鍵を結びつけた凧を飛ばすというものだ。フランクリンは、雷雲が電気火を作り出しているというみずからの仮説を検証しようとしたのだと言われている。もし稲妻が電気の源であるのなら、雨で濡れた凧の糸がその電気（ただし、フランクリンはこの言葉を使わなかった）を通す導体になり、鍵のところまで運ぶはずだ、とフランクリンは推理した。もし彼が鍵のすぐ近くを握っていたのなら、ばちばちという衝撃を感じたことだろう。しかしこの逸話も、りんごが木から落ちるのを見てインスピレーションを得たというニュートンの晩年の主張と同じく、事実だという証拠はない。ただ、フランクリンが英国学士院に送った手紙と、友人で酸素の発見者であるジョーゼフ・プリーストリーが一五年後に書いた手紙にそう記してあるだけだ。

そのとんでもなく危険で、死ぬ恐れさえある実験をしたかどうかはともかく、フランクリンが塔のてっぺんに鉄製の長い棒を立てて稲妻を地表まで導く方法を述べた本を出版したのは事実だ。数年後、フランクリンに会ったフランス人のトマス・フランソワ・ダリバードは、その着想をフランス語に翻訳し、少し形を変えた実験を行ない、長生きして後世に話を伝えた。彼は長さ一二メートルの鉄の棒を空に向けて立て、接地していない棒の根元で火花を観察した。

ゲオルク・ウィルヘルム・リヒマン教授は、エストニア生まれのロシアの科学者で、サンクトペテルブルク科学アカデミーの一員として、電気に関するさまざまな研究を行なった。リヒマンは、ダリバードの実験に触発されて、自分でもそれをやってみることにした。マイケル・ブライアン・シファーの興味をそそる本、『稲妻を引きずり下ろせ：ベンジャミン・フランクリンと啓蒙時代の電気技術』によると、彼は鉄の棒を自宅の屋根に取りつけ、その棒から一階の実験室の電気測定装置まで真鍮の鎖を伸ばした。

運よく——あるいは、運悪くと言うべきか——一七五三年八月の科学アカデミーの会合中に、雷雲が発生した。リヒマンは、自分の新しい本の挿絵を描く予定だった画家を連れて、急いで帰宅した。しかし、彼が電気測定装置を点検している最中に雷が落ち、鉄の棒から鎖へと伝わって、装置から三〇センチほど離れていた彼の頭を直撃した。リヒマンは即死し、部屋の反対側へはじき飛ばされた。画家も気絶した。その状況を描いたイラストがインターネット上に載っているが、件《くだん》の画家が描いたものかどうかははっきりしない。

フランクリンはのちに同じような仕掛けを作るが、彼はその末端を地面につないだ。避雷針の原型だ。避雷針は雷をうまく地面に逃がすが、その理由はフランクリンの推測とは違っていた。フランクリンは、避雷針は雷雲の電荷を少しずつ連続的に放電させることによって、建物との電位差を減らし、雷を落ちにくくする、と考えていた。フランクリンはそのアイデアに自信があったので、王宮と弾薬庫の屋根に避雷針を取りつけるよう、イギリス国王ジョージ二世に進言した。フランクリンのライバルたちは、避雷針は雷を招くだけで、放電の効果、つまり、建物と雷雲との電位差を下げる効果は微々たるものだと反対した。しかし、国王はフランクリンの言葉を信じたらしく、避雷針を取りつけた。

それからまもなく、弾薬庫のひとつに雷が落ちたが、損害はほとんどなかった。避雷針は機能したわけだ。しかし、その理由はフランクリンの考えとはまったく違っていた。フランクリンの批判者は正しかった。避雷針は現に稲妻を招いてしまったし、避雷針によって放電できたのは、雷雲の膨大な電荷のごく一部にすぎなかったのだ。それでも避雷針が役に立ったのは、その棒が一万から一〇万アンペアを通せるほど太ければ、電流はその中だけを通り、電荷が地面に移動するからだ。フランクリンは才能にあふれていただけではなかった――幸運でもあったのだ！

冬にセーターを脱ぐときにぱちぱちと小さな音がする理由を探っていけば、夜空を切り裂くような稲妻や、自然界で最も大きく恐ろしい音の起源までわかるというのは、すばらしいことではないか？

ある意味で、わたしたちは現代のベンジャミン・フランクリンであり、まだ理解できていないものの解明に挑み続けている。一九八〇年代後半、科学者たちは雲のはるか上空で起こる発光現象を初めて写真に撮った。ひとつはレッドスプライトと呼ばれ、赤みがかったオレンジ色の放電から成り、五〇キロから九〇キロ上空で発生する。そして、さらに上空で起こる、ブルージェットと呼ばれる、はるかに大きく、ときには全長七〇キロにも達する発光現象もある。

そのような驚くべき現象が起こっていることをわたしたちが知ったのはほんの二〇年ほど前のことであり、その仕組みについては、まだわかっていないことが山ほどある。電気についての知識がこれだけあっても、一日に四万五〇〇〇回起こっている雷雨をはじめとして、謎はたくさん残されているのだ。

The Mysteries of Magnetism

第8講 磁力のミステリー

電流が磁気を生み、磁気が電流を生む。
われわれの生活のすべての基盤となっている電気の発生の仕組みは
磁気の理解なくして成り立たない。
本講では、モーター作りの実験から
磁気と電気は同じものだとした統一理論を完成させた
マクスウェルの方程式までを学ぶ。

たいていの人が磁石をおもしろいと思う理由のひとつは、磁石の発する力を実感し、それで遊ぶこともできるのに、その力がまったく目に見えないというところにある。二個の磁石を近づけると、帯電した物体と同じように、互いに引き寄せ合うか反発し合う。磁気が電気と深いつながりがあるという感覚をほとんどの人がいだいている――例えば、科学好きならまず間違いなく〝電磁気〟という単語を知っている――その一方で、このふたつがなぜ、どういうふうに関係しているのかを精確に説明することはできない。これはとてつもなく大きな題材で、わたしが大学の入門講座をまるごとその説明に割いているほどだが、本講ではさわりだけを扱うことにする。さわりとはいえ、磁気の物理学を学べばたちまち、思わず目をみはるような磁気の効果を知り、深みのある理解に至ることができる。

オーロラはなぜ極地に現われるのか

平面パネル型以前の旧式のテレビをつけて、画面に磁石をかざすと、とても華やかな色や模様が映るのが見えるだろう。液晶ディスプレイ（ＬＣＤ）やプラズマ・ディスプレイが登場する前の時代には、テレビ後部から画面へと発射される電子線が蛍光体に衝突して発光することで、画面に映像を〝描き出して〟いた。わたしが授業でやっているように、旧式のテレビの画面に強力な磁石をくっつけると、サイケデリックとも言えるような模様が映し出される。ひどく心を惹きつけられる模様なので、四、五歳の子どもでも魅せられてしまう（そういう画像はネット上で簡単に見つかる）。

実際には、子どもはこの現象を必ず自分で発見するものらしい。冷蔵庫に貼ってあった磁石で子どもがテレビ画面をなでたら映りがおかしくなったので、修理法を教えてほしいと悩みを訴える親が、ネット上にあふれている。幸い、大半のテレビには画面から磁気を除く消磁装置が付いているので、画面の乱れはたいてい数日後、もしくは数週間後にはなくなる。しかし、もし元に戻らなければ、専門技術者に解決してもらう必要がある。だから、自宅のテレビの画面（またはコンピューターのモニター）近くに磁石を置くことはお勧めしない。ただし、不具合が生じてもかまわないような古色蒼然たるしろものであれば、ちょっとした楽しみが得られるだろう。世界的に有名な韓国系アメリカ人アーティスト、ナム・ジュン・パイクは、ここに記したのとほぼ同じような手法で、ゆがんだ映像を使ったビデオ・アートを数多く作り出している。わたしの授業では、テレビをつけ、とりわけ不快な番組――この実演に最適なのはＣＭ――を選んで実演を行なうことにしていて、磁石が画像を徹底的にゆがませるようすに誰もが魅せられる。

電気と同様に、磁気の歴史も古代にまでさかのぼる。二〇〇〇年以上前に、ギリシャ人も、インド人も、中国人も、特定の――のちに天然磁石として知られるようになった――岩石が鉄くずを引き寄せることを知っていたらしい（ギリシャ人が、琥珀《こはく》をこすると木の葉の小片が集まってくることにすでに気づいていたように）。現在は、そういう物質を天然磁性鉱物、すなわち磁鉄鉱《じてっこう》と呼んでおり、ちなみにこれは地球上で最も強い磁気を帯びた天然素材だ。鉄と酸素が結合したものなので酸化鉄（Fe_3O_4：四酸化三鉄）とも言う。

しかし、磁鉄鉱のほかにも多種多様な磁石が存在する。鉄は磁気の歴史において大きな役割を果たしてきて、現在でも、磁気に敏感な多数の素材の主成分なので、磁石に強力に引き寄せられる素材のことを〝強磁性体〟（ferromagnetic）と呼ぶ（〝ferro〟は〝鉄〟を指す接頭辞）。強磁性体は金属や金属化合物であることが多く、もちろん鉄自体もそうだが、コバルト、ニッケル、（かつて磁気テープに大いに使われた）二酸化クロムも含まれる。一部の磁性体は、磁場内に持ち込むことで恒久的に磁化する。また〝常磁性体〟と呼ばれる素材は、磁場に置かれると微弱な磁気を帯び、磁場が消えると非磁性体に戻る。常磁性体にはアルミニウム、タングステン、マグネシウム、さらには信じられないかもしれないが、酸素も含まれる。そして〝反磁性体〟と呼ばれる素材は磁場にさらされると、磁場とは逆向きの、ごく弱い磁場を発生させる。反磁性体の仲間にはビスマス、銅、金《きん》、水銀、水素、食卓塩のほか、木材、プラスチック、アルコール、空気、水も含まれる（その素材が強磁性体か、常磁性体か、反磁性体かは、原子核のまわりの電子配置と関係があり、あまりにも複雑な話なので詳細を述べることは控えよう）。

液体の磁性体（磁性流体）もあり、精確には強磁性の液体ではなく強磁性体の溶液と言うべきもので、磁石に反応するようすはとても美しく感動的だ。あなたも液体の磁性体の一種を、ごく簡単に作ることができる。http://chemistry.about.com/od/demonstrationsexperiments/ss/liquidmagnet.htm というサイトの〝Liquid Magnets-Synthesize Ferrofluid〟のページで一連の手順が見られる。適度に濃厚な磁性流体をガラス片に載せ、ガラスの下に磁石を置いたときに展開される現象は、まさに瞠目に値する。中学校の理科の時間にやるような、磁場の線に沿って鉄粉がきれいに並べる実験より、はるかに興味深い光景を観察できるだろう。

一一世紀に中国人は、針を磁鉄鉱に接触させてから絹糸に吊すというやりかたで磁針を作っていたようだ。その磁針の両端は南北を指し、つまりは地球の磁場線に沿って動いていた。一二世紀になると、方位磁針は中国で、そして遠く英仏海峡でも航海用に使われた。当時の方位磁針は、鉢《はち》の水に磁針を浮かべたものだった。巧妙な仕掛けではないか。ボートや船がどちらへ舵を切ろうと、鉢の向きは変わるものの、磁針は北と南を指し続けるのだから。

自然界には、さらに巧妙な仕掛けが見られる。すでに知られているとおり、渡り鳥の体にはごく小さな磁鉄鉱が備わり、渡りの経路を案内する〝体内方位磁石〟として働いているらしい。一部の生物学者たちは、ある種の鳥や山椒魚《さんしょううお》のような動物たちの視覚中枢を地球の磁場が刺激しているという考えのもと、ある重要な意味で、そういう動物たちは地球の磁場を見ることができると示唆している。なんともすごい話ではないか。

優れた医師――ありきたりの名医ではなく、女王エリザベス一世の侍医――であり科学者でもあったウィリアム・ギルバートは、一六〇〇年に出版した著書『磁石及び磁性体、並びに大磁石としての地球について（デ・マグネテ・マグネティキスクェ・コルポリブス・エト・デ・マグノ・マグネテ・テッルレ）』で、地球を模して作られた磁鉄鉱製の小さな球体〝磁気地球儀〟での実験結果をもとに、地球自体が磁石だと論じた。磁気地球儀はおそらくグレープフルーツよりやや大きめで、小さな方位磁針をそこに置くと、地表に置いたときと同じ反応を示した。ギルバートの説によれば、方位磁針が北を指すのは地球が磁石だからであり、一部の者が考えていたように、北極や南極に磁気を帯びた島があるからでも、方位磁針が北極星《ポラリス》を指しているからでもなかった。

ギルバートは、地球に磁場があることだけでなく、（冷蔵庫に貼ってある磁石と同様に）磁極もあって、その磁極が地理上の北極や南極とは微妙に食い違っていることもぴたりと言い当てた。そればかりか、地球の磁極は毎年少しずつ、一五キロメートルほどずれていっている。だから地球は、ある面では単純な棒磁石――文具店で買えるありきたりの、磁性を帯びた長方形の金属片――のようにふるまいながらも、別の面では似ても似つかないものなのだ。なぜ地球に磁場があるのかに関する現実味のある理論を科学者たちが考え出すにも、非常に長い時間がかかった。地球の中心核に鉄が多量に存在するという事実だけでは不じゅうぶんなのは、（キュリー温度と呼ばれる）一定の温度を超えると、物体は強磁性を失い、鉄も例外ではないからだ。鉄のキュリー温度は摂氏約七七〇度だが、地球の中心核はそれと比べものにならないほど高温であることがわかっている。

地球の磁場に関する理論はかなり入り組んでいて、地球の中心核での電流の循環と、地球の自転という事実に関係しており、物理学者たちはこういう磁場を生む働きのことを〝ダイナモ効果〟と呼ぶ（天体物理学者たちは、ダイナモ効果の理論を使って星々の磁場を説明しており、そういう星にはおなじみの太陽も含まれ、その磁場は約一一年周期で完全に反転する）。びっくりするようなことに思えるかもしれないが、科学者たちはいまだに地球とその磁場の数学的モデル作りに取り組んでいる。地球の磁場とはそれほど複雑なものなのだ。地球の磁場が一〇〇〇年をかけて劇的に変化してきたという地質学上の証拠が存在するせいで、この研究はさらにやっかいなものになっている。具体的に言うと、地球の磁場の両極は、毎年の移動距離から考えられるよりずっと大きく変動してきており、磁場そのものも過去七〇〇〇万年だけで一五〇回以上も反転してきたようなのだ。とてつもない話ではないか。

今では高性能の磁気計を備えた（デンマークの〝エルステッド〟のような）人工衛星のおかげで、地球の磁場をある程度精確に図式化できる。その計測結果から、地球の磁場が宇宙空間へと一〇〇万キロメートル以上も突き出ていることがわかっている。また、地表近くでは、磁場が大気中に世にも美しい自然現象を生み出すことも知られている。

覚えているかもしれないが、太陽は太陽風《たいようふう》という、大半が陽子と電子から成る荷電粒子の巨大な流れを放出している。地球の磁場は、磁極で太陽風の粒子の一部を大気中へと降下させる。平均して秒速約四〇〇キロメートルという高速で移動するこの粒子が、大気中の酸素と窒素の分子にぶつかると、分子の運動エネルギー（動きのエネルギー）の一部が、光の形態をとる電磁エネルギーに変容し、酸素が緑か赤、窒素が青か赤の光を放つ。わたしがなんの話に持っていこうとしているのか、おそらく皆さんにも見当がつくだろう。そのとおり、これが北半球では北極光《オーロラ・ボレアリス》、南半球では南極光《オーロラ・オーストラリス》として知られる壮大な光のショーを生み出す仕組みなのだ。こういう光はなぜ、極北あるいは極南でしか見られないのだろうか？　それは太陽風がおもに地球の磁極近く、すなわち磁場が最も強いところで大気圏に入り込むからだ。オーロラ現象の強さが日によって異なるのは、太陽面爆発（太陽フレア）が起こると必ず、オーロラを作るもとになる荷電粒子が増えるからだ。大規模な太陽フレアが起こると地球の磁場の乱れがはなはだしくなるせいで、〝磁気嵐《じきあらし》〟と呼ばれる現象が起こって、通常とはかけ離れた地域でオーロラが生まれたり、ときには無線通信やコンピューター機能や人工衛星の運転が阻害されたり、停電まで起こったりする。

北極圏（または南極圏）付近に住んでいなければ、そういう光を頻繁に目にすることはまずないだろう。だからこそ、アメリカ北東部からヨーロッパへ夜間に飛ぶ飛行機に乗る機会があれば（大半は夜間飛行だ）、左側の座席を予約するようお勧めする。高度約一万メートル強のところを飛ぶので、特に太陽の活動が活発化している時期には、窓の外に北極光が見えるかもしれない。太陽の活動状況は、ネット上で調べられる。わたしはまさにそういう方法で北極光を何度も目にしたことがあるので、可能なかぎり左側の座席をとるようにしている。機内放送の映画など、観たいと思えば自宅でいつでも観られるだろう。せっかく空を飛ぶのだから、わたしは夜なら北極光を、昼間なら光輪《こうりん》を探す。

わたしたちはほんとうに地球の磁場の恩恵を受けていると言える。なぜなら、磁場なしでは、大気圏を攻撃する荷電粒子の絶えざる奔流の深刻な悪影響に苦しんでいたはずだからだ。磁場がなかったら、数百万年も前に太陽風が大気圏と水を吹き飛ばしてしまい、そのせいで、生命の発展が不可能とまではいかなくとも、ずっとむずかしくなるような状況が作り出されていたことだろう。学説によれば、火星の磁場の弱さゆえの太陽風による打撃こそが、〝赤い惑星〟の大気の希薄さと水の相対的な欠乏の原因であり、その環境下では、強力な生命維持システムの補助なしには人類は生息できない。

電流は磁場を生む

一八世紀に、電気と磁気のあいだになんらかの関係があるのではないかと多数の科学者たちが推測し始めたが、その一方でイギリスの物理学者トーマス・ヤングやフランス人科学者のアンドレ＝マリ・アンペールらは、両者は互いになんの関わりもないと考えていた。ウィリアム・ギルバートは電気と磁気がまったく別個の現象だと考えていたものの、両者を同時に学んで、著書『磁石《デ・マグネテ》及び磁性体……』で電気についても記しており、琥珀を摩擦すると生じる引き寄せの力を〝電気力〟（electric force）と呼んだ（ギリシャ語で琥珀が〝エレクトロン〟《elektron》であることを思い出してほしい）。さらに、独自の検電器、すなわち静電気の存在を測定し、実証する最も単純な方法を発明した（〝箔《はく》検電器〟の場合、金属棒の端に金属の細片がひと束付いている。金属棒が電気を帯びると、すぐに金属箔が互いとはねつけ合う。要するに、帽子を脱いだときに静電気で髪が逆立つ現象を利用した測定器具だ）。

一七七六年及び七七年に、バイエルン科学アカデミーが電気と磁気の関係についての論文を募集した。雷《かみなり》放電がときに方位磁針を狂わせることが知られてから久しく、またほかならぬベンジャミン・フランクリンも、針を使ってライデン瓶を放電させることで針を磁化していた（一八世紀半ばにオランダで発明されたライデン瓶は、電荷を蓄えることができた。わたしたちが蓄電器と呼ぶ機器の初期版だ）。一九世紀初頭には電気に関する研究が爆発的に増えながらも、電流を磁気とはっきり関連づける科学者は誰もいなかったが、ついにデンマークの物理学者ハンス・クリスティアン・エルステッド（一七七七年生まれ）が、電気と磁気をひとつにまとめるきわめて重大な発見をした。科学史家のフレデリック・グレゴリーによれば、これほど桁はずれの発見が教室の学生たちの目の前でなされたのは、現代物理学史上、おそらくこのときだけだった。

一八二〇年にエルステッドは、電池につながれた導線を流れる電流の影響で、近くの磁針が導線に対して垂直の向きになり、磁針としての南北を指さなくなることに気づいた。導線を電池からはずして電流を切ると、磁針は通常の向きに戻った。果たしてエルステッドがこの実験を授業の一環として意図的に行なったのか、あるいはたまたま方位磁針が手近にあったせいで、仰天するような効果を観察できただけなのかは、定かではない。何しろ本人の弁からしてぶれているのだが、そういうことは物理学史においてめずらしくない。

偶然のできごとであれ、故意であれ、これは物理学者が行なった中でも最も重要な実験(あえて〝実験〟と呼ぼう)ではないだろうか。導線中の電流が磁場を生み、方位磁針の針がその磁場に反応して動いたのだと、エルステッドは理にかなった結論を出した。この偉大なる発見によって、一九世紀に電気と磁気の研究が激増し、中でも注目に値するのがアンドレ＝マリ・アンペール、マイケル・ファラデー、カール・フリードリヒ・ガウスによるもので、とどめをさしたのがジェームズ・クラーク・マクスウェルの卓抜な理論構築だった。

電流は電荷の動きから成るので、エルステッドは電荷の動きが磁場を作り出すことを実証していたことになる。一八三一年にマイケル・ファラデーは、導線でできた導電コイルに磁石を通すと、コイルに電流を生み出せることを発見し、実質的には、エルステッドが実証したこと——電流が磁場を生み出すこと——の逆も言えることを示した。つまり、磁場の動きが電流を生み出すとも言えるわけだ。しかし、エルステッドとファラデーの得た成果はどちらも、直観的な理解に反してはいないだろうか? 導電コイル——導電性の高い銅製が最適——の近くで磁石を動かしたら、いったいなぜコイルに電流を発生させられるのか? この発見のどこが重要なのか、当初は判然としなかった。これには後日談があり、ファラデーの発見から間もなく、疑り深い政治家がファラデーに、この発見には何か実用的な価値があるのかと尋ね、ファラデーがこう応じたとされている。「閣下、何に有益なのかは存じません。しかしながら、そのうち電気にも税金が課されるということだけは確信をいだいております」

　自宅で容易に実演できるほど単純なこの現象は、道理にはまったくかなっていないかもしれないが、わたしたちの経済全体、人間が作る世界全体を動かしている現象と言っても過言ではない。この現象が発見されなかったら、わたしたちはいまだに一七世紀や一八世紀のご先祖様とほぼ変わりない暮らしをしていただろう。ろうそくの炎を照明にし、ラジオも、テレビも、電話も、コンピューターもなかっただろう。

　わたしたちは現在使っているこの電気というものを、どこから得ているのだろうか？　おおむね、発電機で電気を生み出す発電所からだ。発電機がなしていることの根本を突き詰めれば、銅製のコイルに磁場を通過させる作業であり、現在はもう磁石を動かしてはいない。マイケル・ファラデーの世界初の電磁式発電機は、U字型の磁石のあいだに設置した銅製の円盤を、クランクで手動回転させるものだった。円盤の外縁の刷子《さつし》が導線へとつながり、回転する円盤の中軸の刷子がもう一本の導線へとつながっていた。その二本の導線を電流計に接続すると、発生する電流が計測された。ファラデーがその装置に投じるエネルギー（筋力！）が、からくり仕掛けによって電気へと変換された。しかし、この発電機はさまざまな理由から非常に効率的とは言えず、いちばんの理由は銅製の円盤を手動で回転させなくてはならないことだった。ある意味で、発電機はエネルギー変換器と呼ばれるべきだ。発電機の仕事はある種のエネルギーを、この場合は運動エネルギーを、電気エネルギーに変換することに尽きるのだから……。言い換えれば、ただで手に入るエネルギーなど存在しないのだ（エネルギー変換については、次講でもっと深く論じる）。

電気を運動に変換するには

すでに運動を電気に変換する方法は学んだので、今度はその逆を行く方法について、すなわち電気を運動に変換する方法について考えてみよう。自動車メーカーは今ようやく、そういうことのできる電気自動車の開発に何十億ドルも費やすようになっており、どのメーカーも電気自動車用の効率的で強力な電気モーターの発明に取り組んでいる。では、モーターとはなんだろうか？　電気エネルギーを運動に変換する機器だ。どのモーターも、一見単純でありながら実際にはかなり複雑な原理に依拠している。すなわち、導線でできた（電流が流れている）導電コイルを磁場内に置くと、コイルが回転しようとするという原理だ。回転の速度はさまざまな要因に左右される。例えば、電流の強さ、磁場の強さ、コイルの形状などだ。物理学者なら〝磁場が導電コイルにトルクをかける〟と言う。〝トルク〟とは、ものを回転させる力を表わす用語だ。

もし車のタイヤ交換の経験があれば、トルクを容易に思い浮かべられるだろう。ご存じのとおり、タイヤ交換でいちばんむずかしい作業のひとつが、車輪を車軸に固定している大型ナットをゆるめることだ。そういうナットはたいてい非常にきつく締められていて、凍りついているのではないかと感じられることもあるので、ナットにかませたタイヤレバーに渾身の力を加えなくてはならない。タイヤレバーの持ち手が長いほど、トルクも大きくなる。並はずれた長さの持ち手なら、ボルトをゆるめるのにわずかな労力ですむだろう。パンクしたタイヤをスペアタイヤに交換したあとナットを締めたいなら、ゆるめたのとは逆の方向にトルクをかける。

もちろん、どんなに懸命に押しても引いても、ナットが少しもゆるまないこともある。そういう場合は、潤滑スプレーを吹きつけてナットがゆるむのをしばし待つか（タイヤ交換を含め多種多様な理由から、車のトランクには潤滑スプレーを常備すべきだ）、あるいはタイヤレバーの腕の部分をハンマーで叩いてみてもいい（ハンマーも常に携行すべきものだ！）。

ここでトルクのややこしい理論に深入りする必要はない。コイルに（電池を使って）電流を流し、そのコイルを磁場に置くと、コイルにトルクがかかって回転しようとするということだけ知っていればいい。電流が強く、従って磁場が強力であるほど、トルクも大きくなる。これが直流（ＤＣ）モーターを支える原理であり、簡易版の直流モーターならきわめて容易に製作できる。

〝直流〟と〝交流〟の違いは精確にはなんだろうか？　電池のプラス極、マイナス極は変化しない（プラスはプラス、マイナスはマイナスであり続ける）。従って、電池を導電線につなぐと電流は常に一方向に流れ、これが直流電流と呼ばれる。ところが、（アメリカの）家庭の三つ穴コンセントの、アース以外のふたつの穴の電位差（電圧）は、周波数六〇ヘルツで入れ替わる。オランダやヨーロッパの大半の国々では、周波数が五〇ヘルツだ。例えば白熱灯や加熱コイルの電線を、アメリカの家庭のコンセントに差し込むと、その電流は周波数六〇ヘルツで（ある方向から逆方向へ）流れを変えるだろう（従って、電流の方向が毎秒一二〇回反転する）。これが交流（ＡＣ）電流と呼ばれるものだ。

モーターを作る

わたしの電気と磁気の講座では毎年、モーター製作コンテストを開催している（このコンテストは、わたしの数年前から、同僚にして友人のウィット・ブサとヴィクター・ウェイスコプフが始めていた）。各学生は以下の簡素な材料の入った封筒を渡される。二メートルの銅の絶縁電線、ゼムクリップふたつ、画鋲二個、磁石二個、小さな木材ひとつ。一・五ボルトの単三乾電池は学生が用意する。どんな道具を使ってもよく、木材を切ったり穴をあけたりしてもよいが、封筒に入っていた材料のみでモーターを組み立てなくてはならない（粘着テープや糊の使用は認められない）。課題は、こういう簡素な素材からできるだけ高速で稼働するモーターを組み立てること（すなわち、毎分回転数《ＲＰＭ》の最高記録を生むこと）だ。ゼムクリップは回転するコイルの支え用、電線はコイル作りに必要であり、磁石はコイルに電池から電流が流れる際にトルクがかかるような場所に設置されなくてはならない。

あなたがこのコンテストに応募し、コイルに電池をつないだとたん、コイルが時計回りに回転し始めたとしよう。ここまではいいのだが、おそらくひどく意外なことに、コイルは回転し続けない。そのわけは、コイルにかかるトルクが半回転ごとに反転するからだ。つまり、トルクの反転が時計回りの回転に逆らうことになり、コイルが一時的に反時計回りに回転し始めるかもしれない。これは明らかにモーターに期待される動きではない。求められるのはただ（時計回りであれ、反時計回りであれ）一方向への継続的な回転だ。この問題は、コイルに電流が流れる方向を半回転ごとに反転させることで解決できる。こうすれば、コイルには常に同じ方向にトルクがかかることになり、従ってコイルはその一方向に回転し続けるだろう。

うちの学生たちはモーターの組み立てにあたり、トルクの反転という避けられない問題に対処しなくてはならず、数人の学生はいわゆる整流器、すなわち半回転ごとに電流を反転させる機器をなんとか組み立てる。しかし、この方法はめんどうだ。幸い、電流を反転させずにすむ、非常に気の利いた簡単な解決策がある。もし電流を（従ってトルクを）半回転ごとにゼロに落とせれば、一回転のうち半回転のあいだはコイルにまったくトルクがかからず、次の半回転のあいだは常に同じ方向のトルクがかかる。その結果、コイルが回転し続けるわけだ。

　わたしは学生たちのモーターの回転数に応じて、毎分一〇〇回転につき成績点を追加で一点、上限二〇点まで与えることにしている。学生たちはこの企画が大好きで、ＭＩＴの学生だけあって、長年のあいだにいくつも驚異的な設計を考案してきた。あなたも挑戦してみたくなっただろうか。ウェブサイトhttp://ocw.mit.edu/courses/physics/8-02-electricity-and-magnetism-spring-2002/lecture-notes の〝Lecture Notes〟一一番のＰＤＦリンクをクリックすれば、指示を読むことができる。

　学生のほぼ全員が、毎分約四〇〇回転程度のモーターならごく簡単に作ることができる。学生たちはどうやってコイルを同じ方向に回転させ続けるのだろう？　まず最初に、導線は完全に絶縁されているので、導線の片端が電池の片側に常に接触した状態にするために絶縁材をこすり落とさなくてはならない。もちろん、導線のどちら側の絶縁材を落としてもかまわない。相当に頭を使わなくてはいけないのは、導線のもう片端をどうするかだ。学生たちが望むのは、コイルが半回転するあいだだけ電流が流れること、言い換えれば、半回転したら回路が切れることだ。だから、導線のもう片端の絶縁材を半分だけこすり落とす。つまり、導線の外周の半分だけむき出しにする。（半回転ごとに）電流が止まっているあいだ、コイルはトルクがかかっていなくても回転し続ける（半回転程度なら、コイルを止めるほどの摩擦は生じない）。ちょうどよい具合に絶縁材をこすり落とし、また導線の端のどちらの半分をむき出しにするかを見きわめるには試行錯誤を要するが、前述のとおり、ほぼひとり残らず毎分四〇〇回転を達成する。ちなみに、わたしが作ったモーターも毎分四〇〇回転程度で、これを大きく超える数値を達成できたことは一度もない。

のちに、一部の学生たちがわたしの問題点を教えてくれた。コイルが毎分数百回転を超える速度で回転し始めると、支え（ゼムクリップ）の上で振動し始めるせいで、回路が頻繁に切れ、それゆえトルクを遮断してしまうのだ。だから、頭の切れる学生たちは、小さく切った導線二本でコイルの両端をゼムクリップに留めつつも、摩擦をほとんど生じさせずにコイルを回転させられる方法を突き止めていた。その微調整のおかげで、驚くなかれ、毎分四〇〇〇回転を達成したのだ！

そういう学生たちは、創意工夫の才に恵まれている。学生たちのモーターの回転軸は、ほぼどれも地面と水平だ。しかし、ある学生は、コイルの回転軸を地面と垂直にしたモーターを組み立てた。この史上最も優秀なモーターは、なんと毎分五二〇〇回転を成し遂げた。これが一・五ボルトのちっぽけな電池一個で作動していることを思い出してほしい！　コンテストに勝ったその学生のことはよく覚えている。一年生だったその若者は、授業のあとで教壇のわたしのところに来て言ったものだ。「あのう、ルーウィン教授、簡単ですよ。一〇分もあれば教授に毎分四〇〇〇回転のモーターを作ってさしあげます」。そして、わたしの目の前で作業にとりかかった。

しかし、誰もがそういうレベルのものを作り出そうとする必要はない。ほんの数分で、もっと少ない部品で作れるような単純なモーターがある。材料はアルカリ電池一個、銅の短い導線一本、乾式壁ねじ（または釘）一本、小さいボタン型磁石一個だ。これは〝同極モーター〟と呼ばれるもので、このサイト（www.evilmadscientist.com/article.php/HomopolarMotor）に製作の手順と、作動中のモーターの動画が掲載されている（もし毎分五〇〇〇回転を超える作品ができたら、ご一報を）。

磁力で空中浮揚を実現する

モーター製作コンテストとはまるで異なる意味で、しかし同じくらい楽しいのが、わたしが授業で直径約三〇センチメートルの電気コイルと金属の導体板で行なう公開実験だ。コイルを通過する電流が磁場を生み出すことは、もうご存じだろう。コイル中の電流が交流電流（AC）なら〝交流磁場〟が生まれる（電池で作り出される電流は直流電流であることを思い出そう）。講堂に引いてある電気は、アメリカの至るところと同じく、周波数六〇ヘルツの交流電流なので、コイル中の電流は一二〇分の一秒ごとに反転する。こういうコイルを金属の導体板に直接載せると、（わたしが外部磁場と呼ぶ）変化する磁場が導体板を通り抜け、ファラデーの法則に従って、この変化する磁場が導体板に電流を流れさせる。これを〝渦《うず》電流〟と呼ぶ。そして今度は渦電流が、変化する磁場を独自に生み出す。こうして、ふたつの磁場が生じる。すなわち、外部磁場と、渦電流によって生み出される磁場だ。

六〇分の一秒サイクルの約半分のあいだ、ふたつの磁場の向きが正反対になるので、コイルは導体板にはねつけられ、もう半分のあいだは磁場が同じ向きになるので、コイルは導体板に引き寄せられる。そうして、かなりとらえがたく、ここで論じるにはあまりに専門的な理由から、コイルには最終的に反発力が生じ、その力はコイルを空中浮揚させるほど強い。ウェブサイトhttp://videolectures.net/mit802s02_lewin_lec19/ の動画の四四分二〇秒あたりで、そのようすを見ることができる。

この力を利用することで人を空中浮揚させられるはずだとにらんだわたしは、授業で奇術師のごとく女性を宙に浮かべようと心に決めた。大型のコイルをこしらえ、その上に女性を寝かせて、空中に浮かべるというやりかたで……。そこでわたしと友人の（物理学科実演スタッフの）マルコス・ハンキンとビル・サンフォードは、大型コイルにじゅうぶんな電流を流すべく奮闘したが、毎回ブレーカーを落とすだけに終わった。それで、ＭＩＴの施設課に電話をし、自分たちに必要なもの――数千アンペアの電流――を伝えると、げらげら笑われた。「そんな大電流を提供するには、ＭＩＴ全体を設計し直さなきゃいけませんよ！」と。無念きわまりなかった。すでにわたしのもとには、空中浮揚を志願する女性たちからのメールが殺到していたからだ。わたしは全員に断りの返事を書かなくてはならなかった。しかし、そんなことにひるむわたしたちではなかったことが、前述の動画の四七分三〇秒あたりからの実験のようすでおわかりいただけるだろう。わたしは約束を果たした。実験台の女性の体重が、じつは、もともと想定していたよりはるかに軽かったおかげで。

磁力を使った高速鉄道

女性の空中浮揚という試みは、かなりすてきな――そして、滑稽な――公開実験を生んだが、磁気浮上にはもっと意外で、はるかに有用な応用法が山ほどある。それは世界で最も低温かつ高速の、最も環境を汚さない輸送装置を可能にする新技術の土台なのだ。

たぶんあなたも、高速の磁気浮上式鉄道《マグレブ》の話を耳にしたことがあるだろう。多くの人たちがマグレブに心から魅了されてしまうのは、目に見えない磁力という不可思議な力と、このうえなく優美な、空気力学にのっとった現代的な設計とを合体させた、極端な速さの乗りものという印象を与えるからだ。あなたは〝マグレブ〟(maglev) が〝磁気浮上〟(magnetic levitation) を意味することは知らなかったかもしれないが、磁極どうしを近づけると、互いに引き寄せ合うか反発し合うことは承知しているだろう。マグレブを支えるすばらしい着想とは、磁極の引き寄せる力、あるいは反発する力を制御する方法が見つかれば、列車を軌道上に浮揚させ、さらには高速で引っ張ったり押したりできるはずだというものだ。電磁吸引支持（ＥＭＳ）方式で稼働するタイプのマグレブでは、車両側の電磁石が磁気吸引力（磁気の引き寄せる力）によって車両を浮かせる。ＥＭＳ方式の車両からはＣ型のアームが伸びている。アームの上部は車両に取り付けられ、一方軌道の下に入り込むアームの下部には磁石が上向きに付いていて、それが強磁性素材でつくられた軌道に引き寄せられることで車両を持ち上げる。

車両が軌道にくっつかないようにしたいのだが、吸引力はもともと不安定なものなので、車両が確実に軌道からちょうどよい距離を保つようにするためには、複雑な制御システムが必要であり、車両と軌道との距離をなんと三センチ未満に保たなくてはならない。車両の推進力は、複数の電磁石のスイッチが同期しながら入ったり切れたりするシステムによって、車両を前方に〝引っ張る〟ことでもたらされる。

電磁誘導浮上支持（ＥＤＳ）という名で知られるもうひとつの支持方式は、〝超電導体〟と呼ばれる優れた道具を用いつつ、磁気反発力を利用する。超電導体という物質を非常に低温に保つと、電気抵抗が生じない。そのおかげで、超電導素材でつくった過冷却コイルは、微小な電力で非常に強力な磁場を発生させる。さらに驚異的なのが、超電導磁石に〝磁気トラップ〟のような働きがあることだ。超電導磁石に普通の磁石を近づけると、引力と超電導体の相互作用で、磁石とのあいだに一定の距離が保たれる。その結果、超電導磁石を使うマグレブはおのずとEMS方式よりずっと安定性が高い。もし超電導磁石と普通の磁石をくっつけようとしたり、引き離そうとしたりすれば、きわめて困難であることがわかるだろう。両者は互いに同じ距離を保とうとするはずだ（磁石と超電導磁石の関係を実演する秀逸な短い動画がある。http://www.youtube.com/watch?v=nWTSzBWEsms）。

底部に普通の磁石の付いた車両が、超電導磁石を設置した軌道に接近しすぎると、徐々に強まる反発力が車両を押し返す。車両が軌道から離れすぎると、引力が車両を引き戻し、軌道前方に進ませる。その結果、車両は平衡を保ちつつ浮揚する。車両の前進にもほとんど反発力のみを使うので、EMS方式より簡単だ。

どちらのやりかたにもそれぞれ一長一短があるが、両者とも従来の列車の車輪に生じる摩擦という問題――車輪の摩耗のおもな原因――を事実上なくすと同時に、はるかになめらかで、静かな、そして何より高速の走行を可能にしている（ただしどちらも、列車の速度に伴ってどんどん増していく空気抵抗という問題に対処しなくてはならない。そういう理由から、マグレブの車両は空気力学を考慮した流線型の設計になっている）。EMS方式を採用し、二〇〇四年に開業した《上海トランスラピッド》は、上海市内から空港までの約三〇キロメートルを約八分で走行し、平均時速は（二〇〇八年の記録で）約二二四～二五一キロだが、最高時速約四三一キロの能力を有し、世界の高速鉄道の中でも最速を誇る。YouTube（www.youtube.com/watch?v=weWmTldrOyo）で、《上海トランスラピッド》のメーカーが制作した短い動画を見ることができる。マグレブの最高速度記録は、日本のＪＲ式マグレブの実験線で出された時速五八一キロだ。www.youtube.com/watch?v=VuSrLvCVoVk には、日本のマグレブについての短い動画がある。

磁気浮上の技術を取り上げた愉快で有益なＹｏｕＴｕｂｅの動画はたくさんある。www.youtube.com/watch?v=rrRG38WpkTQ は、少年が磁石六個と粘土の小さな塊で、鉛筆を回転させながら浮上させるもので、自宅で簡単に再現できる実演を取り上げている。また、超電導体を利用した列車の動画（www.youtube.com/watch?v=GHtAwQXVsuk）もご覧あれ。模型の列車が軌道上を疾走するようすが見られ、理論を解説するちょっとしたアニメーションまで収録されている。

けれども、わたしのいちばん好きな磁気浮上の実演は、《レビトロン》という商品名で知られる浮遊する不思議な小さな独楽《こま》だ。www.levitron.com で多様なデザインの製品が見られる。わたしのオフィスにある初期版は、あまたの訪問客を楽しませてきた。

マグレブのシステムには、純然たる環境面での利点がある。電気をかなり効率的に使い、温室効果ガスを排出しないことだ。しかし、その利点はただでは得られない。マグレブの軌道の大半は既存の線路と互換性がないので、システムの構築に多額の初期資本を要し、今のところそのせいで営業運転の普及が妨げられている。たとえそうであっても、この惑星を温暖化で台なしにしたくなければ、わたしたちの未来には、現在使っているものより効率的で環境を汚さない大量輸送システムの開発がどうしても欠かせない。

マクスウェルの並外れた偉業

ジェームズ・クラーク・マクスウェルは史上最も重要な物理学者のひとりで、おそらくニュートンやアインシュタインに次ぐ存在だと、多くの物理学者が考えている。マクスウェルは、土星の環《わ》の分析から、気体のふるまいや熱力学や色彩理論の探究にいたるまで、物理学分野の信じがたいほど広範な領域に貢献した。しかし、中でも感嘆させられる業績は、電気と磁気の特徴を述べて両者を関係づける四つの方程式を導き出したことで、それはやがて〝マクスウェルの方程式〟として知られるようになった。この四つの方程式は単純そのものに見えるが、根拠となる数学はかなり複雑だ。しかし、もしあなたが積分と微分方程式を操れるなら、ネット上でわたしの講義の動画を視聴してみるか、検索を行なうことで、詳しく学ぶ値打ちはある。ここでは本書の目的に沿うよう、マクスウェルの成し遂げたことを平易な用語で解説しよう。

何よりもまずマクスウェルは、電気と磁気というふたつの現象が、異なる顕われかたをする同一の現象——すなわち、電磁気——であると示すことで、電気と磁気の理論を統合した。四つの方程式は、ある非常に重要な点を除いてはマクスウェル独自の〝法則〟や発明ではなく、複数の形ですでに存在していた。マクスウェルが成し遂げたのは、それらをいわゆる〝完全な場の理論〟でひとつにまとめることだった。

マクスウェルの第一の方程式はガウスの電気の法則を表わし、電荷と、電荷が作り出す電場の強さや分布との関係を説明している。また、ガウスの磁気の法則を表わす第二の方程式は、四つの方程式の中で最も単純でありながら、複数のことを同時に語っている。すなわち、磁気《じき》単極子《たんきょくし》【訳注：N極またはS極のみを有する磁石】というものは存在しないと言っている。磁石が常にN極とS極を有するのに対し（これを〝双極子〟と呼ぶ）、電気は複数の電気単極子を許容する（電気単極子は、正電荷の粒子または負電荷の粒子だ）。もし磁石をふたつに割っても（ちなみにわたしは冷蔵庫に磁石を山ほど貼っている）、それぞれのかけらにN極とS極ができるし、一万個に砕いても、どのかけらにもN極とS極ができる。つまり、片方に磁気上のN極のみが、もう片方に磁気上のS極のみができることはありえない。ところが、（例えば、正の）電荷を帯びた物体をふたつに割ると、どちらのかけらも正の電荷を帯びたものになりうる。

ここから、話がじつにおもしろくなる。第三の方程式はファラデーの法則、すなわち、変化する磁場がどういうふうに電場を生み出すかを表わす。この方程式が、先ほど論じた発電機の理論的土台としてどう役立つかはおわかりだろう。最後の方程式は、マクスウェルがアンペールの法則を重要な意味で修正したものだ。もともとのアンペールの法則は、電流が磁場を発生させることを示していた。しかし、マクスウェルは方程式の作成にあたって改良を加え、変化する電場が磁場を作り出すことを示すようにした。

マクスウェルは四つの方程式を駆使することで、何もない空間を伝わる電磁波の存在を予言した。しかも、電磁波の速度まで計算できた。そうして、電磁波の速度が光速に等しいという、とても衝撃的な結果を得た。言い換えれば、マクスウェルは光そのものが電磁波でなくてはおかしいと結論づけたのだ！

こういう科学者たち――アンペール、ファラデー、マクスウェル――は、自分たちが物理学の全面的な改革をなそうとしていることを知っていた。一世紀にわたって研究者たちが真剣に電気を理解しようとしてきたが、今やマクスウェルたちが次々に新しい世界を切り拓いていた。わたしは時折、彼らは興奮のあまり眠れなくなったりしなかったのだろうかと案じる。

マクスウェルの方程式は、それが一八六一年にまとめた内容ゆえに、まさに一九世紀の物理学の最高峰であり、ニュートン以後アインシュタイン以前の全学識中の白眉であることは間違いない。そして深遠な発見の例にもれず、科学の基礎理論の統合を試みるさらなる努力の方向性を示した。

マクスウェル以降、物理学者たちは自然界の四つの基本的な力を統合する単一の理論を開発しようと、途方もない努力を重ねてきた。四つの力とは、電磁気、強い核力、弱い核力、引力だ。アルバート・アインシュタインは晩年までの三〇年間を費やして、のちに〝統一場理論〟として知られるようになったやりかたで電磁気と引力を合体させようという、未完に終わった研究に取り組んだ。

統合への模索は、今も続いている。アブドゥス・サラム、シェルドン・グラショー、スティーヴン・ワインバーグは、電磁気と弱い核力を〝電弱力《でんじゃくりょく》〟として知られるものに統合した功績で、一九七九年にノーベル物理学賞を受賞した。そして、あまたの物理学者たちが電弱力と強い核力とを、〝大統一理論（グランド・ユニファイド・セオリー）〟、頭字語で〝GUT〟と呼ばれる理論で統合しようと試みている。このレベルの統合が成し遂げられれば、マクスウェルに匹敵する超弩級の業績となるだろう。そして、もしもなんらかの方法で、どこかで、とある物理学者が引力をGUTと結びつけることで〝万物の理論〟と多くの人が呼ぶ理論を作り出したら……そう、物理学における聖杯中の聖杯となるだろう。〝統合〟とは、かくも人を引きつけてやまない夢なのだ。

だからこそ、わたしの電気と磁気の講座では、完全なる美しさと簡潔さの中にあるマクスウエルの方程式をすべて学び終えると、講堂じゅうに方程式を映し出し、この重要かつ画期的なできごとを、学生たちに花を渡すことでともに祝う【訳注：http://video.google.com/videoplay?docid = 2266798550342930962 の四八分五〇秒以降でこの模様が観られる】。最終講まで少々お待ちいただけるようであれば、この話題についてもっとお話ししよう。

Energy Conservation
—*Plus ça change . . .*

第9講
エネルギー保存の法則

振り子に付けた一五キロの鉄球は、
反対側のガラスを粉々に砕く。
その同じ鉄球を今度はわたしが標的になって離してみる。
向こうに振り切った鉄球は、
ものすごいスピードでわたしの顎《あご》めがけて駆け上がってくる。
なぜその鉄球はわたしの顎を砕かないか?

この数十年にわたしが手がけてきた中で最も人気を博している授業のひとつは、命の危険を冒して、建物解体用鉄球が通る軌道上にわたしの頭を置く実演だ――いや、正確に言うなら建物解体用鉄球のミニチュア版だが、かなりの殺傷力があることに変わりはない。解体業者が使う鉄球は、一トンほどもある球形の錘《おもり》というか巨大な鉄の玉だが、わたしが使う鉄球の重さは一五キロだ。わたしは教壇の端に立って頭を壁につけ、両手で錘を持って顎の下に当てる。どんな些細な力であれ、押したり突いたりしないよう、細心の注意を払わなくてはならない。少しでも力を加えたら、わたしは間違いなくけがをするだろう。へたをすると、命を落とすかもしれない。気が散らないよう、学生たちには、音をたてないでくれと、ときには、少しのあいだ息を止めてくれと頼んでいる――さもないと、これがわたしの最後の講義になるかもしれないからだ。

正直な話、この実演を行なうときはいつもだが、鉄球がこちらに向かって戻ってくるとき、アドレナリンが体内を駆けめぐる。物理の力が救ってくれると確信しながらも、顎すれすれまで鉄球が上がってくると、じっと立っているのがいつも不安になる。本能的に、わたしは歯を食いしばる。じつを言えば、目も閉じてしまう！　なぜ、とあなたは尋ねるかもしれない——なぜ、そこまでしてこの実演をやろうとするのか、と。それは、物理学のあらゆる学識の中で、最も重要な概念のひとつであるエネルギー保存の法則に、絶大な信頼を置いているからだ。

　わたしたちの世界のめざましい特質のひとつとして、ある形のエネルギーが別の形へ、そしてまた別の形へ、さらにまた別の形へ変わり、ときには巡り巡って元の形へ戻るという理《ことわり》がある。エネルギーは変移するが、失われることも得られることもけっしてない。事実、この変移は絶えず起こっている。あらゆる文明——わたしたちの文明だけでなく、技術が未発達の文明も含めて——は、多様なありかたでこの過程に依存している。最も著しいのは、食とわたしたちとの関係だ。食物の化学エネルギーは、ほとんどが炭素に蓄えられ、アデノシン三燐酸（ＡＴＰ）と呼ばれる化合物に変換される。そして、このＡＴＰに蓄えられるエネルギーを使って、わたしたちの細胞がさまざまな種類の働きをするのだ。キャンプファイアでたきぎを燃やすときにも、これが起こる。つまり、木や炭に蓄えられた化学エネルギー（炭素はそれぞれに酸素と結びつく）が熱と炭酸ガスに変わるわけだ。

　弓から放たれた矢が空中を飛ぶのも、同じ理によるものだ。弦を引いたときに、位置《ポテンシャル》エネルギーが運動エネルギーに変わり、矢を前方に飛ばす。銃においては、火薬の化学エネルギーが運動エネルギーに変換され、ガスを急速に膨張させて、銃身から弾丸を押し出す。自転車をこぐとき、ペダルを押すエネルギーは、朝食や昼食の化学エネルギーに端を発し、体がそれを違う形の化学エネルギー（ＡＴＰ）に変換する。次いで、筋肉が化学エネルギーの一部を、筋肉を縮めたり伸ばしたりする機械エネルギーに変換し、ペダルを押すことを可能にする。車のバッテリーに蓄えられた化学エネルギーは、イグニション・キーを回せば、電気エネルギーに変換される。シリンダーに送られたある程度の電気エネルギーが、ガソリン混合気に火をつけ、ガソリンが燃えることで放出された化学エネルギーを放出する。そのエネルギーが今度は熱に変換され、シリンダー内のガス圧を大きくし、順繰りにピストンを押す。これらがクランク軸を回転させ、その伝動装置がエネルギーを車輪に送り、車輪を回転させる。わたしたちが車を動かすことができるのは、この驚くべき過程を通して、ガソリンの化学エネルギーが役割を果たしているからだ。

ハイブリッド・カーの場合は、この過程を部分的に逆にたどる。車の運動エネルギーの一部が——ブレーキを踏むと——バッテリーに蓄えられた電気エネルギーに変換され、電気モーターを動かすのだ。重油火力溶鉱炉では、重油の化学エネルギーが熱に変換され、それが加熱装置内の水の温度を上げ、次には、ポンプがラジエーターを通して水を押し出す。ネオンサインは、電荷の運動エネルギーがネオン・ガスの管を通り抜けて、可視光線に変換される。

応用例はざっと見渡しても果てしない。原子炉では、ウラン核やプルトニウム核に蓄えられる核エネルギーが熱に変換され、それが水を水蒸気に変え、水蒸気がタービンを動かして、電気が発生する。化石燃料——石油やガソリンだけでなく、石炭や天然ガスも——に蓄えられた化学エネルギーは熱に変換され、発電所の場合なら、最終的に電気エネルギーに変換される。

エネルギーは変換される

エネルギー変換の不思議は、電池を作ることでたやすく目撃できる。電池にはじつに多くの種類がある。従来型の車やハイブリッド・カーのバッテリーから、コンピューターの無線マウスや携帯電話を作動させる電池まで。意外かもしれないが、馬鈴薯《ばれいしょ》（じゃがいも）、一セント銅貨、亜鉛メッキの釘、銅線二本（それぞれ、両端を一センチほど削り絶縁した一五センチほどの長さのもの）があれば、誰でも電池が作れる。釘の先端を馬鈴薯のかなり奥深くまで刺し、反対側に切り込みを入れて、そこに一セント銅貨を差し込む。一本の銅線の片端を釘に留め（あるいは、釘の頭に巻きつけ）、もう一本の銅線の端を、銅貨の上に置くか、切れ込みに押し込むかして、銅貨に接触させる。二本の銅線の反対側の端をクリスマス・ツリーの豆電球の導線につないでみよう。ほのかに光が明滅するはずだ。おめでとう！　こういうからくりはＹｏｕＴｕｂｅで何十となく見ることができる。試してみるといい。

言うまでもなく、エネルギーの変換はわたしたちの身の周りで絶えず起こっていて、なかには他と比べて顕著な変換も存在する。きわめて反直観的な例として、重力位置エネルギーと呼ばれるものがある。わたしたちは概して、静止物にエネルギーがあるとは考えないが、実際にはあるのだ。かなり大きく働く場合もある。重力は常に物体を地球の中心へ引っ張ろうとするので、どんな物体であれ、ある高さから落とせば速度を増す。その際、重力位置エネルギーを失うが、運動エネルギーを得る――エネルギーは失われず、また創り出されもしない。これはゼロサム・ゲームなのだ！　質量ｍの物体が垂直方向にｈ落下すれば、その位置エネルギーはｍｇｈ（ｇは重力加速度で、約九・八メートル毎秒毎秒）に相当するぶん減少するが、運動エネルギーは同じ値だけ増加する。その物体を垂直方向に上へｈ動かせば、重力位置エネルギーがｍｇｈのぶんだけ増加するので、人はそのエネルギーを生み出さなくてはならない（つまり、仕事をしなくてはならない）。

一キログラムの質量の本が床上二メートルの本棚にあるとしよう。それが落下すれば、その重力位置エネルギーは一×九・八×二＝一九・六ジュール減少するが、本が床に触れた瞬間の運動エネルギーは一九・六ジュールとなる。

重力位置《ポテンシャル》エネルギーとは、よくも付けられた名前だと感心する。こう考えてみよう。わたしが床から本を拾い上げて本棚に置けば、その仕事に一九・六ジュールのエネルギーが投じられる。このエネルギーは失われたのだろうか？　そんなことはない！　本は床から二メートルの高さにあるのだから、そのエネルギーを運動エネルギーの形でわたしに返す〝潜在力《ポテンシャル》〟を有している——翌日であろうと、翌年であろうと、わたしがそれを床に落とすそのときに！　本の位置が高くなるに従って、〝潜在的に《ポテンシャル》〟有効なエネルギーの量は増すが、もちろん、わたしはその高さのぶんだけエネルギーを余計に生み出さなければならない。

同様に、矢を放ちたければ、あなたは弓の弦を引くだろうが、それにもエネルギーが要る。その弓に蓄えられたエネルギーは〝潜在的に《ポテンシャル》〟有効であり、あなたが選んだ瞬間に、位置《ポテンシャル》エネルギーが運動エネルギーに変換され、矢に速度を与えるのだ。

なぜ鉄球はわたしの顎を砕かないか

さて、ここに単純な方程式がある。これを使って、とてもすばらしいものをお見せしよう。ほんの少し数学の話を我慢してくれれば、ガリレオの最も有名な（非）実験がなぜうまく働くかがわかるだろう。思い出してほしいのだが、ガリレオは異なる質量（従って異なる重量）のボールをピサの斜塔から落として、落下時間が質量の大きさとは無関係であることを示したと言われていた。それを引き継いだのが、動く物体の運動エネルギー（KE）は物体の質量と速度の二乗の両方に比例するというニュートンの運動の法則だ。方程式で表わすと、$KE=\frac{1}{2}mv^2$。物体の重力位置エネルギーの変化が運動エネルギーに変換されるのだから、mghは、$\frac{1}{2}mv^2$に等しい。よって、方程式$mgh=\frac{1}{2}mv^2$が成り立つ。両辺をmで割れば、mは完全に消え、$gh=\frac{1}{2}v^2$となる。次に、分数を消すために、両辺に2を掛けると、$2gh=v^2$すなわち、ガリレオが実験していた速度vは、*2ghの平方根に等しい。さあて、質量が完全に方程式から消えていることに注目！　文字どおり、mは因子とはならず、速度が質量に影響されることはない。具体的な例を示そう。仮に一〇〇メートルの高さから（任意の質量の）岩を落としたとする。空気抵抗を無視すれば、毎秒約四五メートル、すなわち毎時約一六〇キロの速さで地面に衝突する。

では、（任意の質量の）岩を数十万キロの上空から地面に落とすところを想像しよう。地球の大気圏には、どれほどの速度で突入するだろう？　残念ながら、速度を2ｇｈの平方根とする右記の簡単な方程式は使えない。重力加速度は地球への距離に大きく依存しているからだ。月ぐらいの距離（約三八万四四〇〇キロメートル）から地球への重力加速度は、地球の表面近くに比べると三六〇〇分の一しかない。数式を見せられないので、信じてもらうしかないが、なんと時速四万キロほどでその岩は大気圏に突入する！

天文学上、重力位置エネルギーがいかに重要であるか、あなたにももう理解できるだろう。第13講でも論じるが、物質が遠く離れたところから中性子星に落ちれば、秒速およそ一五万キロで衝突する。そう、秒速だ！　質量たった一キログラムの岩であったとしても、衝突時の運動エネルギーは約一京三〇〇〇兆（13×10^{15}）ジュールとなり、おおよそ大規模（一〇〇〇メガワット級）発電所が半年間で産出するエネルギー量に匹敵する。

　異なる種類のエネルギーが相互に変換され、ふたたび元に戻ることがあるという事実はじゅうぶん注目に値するが、もっと劇的なのは、エネルギーの純損失が絶対に生じないという点だろう。絶対にだ。すばらしい。建物解体用の鉄球がけっしてわたしの命を奪わなかったのも、この理由による。

　垂直距離hの高さにある顎の真下まで、一五キログラムの鉄球を持ち上げるとき、わたしは鉄球の重力位置エネルギーをmgh増加させる。手を放すと、鉄球は重力による振動を開始し、mghは運動エネルギーに変換される。ここで言うhとは、わたしの顎から、ひもの端に結んだ錘《おもり》の最低位置までの距離だ。鉄球が軌道の最低点に達すると、その運動エネルギーはmghになる。鉄球が弧を描き終わり、振動の上限まで来ると、運動エネルギーはふたたび位置エネルギーとなる――従って、振動のまさに最高点で、鉄球が一瞬止まる。運動エネルギーが尽きれば、動きはなくなるからだ。しかし、それはほんの一瞬で、すぐに鉄球は反対向きの振動を始め、位置エネルギーがまたもや運動エネルギーに変換される。この運動エネルギーと位置エネルギーの和を、力学的エネルギーと呼ぶ。摩擦（この場合は、錘にかかる空気抵抗）を無視すれば、力学的エネルギーの総量は変わらない――保存されるのだ。

　つまるところ、鉄球は放たれた点より高く上がることはない――軌道のどこかで余分なエネルギーが加えられないかぎりは。空気抵抗はわたしの安全クッションだ。振り子の力学的エネルギーのごく少量が空気抵抗に吸収され、熱に変換される。その結果、錘はわたしの顎のわずか三ミリ手前で止まる。このようすは、〈物理八・〇一第一一講〉のビデオでご覧いただける（この本の帯の写真にもある）。妻のスーザンはこの実演を三回見ているが、毎回、体が震えるという。何度も練習するのかと、ときどき尋ねられるが、わたしはいつも真実の答えを返す――練習する必要などありませんよ。エネルギー保存の法則を信じていますからね。ええ、一〇〇パーセント。

しかし、鉄球を放すとき、ほんの少しでも力を加えるようなこと――例えば、うっかり咳をして、思わず鉄球を押してしまうとか――をしたら、錘は放した位置よりやや高い点まで戻り、わたしの顎を砕くにちがいない。

＊　自分でこの方程式を使うときは、ｇには九・八を当てはめ、ｈの単位はメートルに、従ってｖはメートル毎秒にすること。ｈが（床上）一・五メートルなら、物体は秒速約五・四メートル、つまり時速約二〇キロメートルで床にぶつかることになる。

ジュールの実験

エネルギー保存の法則の大部分は、一九世紀半ば、イギリスの酒造業者の息子ジェームズ・ジュールの研究によって発見された。ジュールの研究は、エネルギーの本質を理解するうえでとてつもなく重要だったので、エネルギーを測る国際単位はその名にちなんで〝ジュール〟とされた。ジュールは一五歳のとき、父親の意を受けて、兄とともに有名な実験科学者ジョン・ドルトンに師事した。ドルトンがよき師であったことは間違いない。家業を継いだジュールは、酒造工場の地下で数々の画期的な実験を行ない、電気、熱、力学的エネルギーの特性を独創的な方法で探った。その発見のひとつに、電流は導体の中に熱を生むというものがある。ジュールは、電流の流れるさまざまな種類の金属導線を水が入った瓶の中につけ、温度の変化を調べて、これを発見した。

ジュールは、熱はエネルギーのひとつの形であるという根本的な洞察を得たが、これは長年にわたって広く受け入れられてきた熱の概念に反するものだった。熱は一種の流体と考えられ、〝熱素《カロリック》〟――現代の用語カロリーはこの言葉に由来する――と呼ばれていた。流体熱は高濃度から低濃度の領域に流れ、熱素はけっして創られも壊されもしないというのが、当時の通念だった。ジュールは、しかし、熱がさまざまな方法で生じ、どうやら異なる性質を備えているらしいことに注目した。例えば、滝を研究して、滝口より滝壺の水温のほうが高いことを発見し、滝口と滝壺間の重力位置エネルギーの差異が熱に変換されたという結論を出した。さらにまた、羽根車で水をかき回すと――ジュールが行なったとても有名な実験だ――水温が上がるという観察結果から、一八八一年、羽根車の運動エネルギーが熱に変換されるというきわだって的確な推論を導き出した。

この実験で、ジュールは、水を満たした容器内にひと組の羽根車を沈め、錘《おもり》をぶら下げたひもで滑車につなげた。錘を下げると、ひもが羽根車の軸を回し、水中の羽根車が回転する。少し専門的に言うなら、ひもをつけた質量mを、距離hぶんだけ下げたのだ。位置エネルギーの変化はmghとなり、巧妙な仕掛けが、それを羽根車の回転（運動）エネルギーに変換し、その回転エネルギーが水を温めた。左に図示しておこう。

この実験装置はじつに精巧にできており、ジュールは水に移るエネルギーの精確な数値――つまりはmghに等しい値――を算出することができた。水の抵抗で羽根車が速く回転できないため、錘はゆっくりと下がった。従って、錘が地面に触れたときの運動エネルギーはごくわ

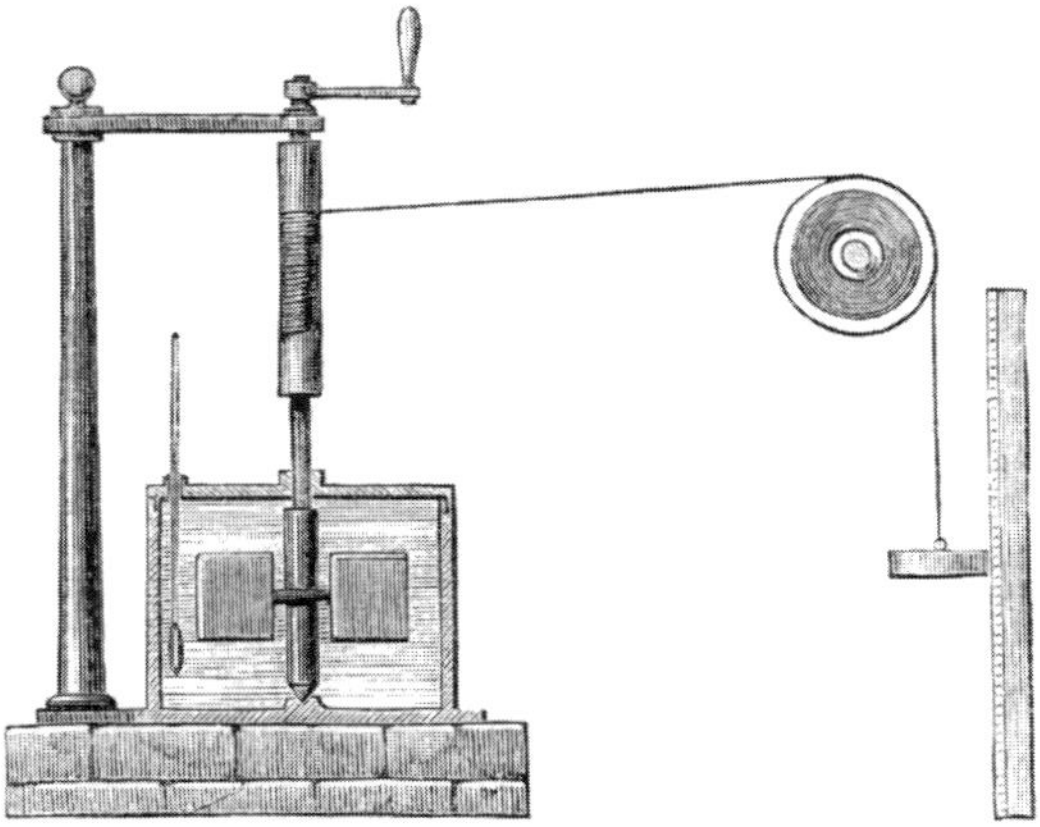

ずかだった。このようにして、有効な重力位置エネルギーすべてが水に移された。

一ジュールとはどれぐらいの大きさなのだろう？　一キログラムの物体を〇・一メートル（一〇センチメートル）落とせば、その物体の運動エネルギーはmgh増加する。それが約一ジュールだ。たいして大きくなさそうだが、ジュールは瞬く間に上昇する。時速一六〇キロメートルでボールを投げるために、大リーグの投手は約一四〇ジュールのエネルギーを必要とするが、それはりんご一四キロぶんをまるまる一メートル持ち上げるエネルギーに等しい（簡便のため、gには一〇メートル毎秒を使った。物理界ではおなじみの概算法だ）。

一四〇ジュールの運動エネルギーがまともにぶつかってきたら、あなたは命を落としかねない。ただし、そのエネルギーが瞬時に、なおかつ集約された形で放たれた場合に限る。もしエネルギーが一時間か二時間かけて広がったなら、あなたは気づきさえしないだろう。また、そのジュールの全部が枕の中で放たれれば、いくら強くぶつかられても、命を奪われることはないだろう。しかし、弾丸とか、岩、野球ボールなどにぎゅっと詰め込まれたジュールが、ほんの一瞬に襲いかかってきたら？　話はまったく違ってくる。

ここで、建物解体用の鉄球に戻ろう。あなたが、一〇〇〇キログラム（一トン）の建物解体用の鉄球を垂直に五メートル落とすと仮定する。五万ジュールの位置エネルギー（ｍｇｈ＝一〇〇〇×一〇×五）が運転エネルギーに変換される。これは強烈な一撃で、ごく短い時間に放出されればなおさらだ。運動エネルギーの方程式を使うと、速度の問題も解決できる。鉄球の軌道のいちばん下の点では、移動速度が毎秒約一〇メートル（毎時三六キロメートル）となり、一トンの鉄の玉としてはきわめて速い。この種のエネルギーを実感したければ、www.lionsdenu.com/wrecking-ball-vs-dodge-mini-van/ にアクセスして、驚愕のオンライン・ビデオをご覧あれ。建物解体用の鉄球がマンハッタンの工事区域に入ってきたミニヴァンに衝突し、ヴァンをおもちゃの車みたいに吹き飛ばすところが見られる。

エクササイズをエネルギー消費から考える

生命作用の基本に関わるジュールの量を考察すれば、文明維持に貢献するエネルギー変換の驚くべき偉業を正しく認識できるようになるだろう。例えば、人間の体が一日に約一〇〇〇万ジュールの体熱を発生させていることを考えてみよう。病的な発熱の場合を除けば、人間の体はおよそ三七度の体温で機能し、赤外線の形で、平均、毎秒約一〇〇ジュールの割合で熱を放っている。ざっと見積もって、一日約一〇〇〇万ジュールだ。しかしながら、この熱は気温と体の大きさによって決まる。体格が大きければ、毎秒当たりのエネルギー量も多くなる。この熱と、白熱電球から放射されるエネルギーを比べてみよう。一ワットは、一秒当たり一ジュールの消費に等しいので、一秒当たり一〇〇ジュールは一〇〇ワットに相当し、平均すると、人間は一〇〇ワットの白熱電球と同程度の放熱をしていることになる。人が白熱電球ほど熱く感じないのは、はるかに広い表面積に熱が分配されているからだ。電気毛布の発熱量がたった五〇ワットしかないことを思えば、冬に、電気毛布を使うより誰かといっしょに寝るほうがずっと心地よい理由も、得心が行くだろう。とっくにわかっていたかもしれないが。

エネルギーには、何十種類もの単位がある。空調装置《エアコン》にはＢＴＵ（英国熱量単位《ブリティッシュ・サーマル・ユニット》）、電気にはキロワット時、原子物理学には電子ボルト、天文学者にはエルグ。一ＢＴＵは約一〇五五ジュール、一キロワット時は三・六×10^{6}ジュールに相当し、電子ボルトは一・六×10^{-19}ジュール、一エルグは10^{-7}ジュールだ。エネルギーのとても重要な単位のひとつに、わたしたちにもなじみの〝カロリー〟がある。一カロリーはおよそ四・二ジュール。人間の体は、毎日ほぼ一〇〇〇万ジュールを生み出すのだから、二〇〇〇万カロリー余りを消費していることになる。しかし、そんなことがありうるだろうか？　わたしたちが食べているのは、一日ほんの二〇〇〇カロリーほどだと考えられている。そう、食品のパッケージに記載されているカロリーは、じつはキロカロリー、すなわち一〇〇〇カロリーを意味していて、カロリー（calorie）の〝c〟が大文字になっている場合もある。一カロリーがきわめて小さな単位なので、便宜上そう記されるのだ。一グラムの水の温度を一度上げるのに必要なエネルギー量を一カロリーと言う。それゆえ、一日当たり一〇〇〇万ジュールを放熱するためには、一日でおよそ二四〇〇キロカロリーの食べ物を摂取しなくてはならない。摂取量がそれを大きく上回ると、そう、いつかは代償を支払うはめになる。このあたりの算術にはなかなかきびしいものがあって、多くの人が頭でわかっていても目をそむけようとする。

わたしたちが日々行なうもろもろの身体活動については、どうだろう？　ものを食べるのは、その燃料を得るためでもあるのではないか？　階段を上り下りしたり、家の中を歩き回ったり、掃除機をかけたり……。家事は体力を消耗するから、きっとたくさんのエネルギーを消費しているに違いない。とまあ、そう思いたいところだろうが、ここで意外な事実を公表しよう。ずいぶんがっかりする人もいるかもしれない。わたしやあなたが日々いそしむこの種の活動は、情けないほど少量のエネルギーしか使わないので、摂取カロリーの消費という観点から見ると、完全にすっぽかしてもほとんど影響はない。毎日ジムに通って、激しいエクササイズをこなすという人はべつだが。

三階上にあるオフィスまで、エレベーターを使わずに階段をのぼると想定しよう。階段を使うのは健康的な心がけだと思っている人が多いが、算術的に検証してみるといい。三階ぶんの高さを一〇メートルとして、一日に三回、そこを歩いてのぼるものとする。わたしはあなたの風貌を知らないので、仮にあなたの体重を約七〇キロとしよう。一日に三回、その階段を上がるのに、どれほどのエネルギーが必要だろうか？　もっと心がけをよくして、一日五回ならどうだろう？　三階ぶんを一日に五回——健康のための大決心だ。あなたが生み出すべきエネルギーはmghで、hは一階から四階までの高さ。七〇キログラム（m）と一〇メートル毎秒毎秒（g）と一〇メートル（h）を掛け合わせ、一日五回だから、さらに五を掛けると、答えは——三万五〇〇〇ジュール。この数値と、あなたの体が毎日放出する一〇〇〇万ジュールを比較してみよう。たった三万五〇〇〇ジュールのために、食べる量を少し増やさなくてはならないと思うだろうか？　ばかばかしい。全放出量のわずか〇・三五パーセントにすぎないのだ。それなのに、セールス業者は相変わらず、荒唐無稽な宣伝文句でカロリー燃焼器具の売り込みを仕掛けてくる。けさも、わたしは高級ダイエット商品を特集した通信販売カタログ誌を開き、「普通の日常生活を送りながら、余分なカロリーの燃焼」を図る〝加重装具〟の広告を見つけたばかりだ。腕や脚が重くなる感覚を楽しめる人もいるかもしれない（わたしは遠慮する）し、身に着ければ筋肉は強くなるだろうが、この種の拷問で体重が大幅に減ることは期待しないほうがいい。

賢明な読者なら気づくはずだが、階段を一日五回のぼるのだから、当然ながら同じ回数だけ下りなくてはならない。下りるときには、その三万五〇〇〇ジュールは、筋肉や靴や床に、熱の形となって放出される。もしその高さを一気に跳び下りたら、のぼりで積み上げた重力位置エネルギーのすべてが運動エネルギーに変換され――おそらく骨の一本や二本は折ることになるだろう。というわけで、四階まで歩いてのぼるのに三万五〇〇〇ジュールを必要とする一方で、下りるときにそれを利用可能な形で取り戻すすべはない。ただし、あなたの運動エネルギーを取り込み、それを例えば電気に変換するような優れものの装置を考え出せれば話はべつで、それこそがまさにハイブリッド・カーの原理なのだ。

違う角度から見てみよう。あなたが階段のぼりを実行する時間帯の枠を、一日一〇時間に広げてみる。例えば、午前中に一、二回、午後に二回、最後は夕方に、という感じだ。この一〇時間、すなわち三万六〇〇〇秒間に、あなたが放出するエネルギーは約三万五〇〇〇ジュール。これは、率直に言って、話にならないほど少ない――平均約一ワットだ。これを、あなたの体が通常発する毎秒約一〇〇ジュール、すなわち一〇〇ワットというエネルギー量と比べてみるといい。おわかりだろうが、階段のぼりによって燃焼されるエネルギーは、ほんとうに微々たるものだ。あなたのウエストサイズにはなんの変化も起こらないだろう。

しかし、階段のかわりに標高一五〇〇メートル級の山に登るとしたらどうだろう？　その場合、通常の放出量に加えて、余分に一〇〇万ジュールのエネルギーを生み出し、使わなくてはならない。一〇〇万となると、一〇〇〇万と比べて微々たるものとは言えないだろう。山に登ったあと、あなたは当然ながら空腹感を覚え、ふだん以上の食べ物を心から欲する状態になる。四時間かけて山に登るとすれば、あなたの仕事率（一秒当たりのジュール値）はかなり高く、平均七〇ワットほどに達する。あなたの体は脳に切々たるメッセージを送る――「もっと食べさせてくれ」

通常の一〇〇〇万ジュールより一〇パーセント多く使ったのだから、いつもより一〇パーセント（つまり二四〇キロカロリー）多く食べればいいのだと、あなたは考えるかもしれない。一〇〇万が一〇〇〇万の一〇パーセントにすぎないことは、明々白々ではないか。しかし、たぶん直観的におわかりのように、真相はだいぶ違う。人間の体の食物―エネルギー変換システムは――物理学的に――あまり効率的ではないので、現実には、いつもよりかなり多く食べなくてはならないのだ。平均的な人間の変換効率は、最大で四〇パーセント――つまり、わたしたちは摂取カロリーのせいぜい四〇パーセントしか有用なエネルギーに変換できない。残りは熱として失われる。というより、どこかよそへ行って、エネルギーとして保存される。結論として、山登りの習慣を支える一〇〇万ジュールのエネルギーを余分に生み出すためには、いつもより六〇〇キロカロリー多く食べなくてはならないということになる。ほぼ一日に一食、付け足すようなものだ。

それぞれのエネルギーを考える

わたしたちが日常生活を営むのに必要なエネルギーの総量には、驚愕させられてしまう。わたしが風呂に入りたくなって、湯を沸かすのにどれくらいのエネルギーを要するのかを計算したいと思ったとしよう。とても単純な等式から導き出せる。すなわち、必要なエネルギーの総量をキロカロリーで言うと、水のキログラム数×摂氏での温度変化だ。浴槽に張る水が約一〇〇キログラムで、上昇温度を摂氏約五〇度と仮定すると、熱い風呂を用意するためのエネルギーはおよそ五〇〇〇キロカロリー、または二〇〇〇万ジュールだ。風呂はとても気持ちのいいものだが、たてるにはかなりのエネルギーが必要となる。注目すべきは、アメリカではまだエネルギーがとても安価で、風呂をたてるのにたった一・五ドルくらいしかかからないことだ。二〇〇年前は、たきぎを燃やすことで風呂の湯を沸かしていた。たきぎ一キログラムに含まれるエネルギーは約一五〇〇万ジュールなので、一家庭が風呂一回ぶんのために、一キロの木材からありったけのエネルギーを取り出さなくてはならないことになる。現代の薪ストーブが七〇パーセントの変換効率で燃焼するのに対し、焚き火や二〇〇年前のかまどの、木材から熱へのエネルギー変換はずっと効率が悪いし、長時間かかるので、浴槽の約一〇〇キログラムの湯を沸かすためには、おそらく五〜一〇キログラムの木材を要するだろう。ご先祖様がわたしたちよりずっとまれにしか入浴せず、しかも家族全員で同じ湯を使ったのも無理はない。

家庭のエネルギー使用量を実感するのに役立つ数字をいくつか挙げてみよう。暖房器具はおよそ一〇〇〇ワット、つまり一時間のうちに費やされるエネルギーは約三六〇万ジュール、電気量を測る通語で言うと一キロワット時だ。寒冷地の電気暖房機は、およそ二五〇〇ワットを使う。窓用エアコンが一般に一五〇〇ワットを使うのに対し、セントラル方式の空調システムは約五〜二〇キロワットだ。摂氏一八〇度の電気オーブンは二キロワットを使い、食器洗浄機は約三・五キロワット。また、次の比較は興味深いのではないだろうか。一七インチのブラウン管ディスプレイのデスクトップ型コンピューターは一五〇〜三五〇ワットを使うが、スリープ・モードのコンピューターとディスプレイはほんの二〇ワット以下しか要しない。エネルギー使用量がごく少ない機器では、ラジオ付き時計がちょうど四ワット。九ボルトのアルカリ電池は約一万八〇〇〇ジュール、すなわち約五ワット時のエネルギーを蓄えるので、電池一個でラジオ付き時計が一時間強動く。

地球の住人は六五億人を超え、一年間で約五×10^{20}ジュールのエネルギーを使っている。そして、OPECの石油輸出禁止措置から四〇年後の今も、エネルギーの八五パーセントを石炭、石油、天然ガスなどの化石燃料から得ている。人口が三億人強、世界人口の二〇分の一でしかないアメリカは、世界のエネルギー使用量の五分の一を占めている。アメリカ人が巨大なエネルギー強奪集団であることは、厳然たる事実だ。それもあって、わたしはオバマ大統領が、ノーベル賞を受賞した物理学者スティーヴン・チューをエネルギー省長官に任命したことがとてもうれしかった。エネルギー問題を解決しようと思えば、エネルギーの物理学に関心を向けることが必要になるだろう。

例えば、太陽エネルギーの潜在能力には多大な期待が寄せられており、わたしも太陽エネルギー開発にはもろ手を挙げて賛成する。しかし、わたしたちに突きつけられる数々の制約を無視するわけにはいかない。太陽がすばらしいエネルギー供給源であることは論をまたない。太陽は四×10^{26}ワット——毎秒四×10^{26}ジュール——のエネルギーを産出し、その大半が可視光線と太陽光スペクトルの赤外線部分だ。地球と太陽のあいだの距離はわかっている（一億五〇〇〇万キロメートル）ので、どれくらいの太陽エネルギーが地球に到達するかを計算できる。すなわち、一年間で約一・七×10^{17}ワット、約五×10^{24}ジュールだ。一平方メートルのパネルを（雲がない状態で！）太陽に直接向けると、パネルはおよそ一二〇〇ワットのエネルギーを受け取ることになる（地球にやってくる太陽エネルギーの約一五パーセントが、地球の大気によって反射あるいは吸収されると仮定した）。雲がかかっていない状態で太陽に直接向けたパネル一平方メートル当たり一〇〇〇ワット（一キロワット）を受け取ると考えると、計算しやすい。

太陽光発電の潜在能力は計り知れないものに思えるだろう。世界のエネルギー需要をじゅうぶん満たす太陽エネルギーを取り入れるためには、約二×10^{10}平方メートルのパネルがあればいい。これはわたしの——さして広くもない——故国オランダの約五倍の面積にあたる。

ところが、落とし穴がある。先ほどの計算ではまだ、昼夜があることを見込んでいない。つまり、太陽がいつも照っていると仮定したわけだ。それに、雲という問題もある。しかも、パネルが可動式でないと、四六時中太陽に向けていることができない。地球のどこにいるかも問題になる。赤道直下の国々は、（北半球の）もっと北方の国々、または（南半球の）もっと南方の国々より多くのエネルギーを受け取る（なにしろ、よそに比べて気温が高いのだから）。

それから、太陽エネルギーをとらえる装置の変換効率も考慮する必要がある。多種多様な技術があり、日々その数を増しているが、（高価な素材でできた太陽電池とは対照的に）実用的なシリコン太陽電池の最大変換効率は約一八パーセントだ。太陽エネルギーをそのまま湯を沸かすのに使えば（つまり、太陽エネルギーをいったん電気エネルギーに変換しなければ）、変換効率はずっと高くなる。しかし、それに比べて石油燃料炉は、最新型でなくても七五〜八〇パーセントの変換効率に容易に達する。よって、そういう制限要因をすべて考慮すると、ドイツの約三倍にあたる一兆平方メートルくらいの面積が必要になるだろう。しかも、太陽光を集めて電気に変換するための太陽光発電システムを建設するコストは計算に入れていない。今のところ、太陽から電気を引き出すには、化石燃料から引き出す場合の約二倍のコストがかかる。エネルギー変換のコストが莫大であるだけでなく、こういうプロジェクトは単純に、目下の技術能力あるいは政治的意思を超えている。そういう理由から、当面のあいだは太陽光が世界経済において果たす役割は、拡大はしていくものの、ほかのエネルギー供給源と比べれば小さいだろう。

とはいえ、今から着手すれば、今後四〇年間で長足の進歩を遂げられるはずだ。《グリーンピース・インターナショナル》と国際エネルギー機関の二〇〇九年の試算では、相当な額の政府補助金があれば、太陽光発電は「二〇三〇年の時点で世界の電力需要の七パーセント、二〇五〇年の時点で少なくとも二五パーセント」をまかなえるようになる。《サイエンティフィック・アメリカン》誌の数年前の推論では、今後四〇年間の緊急計画と四〇〇〇億ドルを超える補助金によって、太陽光でアメリカの電力の六九パーセント、総エネルギー需要の三五パーセントを供給できるようになる。

風力はどうだろうか。なんといっても風力は、人類が帆を揚げて以来、長きにわたって使われてきたのだ。風車は電力よりおそらく一〇〇〇年ほど前から存在してきた。自然界からエネルギーを得て、それを人間が使うために異なる種類のエネルギーに変換するという原理は、一三世紀の中国であれ、もっと古代のペルシャであれ、一二世紀のヨーロッパであれ、まったく同じだった。いずれの土地でも、風車は人類が取り組む労働の中で最もたいへんな仕事を手助けした。例えば、飲用または灌漑用の水を汲み上げたり、大きな石臼で穀物を挽いて粉にしたりした。電気を作るかどうかに関わらず、風車を動かすには風力エネルギーを要する。

風力エネルギーを電気を生み出すものとして考えた場合、容易に手に入り、完全に再生可能で、温室効果ガスをいっさい排出しないエネルギーと言える。二〇〇九年には、世界の風力エネルギー生産量は三四〇テラワット時（一テラワット時は一兆ワット時）で、これは世界の電気消費量の約二パーセントに当たり、しかも生産量が急速に増えつつある。実際のところ、風力からの電気生産量は過去三年間で二倍になっている。

では、原子力はどうだろうか？　原子力は、わたしたちがふつう意識しているよりずっと豊富に存在している。日常生活の至るところにあると言っていい。窓ガラスに含まれる放射性物質のカリウム四〇は半減期が約一二億年、その崩壊によって生み出されるエネルギーは地球の中心核の熱源となっている。また、大気中のヘリウムはすべて、地球に自然発生した放射性同位元素の崩壊によって生み出された。〝アルファ崩壊〟と呼ばれる現象は、ヘリウム原子核がもっと大きな不安定原子核から放出されることだ。

わたしのとっておきの一大コレクション《フィエスタウェア》は、一九三〇年代にデザイン、製造が開始されたアメリカの――皿、碗《わん》、受け皿、カップなどの――食器シリーズだ。わたしは《フィエスタウェア》の皿を授業に数枚持参して、学生たちに見せるのが楽しみでならない。中でも〝フィエスタ・レッド〟と呼ばれる橙色の皿には、釉薬《ゆうやく》の一般的な成分だった酸化ウランが含まれている。《フィエスタウェア》の皿を放射能測定器に近づけると、測定器があわただしく警報音を発し始める。釉薬中のウランは放射性物質なので、ガンマ線を発するのだ。この実演のあと、学生たちをわたしの自宅での食事に誘うのが常なのだが、どういうわけか、招きを受けてくれる学生がいたためしがない。

核分裂、つまり重原子核の分裂は、ウラン２３５の核分裂連鎖反応が制御される原子炉でも、連鎖反応が制御されずにすさまじい破壊をもたらす原子爆弾でも、大量のエネルギーを発生させる。毎秒約一〇億ジュール（10^9ワット、あるいは一〇〇〇メガワット）を生み出す原子力発電所は、年間約10^{27}個のウラン２３５原子核を消費するが、それはわずか四〇〇キログラムほどのウラン２３５に相当する。

ところが、天然ウランのうち、ウラン２３５はたった〇・七パーセントだ（九九・三パーセントはウラン２３８）。それゆえ、原子力発電所は〝濃縮〟ウランを使う。濃縮度はさまざまだが、代表的な濃度は五パーセント。ということは、原子力発電所の燃料棒には、ウラン２３５が〇・七パーセントではなく五パーセント含まれることになる。かくして、一〇〇〇メガワットの原子炉は、年間約八〇〇〇キログラムのウランを消費し、そのうち約四〇〇キログラムがウラン２３５だ。これに対し、一〇〇〇メガワットの化石燃料発電所は、年間約五〇億キログラムの石炭を消費する。

ウラン濃縮には多額の費用がかかり、何千もの遠心分離機で行なわれる。核兵器の製造用には、少なくともウラン２３５が八五パーセントになるまで濃縮する。査察を受けないまま濃度不詳のウランを製造している国々を、なぜ世界がひどく警戒するのか、おそらくこれで理解できたことと思う。

原子力発電所では、制御された核分裂連鎖反応によって生み出される熱が水を蒸気にし、その蒸気が蒸気タービンを動かすことで電気を生む。原子力発電所の原子力エネルギーから電気への変換効率は、約三五パーセントだ。ある原子力発電所が「一〇〇〇メガワットを生み出す」と書かれていても、発電所が発生させる総エネルギー量が一〇〇〇メガワットなのか（つまり、一〇〇〇メガワットの三分の一が電気エネルギーに変換され、残りの三分の二が熱として失われるのか）、それとも創られる電力が一〇〇〇メガワットで、総エネルギー量が三〇〇〇メガワットなのかはわからない。これはたいへんな違いだ！　きのう読んだニュース記事には、間もなくイランが「一〇〇〇メガワットの電気を生み出す」原子力発電所を稼働させる予定とだけ書かれていた（なんとも明瞭な表現ではないか！）。

過去数年間で、地球温暖化の懸念が劇的に高まったせいで、原子力エネルギーという選択肢にふたたび関心が集まりつつある。化石燃料を燃やす発電所とは違い、原子力発電所は温室効果ガスという点ではたいした量を排出しない。アメリカにはすでに一〇〇カ所を超える原子力発電所があり、国民の消費エネルギーの約二〇パーセントを産出している。フランスの場合、約七五パーセントだ。全世界的には、電気エネルギーの総消費量の約一五パーセントが原子力発電所で産出されている。原子力政策は国によって異なるが、スリーマイル島、チェルノブイリ、福島での忌まわしい原子力事故がもたらした恐怖により、原子力発電所の増設には大規模な政治折衝が必要となるだろう。また、原子力発電所は非常に高くつく。例えば、アメリカでは一カ所の建設に五〇～一〇〇億ドル、中国では二〇億ドル前後かかると見積もられている。さらに、原子力発電所からの放射性廃棄物の処理は、非常に大きな技術的、政治的問題であり続けている。

地球にはまだ膨大な量の化石燃料があるが、わたしたちは自然が生産する速度よりはるかに急速に使い果たしつつある。しかも、世界人口が増え続けるのと同時に、中国やインドのような最大経済成長国の多くで、エネルギー集約型の発展がきわめて急速に進んでいる。だから、この問題を避けて通ることはできない。わたしたちは非常に深刻なエネルギー危機に瀕している。どういう対策を講じるべきだろうか？

核融合ができれば最適の手段になる

そう、だいじな対策としてひとつ挙げられるのが、自分たちが毎日どれくらいのエネルギーを使っているのかをもっと意識して、より少なく使うようにすることだ。わたし自身のエネルギー消費量はきわめて控えめだとは思うが、なにしろアメリカの住人なので、世界の平均消費量の四倍か五倍は使っているに違いない。わたしは電気を使い、自宅の暖房や給湯にガスを用い、ガスで調理する。車を使うので、たいした量ではないがガソリンを消費する。わたしのあらゆる消費エネルギーを合計すると、（二〇〇九年には）平均で一日約一億ジュール（三〇キロワット時）を消費し、そのうち約半分が電気エネルギーだった。これはわたしのために約二〇〇人の奴隷を一日一二時間、牛馬のごとく働かせる場合のエネルギー量に等しい。よくよく考えてみよう。古代なら、こんな暮らしをするのは最富裕層の王族だけだった。わたしたちはなんとぜいたくな、信じがたい時代に生きていることか。二〇〇人もの奴隷が毎日毎日、一日一二時間も休むことなくわたしのために働くのは、ただひとえにわたしが今のような暮らしをするためなのだ。わたしが一キロワット時の電気、すなわち三六〇万ジュールに対して払うのは、たったの二五セント。だから、二〇〇人の奴隷の全エネルギー量への対価は月平均約二二五ドル（ガスやガソリンの単価も電気と大差ないので、計算に含めた）、つまり、奴隷ひとり当たりなんと月約一ドルだ。だから、意識改革は絶対に必要だろう。ただし、それだけではある程度の改善しか見込めない。

例えば白熱灯から電球型蛍光灯（ＣＦＬ）へというように、もっと省エネ型の機器を使う習慣に変えると、大きな違いが生じる可能性がある。わたしはきわめて劇的な形で、自分にできる改革を目の当たりにした。ケンブリッジの自宅の電気消費量は、二〇〇五年に八八六〇キロワット時、二〇〇六年には八三一七キロワット時だった。その内訳は照明、空調、洗濯機、乾燥機だ（給湯、調理、暖房にはガスを使う）。二〇〇六年一二月中旬、（非営利環境団体《ニュー・ジェネレーション・エネルギー》の創設者である）息子チャックがすばらしい贈りものをくれた。自宅の白熱電球（全部で七五個）を、すべて蛍光電球に取り替えてくれたのだ。すると、電気消費量が二〇〇七年には五二五一キロワット時、二〇〇八年には五一八四キロワット時、二〇〇九年には五二二六キロワット時へと劇的に落ちた。電気消費量が四〇パーセントも減少したおかげで、年間の電気料金が約八五〇ドル下がった。照明だけでアメリカの家庭用電気エネルギーの約一二パーセント、商用電気エネルギーの二五パーセントを占めるのだから、こういう節電方法はもっと奨励されるべきだ。

オーストラリア政府は同様の方針のもと、二〇〇七年に国内の白熱電球をすべて蛍光電球に取り替える計画を練り始めた。これにより、オーストラリアの温室効果ガスの排出量がかなり減少するばかりか、各家庭の光熱費も（わたしの場合のように）減るだろう。とはいえ、まだほかの対策も講じる必要がある。

現在の生活水準を保ちながらエネルギー問題を乗り切る唯一の方法は、核融合を信頼度の高い、本格的なエネルギー供給源に育てることだと思う。ウランやプルトニウムの原子核が核分裂片となってエネルギーを発し、それが原子炉を動かす〝核分裂〟ではなく、水素原子が互いと合体してヘリウムを創り出すことでエネルギーを放出する〝核融合〟を利用するのだ。例えば、恒星を輝かせる、あるいは水素爆弾を爆発させる反応が核融合だ。核融合は、（エネルギー供給源となる可能性のない）物質と反物質の衝突を除き、わたしたちの知る中で単位質量当たりのエネルギー生産力が最も強力な反応だ。

きわめて複雑な理由から、核融合炉には特定のタイプの水素（重水素《じゅう》と三重水素《さんじゅう》）しか適さない。（原子核に陽子一個のほか中性子一個が含まれる）重水素は、容易に手に入る。地球の水素原子六〇〇〇個につき約一個が重水素だからだ。海洋には約一〇億立方キロメートルの水があるので、重水素はほぼ無限に供給されると言っていい。また、地球には天然の（半減期が約一二年の放射性物質である）三重水素は存在しないが、核融合炉で簡単に生産できる。

ほんとうの問題は、機能的で、実用的で、制御可能な核融合炉をどうやって造るかにある。いずれそれが実現するかどうかも、いまだ定かではない。核融合のための水素原子核を得るには、恒星の核の温度に近い一億度という超高温状態を、この地球上に創り出す必要がある。

科学者たちは長年、核融合の研究に懸命に取り組んでおり、各国政府がエネルギー危機を現実の問題としていよいよ本気で受け止めているように見受けられる今、ますますこの研究に真剣に挑んでいると思う。エネルギー問題は確かに重大だが、わたしは楽観論者だ。なにしろ、これまでの専門家としての人生において、森羅万象に関する認識をくつがえす、仰天させられるような物理学分野の変化をいくつも目にしてきたのだから。一例を挙げると、かつては仮説が大半で、ほとんど科学的要素のなかった宇宙論も、今や純然たる実験科学となり、わたしたちはこの宇宙の起源について莫大な知識を有している。わたしたちは今、多くの人の言う〝宇宙論の黄金時代〟に生きていると言っていい。

わたしがX線天文学の調査研究を始めたころは、深《しん》宇宙のX線源は約一二しか知られていなかった。それが今や、幾万ものX線源が判明している。五〇年前なら、今の一・八キログラムほどのラップトップ型と同等の演算能力を持つコンピューターは、MITのわたしのオフィスのある建物の大半を占拠したことだろう。また、五〇年前は、天文学者たちは地上に据えた光学望遠鏡と電波望遠鏡だけに頼っていた。なんともお粗末な！　今やハッブル宇宙望遠鏡ばかりか、X線観測衛星、ガンマ線観測所もあり、新しいニュートリノ観測所まで利用可能もしくは建設中なのだ！

五〇年前は、ビッグバン仮説ですら確たるものではなかった。今やわたしたちは、ビッグバンの一〇〇万分の一秒後の宇宙の姿も知っていると思えるだけでなく、誕生から一三〇億年を超える天体、すなわち、この宇宙を創り出した大爆発から五億年のあいだに形成された天体を、自信をもって研究している。こういう枚挙にいとまがない発見や変容に鑑みれば、いつの日か科学者たちが、制御された核融合という課題を乗り越えることを当て込まずにはいられない。数々の困難や、早期解決の重要性を軽視するつもりはないが、わたしは時間の問題だと確信している。

X-rays
from Outer Space!

第10講
まったく新しい天文学の誕生

人類は長く、光によって宇宙をとらえようとしていた。
が、光以外の波で宇宙をとらえようとする試みが
一九六〇年代に生まれる。
X線天文学である。
わたしは、その誕生に立ち会い、まったく新しい宇宙の姿を、
この新しい天文学で見つけていくことになった。

太古の昔からずっと、天は、森羅万象を解そうとする人間に日ごと夜ごと課題を与え、それゆえ古今の物理学者たちは天文学に心を奪われ続けてきた。

「太陽って何？」

「昇って沈むのはなぜ？」

わたしたちは不思議に思う。月はどうなのか？　惑星は？　恒星は？　わたしたちの祖先が、惑星は恒星とは異なることを、それは太陽の周りを軌道を描いて回ることを、そしてその軌道は観察でき、作図でき、説明でき、予測できるということを突き止めるのに、どれだけの営みが必要だったかを考えてみよう。

一六、一七世紀の大科学者たちの多く――ニコラウス・コペルニクス、ガリレオ・ガリレイ、ティコ・ブラーエ、ヨハネス・ケプラー、アイザック・ニュートンら――は、夜ごとの謎を解き明かしたい一心で天に視線を馳せた。ガリレオがぼんやりした光の点でしかない木星に望遠鏡を向け、その周りを回る四個の小さな衛星を発見したとき、どんなに興奮したことか！　そして、その反面、毎晩空に現われる星々についてほとんど何も知らないという事実が、どんなに学者たちの心をくじいたことか。それらの星が太陽と同種のものだと喝破したのは一六世紀の天文学者ジョルダーノ・ブルーノだが、なんと古代ギリシャのデモクリトスも同じ説を唱えていて、ただしその正しさを裏づける証拠がなかったのだった。恒星とはどういう性質のものなのか？　どうやって空の一点にとどまっているのか？　どれほど遠くにあるのか？　なぜ、明るさに差があるのか？　なぜ、星によって色が違うのか？　晴れた夜に、一方の地平線と反対側の地平線をつなぐあの幅の広い光の帯は何？

以来、それらの疑問に対する答え、そしてまた、ある解答に近づきかけたとき湧き起こってくる新たな疑問に対する答えを探求することが、天文学及び天体物理学の進むべき道筋となった。この四〇〇年ほどのあいだ、天文学者が視認できる情報は、当然のことながら、望遠鏡の倍率と感度に依存していた。偉大なる例外はティコ・ブラーエで、このデンマークの学者はごく素朴な器具を使って、肉眼で非常に精度の高い観測を行ない、ケプラーが、現在ケプラーの法則として知られる三つの大発見にたどり着く足場を作った。

その四〇〇年の大部分、わたしたちには光学望遠鏡しかなかった。こう言うと、天文学者でない人は首をかしげるだろう。望遠鏡と聞けば、〝レンズと鏡の付いた円筒状ののぞき眼鏡〟を思い浮かべるのが普通ではないか。光学式ではない望遠鏡など、ありうるのか？　二〇〇九年一〇月に、オバマ大統領が〝天体を観る夕べ〟を催したとき、ホワイトハウスの芝生に何台もの望遠鏡が並んだが、一台の例外もなく光学望遠鏡だった。

しかし、一九三〇年代にカール・ジャンスキーが天の川方向から飛来する電波を発見して以来、天文学者たちは、宇宙を観測するための電磁放射の領域を広げようと模索してきた。マイクロ波放射（高周波電波）、赤外（可視光線の赤よりわずかに周波数が小さい）及び紫外（可視光線の紫よりわずかに周波数が大きい）放射、X線、ガンマ線などが探し求められ（そして、発見され）た。この放射を探知するため、人類は次々と特別仕様の望遠鏡——X線衛星、ガンマ線衛星も含む——を開発し、より深く、より広く宇宙を観ることができるようになった。現在では、地下に設置されたニュートリノ望遠鏡まであり、そのうち、南極に建設中【訳注：二〇一〇年一二月に竣工】のものには角氷（アイスキューブ）というぴったりの名称が冠せられている。

この四五年——天体物理学者としてのわたしの全人生——のあいだ、わたしはX線天文学の分野で研究活動にいそしみ、新しいX線源を発見したり、観測した多種多様な現象に対する解釈を突き詰めたりしてきた。すでに書いたように、わたしが学究生活を始めた時期は、この分野の活気と刺激に満ちた草創期と一致していて、それから四〇年以上、わたしはずっと躍進の渦中にいる。X線天文学はわたしの人生を変えたが、それより重要なのは、天文学自体の様相を変えたということだ。今回の講義とあとに続く四回の講義では、学者としての全年月をX線宇宙で過ごしてきた者の観点から、その宇宙を巡る旅へ皆さんをご案内しよう。まずは、X線そのものについて。

X線って何？

X線、この不穏な響きのある名前は、〝未知なるもの〟（方程式の中の x のように）という意味で命名されたのだが、今では、電磁スペクトル内の目に見えない領域の一部を、正確に言えば紫外線とガンマ線にはさまれた部分を構成する光子——電磁放射——だということがわかっている。オランダ語やドイツ語では、X線とは呼ばれない。かわりに、一八九五年にX線を発見したドイツの物理学者、ヴィルヘルム・レントゲンにちなんだ名前が付けられている。X線の識別には、電磁スペクトル内のほかの住人を特定するときと同様、異なりつつも関連した三つの方法がとられる。ひとつは周波数（一秒間にくり返す波の数。ヘルツで表わされる）によって。ふたつ目は波長（個々の波の長さ。単位はメートル、この場合はナノメートル）によって。三つ目はエネルギー（単位は、電子ボルト、略号eV、もしくはキロ電子ボルト、略号keV）によって。

単位の感覚をつかむために、いくつか簡単な比較をしてみよう。緑色光は、約一〇億分の五〇〇メートル、すなわち約五〇〇ナノメートルの波長と、約二・五電子ボルトのエネルギーを持つ。いちばん低いエネルギーのX線光子は、約一〇〇電子ボルト、つまり緑色光の光子の四〇倍のエネルギーがあり、約一二ナノメートルの波長を持っている。いちばん高いエネルギーのX線は、約一〇〇キロ電子ボルトのエネルギーに、約〇・〇一二ナノメートルの波長を持つ（歯科医の使うX線は、最高五〇キロ電子ボルトまでだ）。電磁スペクトルの反対側の末端では、アメリカ合衆国の各ラジオ局が五二〇キロヘルツ（波長五七七メートル）から一七一〇キロヘルツ（波長一七五メートル――サッカー・コートの長さのほぼ二倍）の振幅変調帯域で番組を放送している。そのエネルギーは緑色光より一〇億倍、X線より一兆倍も低い。

自然はさまざまな方法でX線を生み出す。例えば、たいていの放射性原子は、原子核の崩壊中にX線を自然放出する。電子がより高エネルギーの状態からより低エネルギーの状態に飛び降り、その際に、両状態のエネルギー差に相当するX線光子が放出されるのだ。電子のエネルギー準位【訳注：それぞれの軌道が持つエネルギー】は量子化されているので、この光子は非常に離散的なエネルギーを持つ。ほかには、電子が、原子核のそばを高速で通り過ぎるときに進路変更して、みずからのエネルギーの一部をX線の形で放出する場合がある。このようなX線放射（天文学に限らず、医療用および歯科用X線装置においても非常になじみ深い）を、ブレムスシュトラールンクというむずかしいドイツ名で呼び、字義どおり〝制動放射〟を意味する。制動放射X線の発生に関して参考になる動画がある（http://www.youtube.com/watch?v=3fe6rHnhkuY）。離散的エネルギーのX線を作り出せる医療用X線装置もあるが、医療現場では、おしなべて（連続的なX線スペクトルを発生する）制動X線が優勢だ。また、高エネルギー電子が磁力線の周りで螺旋運動をするときも、高速で進みながらの進路変更が絶えずなされ、その結果、やはり高エネルギー電子のエネルギーの一部がX線の形で放出されるだろう。わたしたちはこれをシンクロトン放射と呼ぶが、磁気制動放射とも呼ばれる（この現象は蟹星雲でも起こっている。以下を読まれたし）。

自然はまた、高密度の物体を絶対温度で数百万ケルビンという途方もない高温になるまで熱することによって、X線を生み出す。これを黒体放射という（第14講を参照）。物体がこれほど熱くなるのは、超新星爆発――大質量星の華々しい爆死――か、あるいは、ガスがブラックホールや中性子星に向かってすさまじい速さで落下するときのような、きわめて過激な環境に限られる（詳しくは第13講で。お楽しみに）。例えば、約六〇〇〇ケルビンの表面温度を持つ太陽は、エネルギーの半分弱（四六パーセント）を可視光線として放射する。残りの大部分は、赤外線（四九パーセント）と紫外線（五パーセント）だ。六〇〇〇ケルビンぐらいの熱さでは、X線を放出するにはとても足りない。それでも、太陽はいくらかのX線を放っている。この事実の物理的過程はじゅうぶんには解明されていないが、ただ、X線として放出されるエネルギーは太陽が放出する全エネルギーの約一〇〇万分の一でしかない。ついでに言えば、人体は赤外線を放っているが（第9講を参照）、体温程度の熱さでは可視光線を放出できない。

X線の最も興味深い――そして有益な――側面は、ある種類の、例えば骨のような物体は、ほかの種類、例えば軟部組織のような物体より、多くのX線を吸収するという点であり、口や手のX線像に明るい領域と暗い領域ができるのは、その特性によるものだ。X線検査を受けたことのある人は、体のほかの部位を保護するために、鉛の胸当てを装着させられた覚えがあると思うが、それは、X線に被曝すると発癌のリスクが高まるという理由による。だから、地球の大気がX線をとても効率よく吸収するというのは、おおかたにおいて好ましいことなのだ。海水位で、（一キロ電子ボルトの）低エネルギーX線の約九九パーセントが、わずか一センチの空気で吸収される。五キロ電子ボルトのX線については、その約九九パーセントが吸収されるのに、だいたい八〇センチの空気があればいい。二五キロ電子ボルトの高エネルギーX線が同じく九九パーセント吸収されるには、およそ八〇メートルの空気が必要になる。

X線天文学の誕生

さかのぼって一九五九年、ブルーノ・ロッシが大気圏外からのX線を探しに行くことを思いつき、同時に、大気圏脱出を確実にするためにロケットを使うことをもくろんだが、そのもくろみの理由は、もうおわかりだろう。それにしても、X線探しに関するロッシの思いつきは、あまりにも無謀だった。じつは、太陽系外からのX線が存在すると見なすだけの、確かな理論的根拠があったわけではないのだ。しかし、そこがロッシのロッシたるゆえんで、元教え子であるＡＳＥ社（アメリカン・サイエンス・アンド・エンジニアリング社）のマーティン・アニスと、ロッシのスタッフのひとり、リカルド・ジャコーニに、この思いつきが実行に値することを納得させてしまった。

ジャコーニの同僚フランク・パオリーニは、Ｘ線が検出できてロケットの円錐頭にぴったり収まる特別仕様のガイガー＝ミュラー計数管を開発した。そして、そのうちの三台が、実際に一機のロケットに搭載された。ジャコーニたちはそれを広域検出器と呼んだが、当時の〝広域〟は、クレジットカードぐらいの面積を意味するものだった。ＡＳＥ社の男たちは、Ｘ線ならぬ実験の助成金を探しに行ったが、アメリカ航空宇宙局（ＮＡＳＡ）は企画案を却下した。

ジャコーニは、実験対象に月を加えることにして企画書を書き直し、空軍ケンブリッジ研究所（ＡＦＣＲＬ）に再提出した。論旨は、太陽のＸ線が月面から蛍光発光なるものを生じさせているはずだということ、そして、その現象は月面物質の化学分析に役立つだろうということだった。ジャコーニたちは、さらに、太陽風に含まれる電子が衝突して、月面から制動放射が出ることも期待した。月はすぐ近くにあるので、もしかしたらＸ線が検出できるかもしれないと思ったのだ。空軍への支援依頼はじつに賢明な手立てだった。ＡＳＥ社は、すでに、ほかのいくつかのプロジェクト（そのうちの何案かは機密扱いだった）で空軍から援助を受けた実績があったし、それに、ケンブリッジ研究所が月に興味を持っていることを、ジャコーニたちは知っていたのだろう。いずれにしても、今回の企画は受け入れられた。

一九六〇年、六一年と二度の失敗を経て、一九六二年六月一八日二三時五九分、ロケットが打ち上げられた。月からのＸ線検出及び太陽系外でのＸ線源探索に努めるという所定の任務を背負って……。ロケットは、ガイガー＝ミュラー計数管が約一・五〜六キロ電子ボルトまでの

X線を大気干渉なしに検出できる高さ、すなわち高度八〇キロメートル以上の上空でしばらく過ごしたが、その間わずか六分だった。ロケットを使ってのこの方法が、当時の宇宙空間観測のやりかただった。ロケットを大気圏外に送り込んでほんの五、六分、天空を探査させ、そのち帰還させるわけだ。

関係者一同を驚愕させたのは、なんと、すぐにX線が見つかったことだった――月からのものではなく、太陽系外のどこかからのX線が。

深宇宙からのX線？　なぜ？　誰もこの結果が理解できなかった。わたしたちはそれまで、X線を放つ恒星をただひとつしか知らなかった。われらが太陽だけだ。その太陽がもし一〇光年遠くにあったとしたら、それは天文学的距離としては次の角を曲がったくらいのものだが、この歴史的な飛行で使われた器具では、太陽のX線を検出する感度が一〇〇万分の一ほどになったはずだ。そのことは、誰もが承知していた。従って、X線がどこから発しているにしろ、そのX線源は太陽より少なくとも一〇〇万倍多くのX線を放っていなければならなかった――そのうえ、距離はごく近くに限られた。太陽の（少なくとも）一〇〇万倍、もしかしたら一〇億倍も多くのX線を生じる天体など、まさに前代未聞。それに、そのような天体を説明する物理学もなかった。言うなれば、天空の舞台で初めて人類の前に披露された新物理現象だった。

一九六二年六月一八日から一九日にかけて、まったく新しい科学分野が誕生した。X線天文学だ。

箱を狭める

天体物理学者たちは、検出器を取り付けたロケットをつぎつぎ打ち上げて、X線源のありかやほかのX線源の有無を精確に把握することに取り組み始めた。個々の天体の位置測定には、常に不確かさがつきまとい、だから、天文学者たちは〝誤差箱《エラー・ボックス》〟という用語を編み出して、よく口にする。それはいわば、空の丸天井に貼りつけられた架空の四角形であり、各辺は度、分、秒という角度の単位で測られる。〝箱〟の大きさは、目当ての天体が九〇パーセントの確率でその中に実在するよう設定される。天文学者が誤差箱にこだわるのも当然で、箱の小ささがそのまま位置測定の精度の指標となるわけだ。X線天文学においては、このことが特に重要であり、箱が小さくなればなるほど、X線源を光学的に特定できる可能性が高まる。ゆえに、箱をごくごく小さくすることは、学術上の大きな成果と見なされる。

エディンバラ大学のアンディ・ローレンス教授が執筆する〈e‐天文学者〉という天文学ブログには、かつて論文に取り組み、X線源を探して小さな区画を何百個も見つめたころの回想が綴られている。「ある晩、自分が誤差箱になった夢を見て、囲い込まなくてはならないX線源をどうしても見つけられなかった。目を覚ますと、汗びっしょりだった」この心境、もうおわかりだろう!

リカルド・ジャコーニ、ハーブ・グルスキー、フランク・パオリーニ、ブルーノ・ロッシらがX線源を発見したときの誤差箱の大きさは、おおよそ一〇度×一〇度、すなわち一〇〇平方度だった。ちなみに、太陽の直径は一度の半分でしかない。ジャコーニたちはX線源のありかを精確には特定できなかったが、その不確かさの原因は、太陽五〇〇個分(!)という箱の大きさにあったのだ。この誤差箱は蠍座と定規座の一部を含め、祭壇座の縁にも触れていた。これでは、X線源の属する星座すら確定できなかったのも無理はない。

一九六三年四月、ワシントンDCの米国海軍研究所に籍を置くハーバート・フリードマンのグループが、X線源の位置を大幅に絞り込んだ。X線源は蠍座の中にあった。現在、このX線源は蠍座《スコーピオン》X－1（略してSco X－1）として知られている。Xは X線を表わし、1は蠍座で発見された最初のX線であることを示している。けっして話題にはされないが、歴史的に興味深い事実として、蠍座X－1の位置は、X線天文学の起点とされるジャコーニたちの論文に掲載された誤差箱の中心からは約二五度も離れている。白鳥座《キグナス》の中にも新たなX線源がいくつか発見され、白鳥座X－1（Cyg X－1）、白鳥座X－2（Cyg X－2）などと名づけられた。ヘルクレス座で初めて発見されたX線源はヘルクレス座X－1（Her X－1）。ケンタウルス座の最初は、ケンタウルス座X－1（Cen X－1）。それから三年のあいだに、一〇個以上のX線源がロケットを使って発見されたが、その中でひとつだけ、牡牛座《タウルス》X－1（Tau X－1）は重要な例外で、正体が何なのか、どうして何千光年も離れた位置から検出できるほど膨大な量のX線を発することができるのか、誰もまったくわからなかった。

この例外的なX線源こそ、ひときわめずらしい天体のひとつ、蟹星雲だった。蟹星雲を知らないという人は、口絵写真のページを開いて、画像を確かめてみよう——ああ、あれかと思い当たる人もいるのではないだろうか。インターネット上でも多くの写真が公開されている。蟹星雲は約六〇〇〇光年離れたところに位置する、とても印象的な天体だ——一〇五四年に観測された超新星爆発の驚異的な残骸で、中国の天文学者はそのときのようすを、まるで降って湧いたかのように突然、牡牛座に度を超えた輝きの星が現われたと記している（アメリカ先住民の絵文字にも、そう書かれている公算が大きい。http://messier.seds.org/more/m001_sn.html#collins1999 をご覧あれ）。正確な月日に関してはいくらかの意見の相違があるが、七月四日とする人が多い。その一カ月間、超新星は、月以外の天体の中でいちばんの輝きを見せた。昼間ですら肉眼で見える日が数週間続き、夜に限ればそれから二年間も目にできた。

けれども、超新星はやがて見えなくなり、なんとなく科学者たちにも忘れられてしまったようだったが、一八世紀になって、ジョン・ベヴィス、続いてシャルル・メシエと、ふたりの天文学者に相次いで再発見された。このときにはすでに超新星の名残（超新星残骸）は、星雲（雲状もの）と呼ばれるようになっていた。メシエは、彗星、星雲、星団などの天体を集めた貴重な天文カタログを作成した——蟹星雲はカタログの最初に置かれ、そのことから、M《メシエ》-1とも呼ばれている。一九三九年には、カリフォルニア州北部にあるリック天文台のニコラス・メイオールが、M-1は一〇五四年に出現した超新星の残骸であるということを明らかにした。爆発の一〇〇〇年後である現在も、蟹星雲内での不思議な見世物は上演中で、天文学者の中には、全人生を賭して星雲の研究に取り組む者もいる。

蟹星雲内に中性子星はあるか？

一九六四年七月七日のこと、ハーブ・フリードマンのグループは、蟹星雲の真ん前を月が通り過ぎ、その月に遮断されて、蟹星雲が見えなくなっていることに気づいた。この遮断を、天文学者は〝掩蔽《えんぺい》〟という言葉で表わす——月が蟹星雲を掩蔽している、というふうに。フリードマンは、蟹星雲がたしかにX線源であることを裏づけたかったが、それだけでなく、ほかの何か、さらにもっと重要な何かを実証できることを期待していた。

一九六四年までには、天文学者のあいだでふたたび、恒星の一形態を呈するある天体への関心が持ち上がってきていた。その天体とは、一九三〇年代に初めて存在が仮定されたものの、まだ探知されていなかった種類の星、つまり、中性子星のことだ。仮定された当時の推測では、この未知の天体（詳しくは第12講で）は恒星の最晩年の姿の一種で、おそらくは超新星爆発のあいだに生まれ、おもに中性子から成るのではないかと言われていた。そして、中性子星がもし存在するなら、それは、たぶん非常に密度が高く、太陽と同じ質量なら、半径約一〇キロ、直径にして二〇キロぐらいにしかならないだろう。そのようなものをあなたは想像できるだろうか。さらに、一九三四年（中性子が発見されてから二年後）には、ウォルター・バーデとフリッツ・ツビッキーが、〝超新星〟という用語を新しく造り出し、超新星の爆発で中性子星が形成される可能性があるという説を唱えた。フリードマンは、蟹星雲の中のX線源はまさにその中性子星ではないかと考えた。もし、その考えが正しければ、目にしているX線放射は、月がその前を通るとき、いきなり消失するだろう。

フリードマンは、一連のロケット打ち上げを企画し、月が蟹星雲の前を通る時機に合わせて、次々発射することにした。グループは、天空移動するときの月の位置を精確に知っていたので、その方向に計数管を向けることができ、蟹星雲が姿を消すときにX線が急減することを〝期待〟できた。思惑どおりに運んで、検出器はしっかりと減少をとらえ、このフリードマンの観測によって初めて、議論の余地なくX線源の光学的同定がなされた。これは大きな成果であり、ひとたび同定がなされたからには、この不可解で強力なX線源の陰にある仕組みもすぐに発見できるだろうと、わたしたちは楽観していた。

しかし、フリードマンは落胆を味わった。X線は、月が蟹星雲を通り過ぎるとき〝一瞬のうちに消えうせる〟のではなく、徐々に消えていき、その事実は、X線は星雲全体から来ているのであって、単独の小さな天体から来ているのではないということを示していた。フリードマンは中性子星を見つけたわけではなかったのだ。でも、心配には及ばない。とても特別なこの中性子星は、蟹星雲の中に実在しており、まちがいなくX線を放出している。一秒間に三〇回もの速さで自転しながら！　すばらしい体験をしたければ、チャンドラX線天文台のウェブサイト（http://chandra.harvard.edu/）を訪れて、蟹星雲の画像を呼び出してみるといい。その姿に目をみはらされることだろう。だが、四五年前には、宇宙の軌道上で画像作製できるX線望遠鏡などなく、はるかに多くの創意工夫が求められた（その後、一九六七年になされたジョスリン・ベルによる電波パルサー発見を経て、一九六八年、フリードマンのグループはついに、蟹星雲内の中性子星が発するX線の波動――一秒間に約三〇回――を検出した）。

フリードマンが蟹星雲の掩蔽を観測していたちょうどそのころ、わたしの（将来の）友人であるマサチューセッツ工科大学のジョージ・クラークはテキサス州にいて、蠍座X-1が発する高エネルギーX線を探索するために、高高度気球の夜間飛行の準備をしていた。ところが、フリードマンの成果を耳にすると（インターネットがなくても、ニュースはすぐ届いた）、自分の計画を放り出して昼間の飛行に切り替え、気球で探知できる約一五キロ電子ボルト以上のX線の中から、蟹星雲のX線を探し始めた。そして、クラークもまた、それを見つけた！

この一部始終がどれほどの興奮をかきたてたか、とても言葉では表わせない。わたしたちは、科学的探査における新時代の幕あけに立ち会ったのだ。宇宙の秘境を隠してきた厚い緞帳《どんちょう》がいよいよ上がりつつあるような気がした。現実には、検出器をとても高く上げることによって、つまり、宇宙に送り込むことで、あるいは、空気に吸収されることなくX線が突入できる大気圏上部に届かせることで、人類史の始まり以来わたしたちの目を覆っていた幾層もの鱗《うろこ》を一枚ずつ剝がしていった。わたしたちは、まったく新しいスペクトル領域で仕事をしていた。

天文学の歴史では、このようなことはめずらしくない。天空の物体が新たな種類の、もしくは異なった種類の放射線を発することを知るたびに、わたしたちは、星について、星の一生（どのように生まれ、どのように生き、なぜ、どのように死ぬのか）について、星団の構成物および進化について、銀河について、さらには銀河団についてまでも、それまでの知識を更新させられてきた。例えば、電波天文学は、銀河の中心が長さ数十万光年ものジェット【訳注：高エネルギー素粒子反応で、比較的狭い角度内に一群となって発生する粒子群】を噴射できることを明らかにした。それに、パルサーやクエーサー、電波銀河を発見し、それだけでなく、宇宙マイクロ波背景放射の発見という大仕事も果たし、宇宙マイクロ波背景放射は初期宇宙に対するわたしたちの見かたを一変させた。また、ガンマ線天文学は、非常に強力な、そして、宇宙の（ありがたいことに）遠方で起こった爆発のいくつかを発見したばかりだ。これはガンマ線バーストとして知られ、X線、可視光線、電波に至るまでの全電磁波の残光を放つ。

わたしたちには、宇宙空間でのX線が発見されたことによって宇宙に対する自分たちの見解が変わるだろうということがわかっていた。ただ、どう変わるのかがわからなかった。新しい器具で目を向けるところすべてに、新しいものが待ち受けていた。当然といえば当然だろう。光学天文学者たちは、かつてハッブル宇宙望遠鏡から初めて映像を得たとき、興奮に震え、畏敬の念に打たれ、そして——明らかな展望はなかったにしても——さらなる成果をこいねがった。しかし、基本的には、数千年の昔にさかのぼる分野で、数百年の実績を持つ機器の観測範囲を広げているだけだった。一方、X線天文学者としてのわたしたちは、まったく新しい科学分野の夜明けを迎えていた。それがわたしたちをどこへ案内してくれるのか、わたしたちが何を発見することになるのか、誰に予測がついただろう。わたしたち自身にはまったくわからなかった！

わたしにとっての僥倖《ぎょうこう》は、この分野が発足したばかりの一九六六年一月、ブルーノ・ロッシにマサチューセッツ工科大学へ招かれたこと、そして、着任後すぐジョージ・クラークのグループに加われたことだ。ジョージはとてもとても頭のいい物理学者であると同時に、じつに魅力的な男で、以来ずっとわたしの大切な友となった。いまだに信じがたいほどの幸運が降りかかってきたのだった――同じ月のうちに、生涯の友と生涯の仕事を得るという幸運が。

X-ray Ballooning, the Early Days

第11講 気球で宇宙からのX線をとらえる

気球はロケットによるX線観測の欠点を補った。気球による観測は何時間も続けることが可能だ。しかし、六〇年代にこれを行なうのは予算の確保から、そして落ちた機材の確保まで苦労づくしだった。そうした中、わたしたちはさそり座のX－1で大きな発見をする。

わたしがＭＩＴに着任したころ、積極的に活動していた気球グループは世界に五つあった。ＭＩＴのジョージ・クラーク、オーストラリアのアデレード大学のケン・マクラッケン、ＭＩＴのジム・オーヴァベック、カリフォルニア大学サンディエゴ校のラリー・ピーターソン、ライス大学のボブ・ヘイムズらが率いるグループだ。この講義ではおもにＸ線気球に関わる私自身の体験を語ろう。それは一九六六年から一九七六年までの一〇年にわたり、わたしの研究の中心的テーマだった。その期間にわたしは、テキサス州パレスティーン、アリゾナ州ペイジ、カナダのカルガリー、オーストラリアなどで観測を行なった。

Ｘ線検出器を乗せたわたしたちの気球は高度約四万四〇〇〇メートルまで到達したが、この高度の気圧は海抜ゼロ地点の〇・三パーセント。空気がここまで薄くなると、一五キロ電子ボルト以上のＸ線がかろうじて気球まで届く。

気球による観測はロケット観測の欠点を補うものだった。ロケットに搭載される検出器は、だいたい一キロ電子ボルトから一〇キロ電子ボルトの範囲のＸ線しか観測できず、観測時間も五分ほどだ。気球観測は何時間も続けることが可能なうえ（わたしの最長飛行は二六時間だ）、わたしが使用した検出器は一五キロ電子ボルトを超えるX線を観測できた。

ロケット観測で探知されたX線源すべてを気球観測で探知できるわけではない。それは、エネルギーのほとんどを低エネルギーのX線として放射するX線源が多いからだ。一方、わたしたちは、ロケット観測では認識できない高エネルギーX線を放射する源を探知することができた。こうしてわたしたちは新しいX線源を発見し、既知の源からの高エネルギーの放射まで検出しただけでなく、X線光度が分単位から時間単位で変動する事実を突き止めた。ロケット観測では不可能だったこの発見は、わたしの天体物理学研究における初期の成功例のひとつだ。

一九六七年、わたしたちは、蠍座X－1にX線フレアを発見した。これはじつにセンセーショナルな出来事だった。詳しくはこの講義の後半で解説しよう。わたしのグループはまた、ロケット観測では見えなかった三つのX線源、GX301－2、GX304－1、GX1＋4も発見した。そして、その三つすべてが、分単位でX線強度の変化を示した。特にGX1＋4は、約二・三分の周期で変動した。当時はX線の強度がなぜこんなに速く、特に二・三分などという周期で変動するのかまったくわからなかったが、自分たちが新たな領域の扉を開き、新境地を切り開こうとしていることは感じていた。

しかし一九六〇年代後半になっても、X線天文学の重要性をじゅうぶんに理解していない天文学者もいた。一九六八年、わたしはブルーノ・ロッシの家でオランダ人天文学者のヤン・オールトと会った。彼は特に名の知られた天文学者のひとりで、驚くほどの洞察力の持ち主だった。第二次世界大戦直後に、オランダで電波天文学の大事業を開始したほどだ。その年、MITにやってきたオールトに、わたしは一九六六年と一九六七年の気球観測で得たデータを見せた。するとオールトがこう言い放ったのだ。この言葉をわたしはきっと生涯忘れない。

「X線天文学は、そんなに重要じゃない」

信じられるだろうか？　「そんなに重要じゃない」とは。認識不足もはなはだしい。史上最高の天文学者のひとりだというのに、X線の重要性がまるで見えていなかった。おそらく若く貪欲だったわたしのほうが（このときオールトは六八歳だった）、自分たちが純金を掘り当てたこと、そしてまだ表層につるはしを入れたばかりであることをよく見通せていたのだろう。

一九六〇年代から一九七〇年代、わたしはX線天文学関連の論文をかたっぱしから読んだのを覚えている。一九七四年にはライデン大学で五つの講義を行ない（オールトも聴講していた）、ひとりでX線天文学のすべてを話すことができた。最近では毎年、何千という数のX線天文学の論文が発表されているが、それらは多くの細分化された分野（サブフィールド）のものので、全体を把握できる者は誰もいない。研究者の多くは何十とあるテーマのひとつを生涯かけて追究する。例えば、単独星、降着円盤、X線連星、球状星団、白色矮星、中性子星、ブラックホール、超新星残骸、X線バースト、X線ジェット、銀河中心核、銀河集団。この分野の草分けの時代は、わたしにとって最もすばらしい時期だった。同時にあらゆる面で、苦労の多い時期でもあった。知識面でも、体力面でも、必要なものをそろえるというただそれだけの面でも。気球を飛ばす作業は複雑で、高くつくうえに時間もかかり、そして緊張も生み出した。その辺の事情を説明するのはむずかしい。しかし、なんとかやってみよう。

空高くへ――気球、X線検出器、そして打ち上げ

物理学者が何かをしようと思えば（紙一枚かコンピューター一台あればすむ理論家でないか

ぎり）、装置を作ったり、学生たちに報酬を支払ったり、遠方まで移動したりするための資金を手に入れなければならない。そのために科学者が実際にやっていることの多くは、研究への助成金を求めて、競争の激しいプログラムに申請する企画書を書くことだ。楽しくもなければ心ときめくわけでもない。しかし、誇張ではなく、そうしなければ何も起こらないのだ。まったく何も。

実験や観測についてすばらしいアイデアを持っていたとしても、それを魅力的な企画に仕立て上げる方法を知らなければどうしようもない。わたしたちは常に世界トップレベルでしのぎを削っていたので、競争は熾烈をきわめた。どの分野のどの科学者にとっても、今も事情は変わりないはずだ。生物学、化学、物理学、コンピューター・サイエンス、経済学、天文学、何を研究するかは問題ではない。成功した実験科学者というのは、競争に何度も何度も打ち勝つ方法を知っている人物なのだ。それは往々にして、心温かな優しい人柄とは相容れない。わたしの妻のスーザンはMITで一〇年間働いていたが、ことあるごとにこう言う。「MITの学者はみんなエゴのかたまりよ」

それでめでたく助成を受けられたとしよう。わたしたちがいつもそうだったように（わたしは米国科学財団とNASAからじゅうぶんな支援を受けていた）。重さ九〇〇キロ余りの（パラシュートにつないだ）X線望遠鏡を気球に搭載して四万メートル以上、上空へ飛ばし、しかも無傷で回収するのは、とても込み入った作業だ。まず確実に穏やかな天気の日を選ばなければならない。気球はとてもデリケートなため、一瞬の突風でミッション全体がふいになってしまいかねないからだ。気球を大気圏上層まで飛ばして追跡するには、打ち上げ場所や打ち上げ台車などのインフラも必要だ。わたしは天の川の中心方向、X線源が多く存在すると思われる銀河系の中心を観測したかったので、南半球に出かける必要があった。そこでオーストラリアのミルジューラとアリススプリングズを打ち上げ地に選んだ。そして一度出かけると二カ月は自宅に戻らず、家族から遠く離れた場所で過ごす日々が続いた（そのころには子どもが四人生まれていた）。

打ち上げにまつわる費用は何もかもが高額だった。気球はそれ自体が巨大なものだ。わたしが飛ばしたいちばん大きな気球は、約一四七万二五〇〇立方メートルの容積があり（当時としては最大であり、もしかすると今でもそうかもしれない）、完全に膨らませて高度四万四〇〇〇メートルまで飛ばすと、直径は七二メートルに達する。気球はごく軽いポリエチレン製で、厚さは一〇〇分の一ミリ以下、サランラップやシガレット・ペーパーより薄い。打ち上げるときに、地面に触れただけも破れてしまう。その巨大で美しい気球の重さは三二〇キロ近くある。たいてい予備の気球を用意していたが、値段は四〇年前で一基一〇万ドル。当時としては大金だった。

気球をつくるには巨大な工場が必要だった。ゴアと呼ばれる、みかんの皮をむいたような形の気球の断片は、別々に作られて熱で接着される。製造工場でこの作業は女性工員だけに委ねられていた。男は気が短くてミスが多すぎるから、というのがその理由だ。気球が用意できたら、次はそれを膨らませるためのヘリウムを、はるばるオーストラリアまで運ばなければならない。ヘリウムだけでも一基につき八万ドルかかった。現在の価格にすれば、気球一基とヘリウムだけで七〇万ドルを超える。実際はそれに予備の気球、輸送費、宿泊費、食費などがかかる。こうしてわたしたちは深宇宙の神秘を探るべく、天気については完全に運任せで、オーストラリアの砂漠の真ん中での暮らしを始めた。そういえばジャックのことを、まだ話していなかった。彼についてはまたのちほど。

気球が高額とはいっても、望遠鏡に比べればまだ安価だった。望遠鏡はどれもきわめて精密な機械で、重さは一トン、製造にほぼ二年かかり、価格は一〇〇万ドル――現在の価値で四〇〇万ドルだ。わたしたちには望遠鏡を二台所有するほどの資金はなかった。そのため望遠鏡を失うと(わたしは二度それを経験している)、少なくとも二年間は望遠鏡なしで過ごさなければならなかった。助成金を受けるまで、新しい望遠鏡製作に着手することもできない。望遠鏡を失うことは大いなる厄災だったのだ。

わたしにとってばかりではない。研究室の大学院生たちの作業にも大幅な遅れをもたらした。彼らは望遠鏡製作に深く関わっていて、観測機器と測定結果を博士論文のテーマとしていた。大学院生たちの博士号は、気球とともに宙に浮いてしまったのだ。

天候の協力も不可欠だ。成層圏では強い風が吹いていて、一年の半分は毎時約一六〇キロメートルで東から西に、あとの半分は西から東に吹いている。年に二回、風向が逆転するが(これは風向転換《ターンアラウンド》と呼ばれる)、そのとき高度四万四〇〇〇メートルでは風がとても弱くなり、何時間もの観測が可能になる。そこでわたしたちはこれらの風を測定できて、風が弱いときに気球を打ち上げられる場所にいなければならなかった。わたしたちは一日おきに気象観測気球を飛ばし、レーダーで追跡した。それらはたいてい高度三万八〇〇〇メートルまでは割れずに到達した。しかし大気の状態を予測するのは、研究室で行なうボールベアリングを軌道ですべらせる実験とはわけがちがう。大気の状態ははるかに複雑なので予測するのもむずかしいのだが、わたしたちが行なっていたことはすべて、的確な予想ができるかどうかにかかっていた。

それだけではない。高度約一万メートルから二万メートルの範囲は圏界面と呼ばれ、マイナス五〇℃と非常に寒く、気球はとても割れやすくなる。そのうえジェット気流が強く吹きつけてくるので、気球は破裂しかねない。不安材料はいくつもあった。以前、わたしの気球が海へと飛ばされたことがあった。望遠鏡も一巻の終わり。気球に搭載されていたものは九カ月後、ニュージーランドの砂浜で見つかった。フィルムに記録されたデータも、コダック社の力を借りて奇跡的に回収できた。

打ち上げの準備は念には念を入れて行なうが、わたしはいつも、いかに周到に準備をしても多少の運が必要だと言っている。いや、ときにはかなりの運が必要だ。辺鄙な打ち上げステーションに装置を持ち込む。望遠鏡のテストをし、機器の調整をして、万事が滞りなく運んでいることを確認する。望遠鏡をパラシュートにつないでいるロープをチェックし、それをさらに気球につなぐ。これらすべてのテストを打ち上げ場所で行ない、飛行の準備を整えるのに三週間かかるが、準備が無事に終わっても天候が協力してくれるとは限らない。条件が整わなければ腰を据えて、バッテリーを充電し続けながらただ待つしかない。幸いアリススプリングズはとても美しい土地だった。オーストラリア大陸の真ん中にある幻想的な砂漠の町。人気のない荒野の真っただ中にいるような気がするが、空は澄み、気球を打ち上げる予定の早朝の景色はすばらしかった。夜の空が夜明け前の藍色に変わり、太陽が昇るとともに、空と砂漠はきらめくばかりのピンクとオレンジ色に染まった。

準備ができても、風速五キロメートル以下で、一定方向に吹く風が三、四時間続かなければならない。気球を地面から離すのに時間がかかるのはそのためだ（気球を膨らませるだけで二時間かかる）。それでわたしたちは、もっぱら風が最も弱い夜明けに打ち上げた。しかし予想がはずれることもあり、そんなときはただ、待って、待って、待つしかなかった。天候が協力してくれるまで。

あるときミルジューラでの打ち上げの真っ最中に――まだ気球を膨らませ始めてもいなかった――天気予報に反して風が出てきた。気球は破れたが、ありがたいことに望遠鏡は無事だった。あれほどの準備と二〇万ドルが数秒で消えてしまった。苦痛どころの騒ぎではない。わたしたちに残された道は天候が回復するのを待ち、予備の気球でもう一度試してみることだけだった。

失敗は続くものだ。アリススプリングズへの最後の遠征では、スタッフの悲惨な過ちによって気球を二基失った。遠征は完全に失敗だった。しかし、少なくとも望遠鏡は被害を免れた。まだ地上を離れてはいなかったのだ。また、テキサス州パレスティーンへの最後の遠征（一九八〇年）では八時間の飛行に成功したものの、無線指令で飛行を終了させる際に、望遠鏡を失った。これはパラシュートが開かなかったためだ。

現在でも気球の打ち上げは確実からはほど遠い。二〇一〇年四月、アリススプリングズでNASAの実験用気球が打ち上げられたが、何かの異常が生じて離陸しかけた瞬間に気球が破裂、数百万ドルの価値のある機器が破壊されて、あやうく周辺にいた人々にけがをさせるところだった。この件について、詳しい話は以下のサイトで見ることができる（www.phys.org/news191742850.html）。

わたしはこの数十年間で、約二〇基の気球を飛ばした。打ち上げのときに失敗したり、目的の高度まで届かなかったりした（おそらくヘリウムが漏れ）のは、わずか五基。つまり成功率は七五パーセントで、これはかなりの好成績と言える。口絵ページに、気球への（ヘリウム）注入や打ち上げの写真が掲載されている。

打ち上げ場所へ移動する数カ月前、わたしたちはマサチューセッツ州ウィルミントンのとある企業で、積荷《ペイロード》の検査をするのが常だった。望遠鏡を真空槽に入れ、気圧をはるか上空と同じくらい、つまり大気の約一〇〇〇分の三に下げた。それからマイナス五〇℃まで冷やして作動させる。つまり、すべてのX線検出器のスイッチを入れ、放射源からのX線を二〇分ごとに一〇秒間、二四時間ぶっ続けで測定した。わたしたちのライバルチーム（同じような研究をしている他のチームを勝手にライバル視していたところはある）の望遠鏡はときどき故障することがあったが、それは低温でバッテリーがパワーを失うか、いきなり止まるかだった。わたしたちがそういう事態に一度も陥らなかったのは、しつこいほどテストを繰り返してきたからだ。テスト期間中にバッテリーのパワーが落ちそうなことに気づいたら、必要に応じてそれを温めパワーを持続させる方法を見つけ出した。

気球によるX線検出の仕組み

さて今度は、高電圧線からのコロナ放電――すなわち発光――を取り上げよう。わたしたちが使っていた装置の中には高電圧で動くものがある。気圧が低く空気の薄い場所は、電線から空中への放電には理想的な環境なのだ。第7講で述べた電送回線の雑音を覚えているだろうか？　あれがコロナ放電だ。高電圧を使う実験物理学者なら、コロナ放電を起こすことができるのを知っている。わたしは授業でこれらの発光を見せている。教室でのコロナ放電は楽しい。しかし高度四万四〇〇〇メートルでは悲劇だ。

わかりやすく説明しよう。装置がぱちぱちと音を出し始めると、その電子ノイズが大きすぎてX線光子をキャッチできなくなる。これがどれほどの災難となるだろうか？　まったくのお手上げだ――飛行中の有用なデータが取れなくなるのだから。解決法は高圧線をシリコンゴムですっぽり覆うことだった。ほかにも同じことをした人々がいるが、それでもコロナ放電を止められなかった。しかし、わたしたちの場合はテストと準備が成果をあげた。コロナ放電が生じたことは一度もない。これは精巧な望遠鏡を製作するうえでの、数多くある複雑な技術上の問題のひとつだ。そのため望遠鏡製作にはひどく長い時間がかかるし、費用も莫大になる。

さて、望遠鏡を大気圏上層に運んだあと、どうすればX線を検出できるだろう？　この問いへの答えはそう単純ではないので、もう少し我慢してほしい。まずわたしたちが用いたのは、特殊な種類の検出器（ヨウ化ナトリウム結晶）だった。ロケット観測で使われていた（ガスの満ちた）比例計数管ではなく、一五キロ電子ボルト以上のエネルギーを持つX線を検出できる機器だ。X線光子がこれらの結晶のひとつに当たると、電子が軌道からはじき飛ばされ、X線エネルギーはその電子に移る（これがいわゆる光電吸収だ）。この電子が結晶の中にイオンの軌道を生み出し、やがて停止する。これらのイオンが中和されると、たいていは可視光線という形でエネルギーを放つ。こうして閃光が生み出される。つまりX線光子のエネルギーが輝く光に変化するのだ。X線のエネルギーが高くなれば、光の輝きも強くなる。わたしたちは光電子増倍管を使って輝く光を検出し、それを電気パルスに変化させた。光の輝きの明るさが増すにつれ、パルスの電圧も高くなった。

次にパルスを増幅して周波数弁別器に送り、電圧を測定してその大きさによって分類する。この大きさがX線のエネルギー準位だ。こうした研究が始まったばかりのころは、たった五つのエネルギー準位でしか記録できなかった。

気球の飛行終了後に検出記録が入手できるように、初期には気球に検出器を搭載して、エネルギー準位と検出時間の記録を取った。また弁別器に配線を施し、これら分類したインパルスを発光ダイオードに送った。するとあの五段階のエネルギー準位での発光パターンが生じる。わたしたちはその発光を、連続フィルムを走らせるカメラで撮影した。

発光していればフィルムに筋が残っているはずだ。全体的に見ると、観測フィルムは長い線と短い線が断続的に延々と続いているように見える。MITに戻ってジョージ・クラークが設計した特別の読み取り装置にフィルムをかけ、穿孔テープ、いわゆる穴のあいた紙テープに変換した。その後、光検出ダイオードを用いて、穿孔テープのデータを磁気テープに移す。すでにフォートランで（なんと古臭い響きだろう）コンピューター・カードにプログラムを書き込んでいたので、それを使って磁気テープを読み取り、コンピューターのメモリーに落として（ようやく！）五段階のエネルギー・チャネルの時間関数として、X線のカウント数を知ることができたのだ。

まるで、簡単なことをわざわざ複雑にしているループ・ゴールドバーグ・マシンのように思えるかもしれない。しかし、わたしたちがやろうとしていたことを考えてみてほしい。カウント率（一秒当たりのX線のカウント数）やX線光子のエネルギー準位を測るばかりか、X線光子を放つ源の位置も特定しようとしていたのだ。光と同じ速さで何千年も旅し続け、銀河に広がる光子、その強さは移動距離の二乗に反比例して減衰していく。山頂に固定され、制御システムによって何時間も同じ場所に向け続けたり、夜が来るたび同じ場所に戻したりできる望遠鏡による観察とは違い、わたしたちはとにかく与えられた時間（せいぜい一年に一度）を活用して、壊れやすい気球が一〇〇〇キログラムの望遠鏡を積んで高度四万四〇〇〇メートルまで運ぶのを――常に時間単位で――観察しなければならないのだ。

気球が上がると、わたしは小型飛行機で追跡した。ふつうは気球を見失わないよう（昼間の話で、夜はそのかぎりではない）高度一五〇〇メートルから三〇〇〇メートルを保って飛ぶ。何時間も続けて飛行することがどういうものか、想像できるだろうか？　わたしは小柄ではない。四人乗りの小型飛行機に八時間、一〇時間、一二時間も乗っていれば、どうしたって具合が悪くなる。おまけに気球が飛んでいるあいだは緊張状態が続く。データを回収し、実際に手に取るまではリラックスなどできるわけがない。

気球は巨大なので、五〇キロメートル上空でも、晴れていれば地上からはっきり見える。打ち上げステーションから遠く離れたところまでレーダーでたどることはできるが、地球が丸いため、それもやがてできなくなる。そこでわたしたちは、気球に無線送信機を装備し、夜はもっぱらラジオビーコンに切り替えて追跡した。わたしたちは気球の打ち上げについて地元新聞に知らせ、気球は何百キロも漂っていく可能性があることを記事にしてもらったが、気球が飛んでいるあいだ、UFOを見たという報告があとを絶たなかった。これには笑ったが、しかたのないことだろう。大きさも距離感も判別がつかない謎の物体を見たら、ほかにどう考えればいいだろう？　見た人たちにとってはまさに未確認飛行物体（UFO）だったのだ。望遠鏡で撮った四万四〇〇〇メートル上空の気球の写真は口絵ページで見ることができる（10番の写真）。

これほど入念な計画を立て、天候を予測し、風向転換の時期を選んでも、高度四万四〇〇〇メートルの風の気まぐれに泣かされることもある。以前、オーストラリアのアリススプリングズから気球を北に飛ばそうとしたが、それはまっすぐ南に向かった。わたしたちは日没まで目で追い、夜は無線で追跡を続けた。朝になると気球はメルボルンの近くに到達したが、シドニーとメルボルン間の空域に入ることは許されない。気球を撃ち落とそうとする人はいないだろうが、何か手立てを講じなくてはならない。そこでへそ曲がりな気球が、まさに立ち入り禁止の空域にさしかかろうとしたとき、しぶしぶペイロード（気球に搭載されている荷物）を切り離す無線指令を出した。望遠鏡を気球からはずせば、気球は飛行能力を失うだろう。ペイロードを突然放出したことによる衝撃に耐えられないからだ。望遠鏡が落下を始めるとパラシュートが開き（一九八〇年のときは開かなかったが）、ゆっくり漂いながら降下して、望遠鏡は無事に地上へと戻ってくる。気球の巨大な破片も地面に落ち、たいてい一エーカー以上の範囲に散乱する。すべての気球飛行でこのような事態が、遅かれ早かれ起こったが、それはいつも悲しい瞬間（いつも避けられない出来事だとはいえ）だった。というのも、わたしたちはそこで任務を終える、つまりデータフローを打ち切るしかなかったからだ。望遠鏡はできるだけ長く空中に上げておきたかった。あのころは喉から手が出るほどデータが欲しかった。それがすべてだったのだ。

データを回収する

着地の際の衝撃をやわらげるため、わたしたちは望遠鏡の底に段ボールの緩衝パッドを付けた。もし日中なら、肉眼で追跡するだけで（もっとも切り離し指令を送ると急に消えることもよくある）、すぐにパラシュートを見つけられる。小型飛行機で気球の周りを旋回しながら、わたしたちは可能なかぎり気球を追い続けた。気球が着地したら、詳細な地図の上にできるだけ正確な位置の印を付ける。

ここからなんとも奇妙なことが始まった。わたしたちは飛行機の中にいて、すべてのデータや長年の苦労の成果が詰まったペイロードが地面にあり、すぐ手が届きそうだというのに、砂漠に着陸できないため、それを手にすることができないのだ！　地元の人たちの注意を引くしかなかった。こういうときわたしたちは、民家の屋根のかなり近くまで飛行機の高度を落とす。砂漠では家と家の距離が離れていて、住民たちは低空飛行が何を意味するかを理解しており、たいていは家から出てきて腕を振って合図してくれた。あとは砂漠の最寄りの滑走路（空港とはとても呼べない）に飛行機を着陸させ、彼らが現われるのを待つ。

あるとき、民家がとても少ない地域の上を飛んでいて、しばらく協力者を探し続けなければならないことがあった。ようやく、隣家から八〇キロほど離れた砂漠のど真ん中に住むジャックという男を見つけた。ジャックは酔っ払いで、かなりの変わり者だ。もちろん、最初はそんなことはわからなかった。わたしたちは飛行機から連絡を取って滑走路へと向かい、ひたすら待った。およそ一五時間後、ジャックがトラックに乗って現われた。フロントガラスもなく、屋根は運転台にあるだけで、後ろはあけっぴろげのおんぼろトラックだ。時速一〇〇キロ近くのスピードで砂漠を駆け回り、カンガルーを仕留めるのが趣味らしい。

わたしと大学院生のひとりがジャックのトラックに乗り、積荷の落ちた場所へ誘導する飛行機のあとを追った。トラックは標識のない土地を走らなければならなかった。わたしたちは飛行機と無線で連絡を取り続けた。ジャックがいたのは幸運だった。カンガルー狩りをしているだけあって、車を走らせる道筋をよく心得ている。

ジャックはわたしたちを怖がらせるような無茶もしたが、任せきりのこちらとしてはどうしようもなかった。一度だけ、これみよがしの示威行動に付き合わされた。トラックの屋根の上に飼い犬を乗せ、時速一〇〇キロ近くまで速度をあげたかと思うと、いきなり急ブレーキをかけたのだ。犬は空中に放り出され、前方の地面に落ちた。かわいそうに！　ジャックは腹をかかえて大笑いし、自分で落ちをつけた。「おいぼれワン公に新しい芸を仕込むなんてむだなこった」

半日かかってたどり着くと、積荷は一・八メートルもあるイグアナに守られていた。じつに気味の悪い生き物だ。正直なところ、背筋に寒気が走った。しかし当然ながらそんな気持ちはみじんも見せず、大学院生に言った。「大丈夫さ。こいつは無害だ。きみが先に行きたまえ」教え子は言うとおりにして、この生き物がほんとうに無害であることを証明してくれた。たっぷり四時間かけて積荷をジャックのトラックに載せたが、そのあいだもこの生き物は微動だにしなかった。

気球教授

ようやくアリススプリングズに戻った。もちろん、わたしたちは気球打ち上げの大きな写真とともに、『セントラリアン・アドヴォケイト』紙の一面に載った。見出しは〝宇宙探査の夜明け〟、記事は「気球教授」が戻ってきたことについて書かれていた。わたしは地元の名士となり、ロータリークラブや高校で講演を行なった。ステーキハウスでしゃべったこともあり、そのときはチームスタッフ全員分の夕食をごちそうになった。しかし、わたしたちがほんとうに望んでいたのは、フィルムをできるだけ早く持って帰り、現像、分析して、何を発見したかをつかむことだった。それで数日でかたづけを終え、帰国の途についた。この種の研究がどれほど過酷であるか、わかっていただけただろう。わたしは一年おきに（ときには毎年）、最低でも二カ月は自宅を留守にした。わたしの最初の結婚生活にいろいろ支障が生じたのも無理はなかった。

と同時に、これほどの不安や緊張をかかえながら、研究そのものは刺激的で、教え子の大学院生たち、とりわけジェフ・マクリントックとジョージ・リーカーの活躍ぶりはわたしの自慢だった。ジェフは今やハーヴァード・スミソニアン天体物理学センターの上席天体物理学者で、X線連星系のブラックホール質量（第13講を参照）を測定した功績で、二〇〇九年度のロッシ賞（誰にちなんだ賞か、おわかりだろうか？）を受賞した。ジョージは嬉しいことに、今もMITで働いており、画期的な新機器の設計・開発に才能を発揮し、ガンマ線バーストの研究で名を馳せている。

気球の打ち上げには独特のロマンがあった。午前四時に起きて空港へ車を走らせ、日の出とともに、気球が膨らんでいく壮大な光景を見る。空の下の美しい砂漠、最初は星しか見えない空にゆっくりと昇る太陽。解き放たれて空へ上がっていく気球は、朝日の中で金銀にきらめいた。ここまで来るためには、数多くの小さなことをすべてうまくやらなければならないので、わたしたちの神経は休まる暇がなかった。やれやれ。そして、打ち上げがうまくいき、無数の細かいピース（その一片一片がどれも、大きな災厄の引き金となりうる）が収まるべきところに収まったと思えたら、めったにない感動を味わえる。

あのころわたしたちは、確かに最先端にいた。そしてあの成功の一部は、気前のいいオーストラリア人の酔っ払いカンガルー・ハンターのおかげだったのだ。

蠍座X－1からのX線フレア

当時わたしたちが成しとげた発見の中で、何よりわたしの心をかきたてたのは、あるX線源から放出されるX線量が一時的に急増するという、まったく思いも寄らない観測結果だった。X線の強度が変わるX線源も存在するという見解は、一九六〇年代の半ばから広まっていた。ロッキード・ミサイル＆スペース社のフィリップ・フィッシャーが率いるグループは、一九六四年一〇月一日のロケット観測で探査した七つのX線源の強度を、同年六月一六日に行なわれたフリードマンのグループによるロケット観測の結果と比較した。すると白鳥座XR－1（現在では白鳥座X－1）における一〇月一日のX線強度（これをX線フラックスと呼んでいる）は、六月一四日の五分の一であることがわかった。しかしそれが実際の変動を示しているかどうかは明らかではなかった。フィッシャー・グループの指摘によれば、フリードマン・グループが使った検出器のほうが低エネルギー放射線の感度がよく、それがこの差の原因かもしれないということだった。

この問題は、一九六七年にフリードマンのグループが、過去二年間に三〇の源から出たX線フラックスを比較し、多くの源で実際に強度が変化していると断定したことでけりがついた。このとき特に衝撃的だったのは白鳥座X－1だった。

一九六七年四月、オーストラリアのケン・マクラッケン・グループがロケットを打ち上げ、蠍座X－1（存在を知られている中で最も明るいX線源）と同程度の輝きを持つ源を発見した。一年半前にも同じ場所を観測しているが、そのときは見られなかったものだ。折からワシントンDCで開かれていたアメリカ物理学会の席上でこの（いわゆる）「X線新星」が発表された二日後、わたしはある有名なX線天文学の先駆者のひとりと話していて、こう言われた。「きみはあのナンセンスな発表を信じるのかね？」

その光の強さは数週間で三分の一に、その五カ月後には五〇分の一以下に減少した。現在ではこのような源は「遷移X線源（X線トランジェント）」という、平凡な名前で呼ばれている。

マクラッケン・グループは、一般に南十字星としてよく知られている十字架座の中に、源の位置を突き止めた。彼らが有頂天になり、この発見にとても愛着を持ったのは、この星座がオーストラリアの国旗の中にあるからだろう。ところが源の精確な位置が、南十字星のすぐ外側、ケンタウルス座にあることがわかると、もともとの名前である十字架座X‐1はケンタウルス座X‐2へと変更され、オーストラリア人たちはひどくがっかりした。科学者はときに、新たな発見にとても情緒的になる。

一九六七年一〇月一五日、ジョージ・クラークとわたしは、オーストラリアのミルジューラから打ち上げた気球の一〇時間にわたる飛行で蠍座X‐1を観測し、大発見をした。とはいっても、ヒューストンのNASA宇宙センターの写真でよく見るような、全員が拍手喝采し、抱き合って成功を喜ぶシーンは期待できない。NASAでは何が起こっているかリアルタイムでわかるが、わたしたちは観測中にデータを入手することはできない。気球が飛び続けて機器が順調に作動するよう、ただ祈るのみだ。そして当然ながら、望遠鏡とデータをいかに回収するかをいつも気にしていた。わたしたちにとっては、それこそが不安と興奮の源なのだ。

数カ月後、MITに戻りデータを分析した。ある夜、わたしは助手のテリー・トールソンとともにコンピューター室にいた。当時MITには、とても大きなコンピューターがあった。コンピューターは多量の熱を放出するので、部屋には冷房が必要だった。あれはたしか夜の一一時ごろだったと思う。コンピューターを使う作業がしたいときは、夜に仕事を持ち込むのが得策だ。当時はオペレーターにプログラムを実行してもらわなければならなかった。わたしも順番待ちの列に加わり、根気強く待ったものだ。

というわけで、わたしはコンピューターで気球のデータを見ていた。すると突然、蠍座X‐1のX線フラックスが大幅に増加しているのに気づいた。データのプリントアウトには、X線フラックスが約一〇分で四倍に増加し、それが三〇分ほど続いて、また減少するさまが示されていた。蠍座X‐1のX線フレアは、前にも観測したことがあったが、今回は桁はずれだ。ここまで大きなものが観測されたのは初めてではないか。こんなとき、普通ならこう考えるかもしれない。「このフレアはほかのことで説明できるのではないか？　検出器が不調だったのではないか？」しかしこの件について、わたしには一点の疑いもなかった。この機器のことは隅から隅まで知っている。わたしたちの行なった準備もテストもすべて信頼しているし、飛行中はたえず検出器を点検し、二〇分ごとに既知の放射源のX線スペクトルを対照群として測定していた——機器は正常に動いていたのだ。わたしはデータを一〇〇パーセント信じていた。プリントアウトされたデータには、X線フラックスが大きく増え、そして減少したことが示されている。あの一〇時間の飛行中に観測したすべての源の中で、大きく上下しているのはひとつだけだった。蠍座X‐1だ。間違いない！

翌朝、ジョージ・クラークにこの結果を見せると、彼は椅子から転げ落ちそうになった。ふたりともこの分野のことはよく知っている。わたしたちは狂喜乱舞した。一〇分のうちにX線源のフラックスが変化するなどと予想した人はいないだろうし、それが観測できるとは夢にも描けなかったにちがいない。ケンタウルス座X‐2のフラックスは初めて検出されてから二、三週間で三分の一に減少したが、今回は一〇分で四倍の変動をしているのだ。スピードにして約三〇〇〇倍。

蠍座X‐1がエネルギーの九九・九パーセントをX線という形で放出し、そのX線光度が太陽の全光度の約一万倍、太陽のX線光度の約一〇〇億倍であることはわかっていた。しかし蠍座X‐1が一〇分のあいだに光度を四倍に変化させるとは――これを理解するための物理学的な説明はない。もし太陽の輝きが一〇分で四倍になったら、それをどう説明すればいいのだ？考えるだけで恐ろしい。

この短時間での変動は、気球観測による発見としては、X線天文学で最も重要な成果かもしれない。本講で述べてきたように、わたしたちはロケットではとらえられないX線源をいくつも見つけていて、それも重要な発見にはちがいない。しかし、この蠍座X‐1の一〇分間での変動ほど衝撃的なものはほかにない。

当時としてはあまりに奇想天外な発見だったので、とても信じられないという科学者も多かった。科学者とはいえ強い思い込みに縛られて、それを疑うのがむずかしくなることがある。『天体物理学ジャーナル・レターズ』誌の伝説的な編集長、S・チャンドラセカールが、わたしたちの蠍座X‐1についての論文を査読委員に送ってくれたが、その発見は頭ごなしに否定された。四〇年以上経った今も、よく覚えている。査読委員はこう書いてきた。「貴説は不合理のきわみである。これほど強力なX線源からの線量が、一〇分という短時間で変わるはずなどない」

わたしたちは成果を発表するために、関係者を説得しなければならなかった。ロッシも一九六二年にまったく同じ苦労を強いられた。『物理学レヴュー・レターズ』誌の編集長サミュエル・ハウトスミットは、X線天文学の礎《いしずえ》となる論文を、ロッシはロッシだからという理由で受け入れ、内容については喜んで「個人的責任」を負うつもりだったとのちに書いている。

今日では機器も望遠鏡もきわめて性能がよくなり、多くのX線源がどんな時間単位でも変化することは周知の事実だ。平たく言うなら、ある源を毎日続けて観測していれば、そのフラックスが日によってちがうということだ。秒ごとに観測しても、やはり結果は変化するだろう。ミリ秒ごとにデータを分析したとしても、変動が見られる源が見つかるかもしれない。しかし当時は一〇分単位の変動すら、目新しく意想外だったのだ。

一九六八年二月、わたしはMITでこの発見についての講演をしたが、聴衆の中にリカルド・ジャコーニとハーブ・グルスキーがいるのを見て心が震えた。ようやくこの分野の最先端を走る科学者として受け入れられるところまで来たような気がした。

以下の数講では、X線天文学が解決した数々の神秘とともに、わたしたち天体物理学者が今なお苦闘しながら答えを探っている問題を紹介しよう。中性子星へと旅をして、ブラックホールの深みに飛び込むのだ。振り落とされないよう、さあ、しっかりつかまって！

Cosmic Catastrophes, Neutron Stars, and Black Holes

第12講 中性子星からブラックホールへ

一定の質量以上の恒星は、
やがて重力の重みに耐えきれなくなって崩壊、爆発する。
これがひときわ大きな光を放つ超新星と呼ばれるものだ。
そして、超新星では、崩壊によってまったく新しい物体ができる。
それが中性子星だ。
そこからさらにブラックホールが。

中性子星はX線天文学史において要をなす存在だ。しかも、とてつもなくクールだ。といっても温度の話ではない。温度についてはまったく別だ。中性子星の表面温度は一〇〇万ケルビンを超えることもめずらしくない。太陽の表面温度の一〇〇倍以上だ。

イギリスの物理学者ジェームズ・チャドウィックが中性子を発見したのは一九三二年（この功績で一九三五年にノーベル物理学賞を受賞する）。この画期的発見――多くの物理学者が、これで原子構造のイメージが完成したと考えた――のあと、ウォルター・バーデとフリッツ・ツビッキーが、超新星爆発によって中性子星が形成されるという仮説を発表した。のちに、ふたりのこの仮説は正しかったことが判明する。中性子星を生み出すのは、大質量恒星が最期に見舞われる大激変、既知の宇宙において最も急速で、壮大で、苛烈な事象――すなわち重力崩壊型超新星なのだ。

中性子星の始まりは、太陽のような恒星ではない。少なくとも太陽の八倍以上の質量を持つ恒星だ。わが銀河系にはおおよそ一〇億個の中性子星が存在するが、ほかにも膨大な数に及ぶ多種多様な恒星が存在するので、一〇億個でさえ希少な部類に入る。この世界――それに宇宙

――の多くの物体と同様、恒星の〝生存〟が可能なのも、とてつもなく強い力のあいだで、ほどほどの均衡を保つ能力を持っているからにほかならない。核燃焼している恒星では、コアり、膨大なエネルギーが発生するのだ。【訳注：天体の中心部】から圧力が生み出される。太陽のコアの温度は約一五〇〇万ケルビンで、毎秒一〇億個以上もの水素爆弾に匹敵するエネルギーが生産されている。数千万ケルビンもの熱核反応がコアで起こ

安定した恒星の場合、この圧力は巨大な質量が生み出す重力と、しっかり均衡が保たれている。これらふたつの力――熱核反応炉の外向きの推力と、重力による内向きに引き寄せる力――の均衡がとれなければ、恒星は安定しないはずだ。例えばわれわれの太陽は、誕生後すでに五〇億年が過ぎ、余命はまだ五〇億年あるとされている。死を迎える間際の恒星は、まさに目をみはるばかりの変化を遂げる。恒星がコアの核燃料をほとんど使い果たすと、多くは末期《まつご》の段階に向かって華々しいショーを演じる。これは特に大質量の恒星に当てはまる。ある意味、超新星は悲劇の主人公に似ていなくもない。かつてアリストテレスが述べたように、彼らはいつも観客に憐憫の情と恐怖の念を呼び起こし、ときに熱烈に、たいてい声高に、カタルシスを喚起する感情を爆発させて、過大な一生を終えるのだ。

重力によって崩壊し最期を迎える星

星の終焉の迎えかたとして、最も派手なのは重力崩壊型超新星であり、それは宇宙で最もエネルギーに満ちた現象と言えるだろう。これについて詳しく述べていきたい。大質量恒星の原子炉の勢いがしだいに衰え（永遠になくならない燃料はない！）恒星の生み出す圧力が弱まっ

てくると、残った自己質量からの永続的で執拗な引力が、その圧力を凌駕する。

この燃料の尽きる過程は、実際にはかなり複雑なのだが、非常に興味深くもある。大半の恒星と同様に、大質量の恒星も、まず水素を燃やしてヘリウムを生成するところから始まる。恒星のエネルギー源は核エネルギーであり、それは核分裂ではなく、次のような核融合で得られる。超高温状態で四個の水素原子核（陽子）が融合してヘリウム原子核になり、熱が発生する。恒星が水素を使い果たすと、そのコアは（重力の作用により）収縮し、その結果、温度が上昇し、ヘリウムが融合して炭素が生成される。太陽のおよそ一〇倍以上の質量を持つ恒星の場合、炭素を燃焼したあとは、酸素の燃焼、ネオンの燃焼、珪素《けいそ》の燃焼が起こり、最終的に鉄のコアが形成される。

燃焼の各サイクルを終えてコアが収縮するたびに、温度が上昇して次のサイクルが始まる。それぞれのサイクルでは、その前のサイクルより生じるエネルギーが減少し、時間も短くなる。例えば（恒星の正確な質量によるのだが）水素燃焼サイクルは、温度が約三五〇〇万ケルビンで一〇〇〇万年続くが、最後の珪素燃焼サイクルは、温度約三〇億ケルビンでわずか数日しか続かないのだ！　恒星は各サイクルにおいて、その前のサイクルの生成物をほとんど燃やしてしまう。リサイクルとはまさにこのことだろう！

この一連の流れの最期には、珪素融合により鉄が生じる。鉄は周期表の元素の中でいちばん安定した原子核を有する。鉄を融合してさらに重い原子核を形成しようとすると、エネルギーが生み出されるどころか、むしろエネルギーを必要とするので、恒星のエネルギー生産炉はこの段階で稼働しなくなる。恒星が次々と鉄を生み出すのにつれて、鉄のコアは急速に成長する。

この鉄のコアがおよそ太陽質量の一・四倍に達すると、チャンドラセカール限界（偉大な天体物理学者チャンドラセカールにちなんで名付けられた）という不思議な限界に達する。この時点でコアの圧力は、重力による強大な圧力にそれ以上抗《あらが》うことができず、コアはみずからの中心に向かって崩壊し、外に向かって超新星爆発を引き起こす。

かつては堅固さを誇った城塞が大軍に包囲され、外壁が崩れ落ちるさまを思い描いてほしい（映画『ロード・オブ・ザ・リング』で、際限なく現われるオーク軍により城壁が破られる戦闘シーンのような）。コアはほんの数ミリ秒のうちに崩壊し、光速のほぼ四分の一という、とてつもないスピードで内側に落ちていった物質によって内部の温度は一〇〇〇億ケルビンという想像を絶する高温まで上昇する。これは太陽のコアのおよそ一万倍の温度だ。

単独星が太陽の質量のおよそ二五倍以下（かつ太陽の質量のおよそ一〇倍以上）だった場合、この崩壊により、まったく新しい物体が恒星の中心に創り出される。それが中性子星だ。太陽質量の八倍から一〇倍ほどの単独星も、最終的には中性子星になるのだが、コアの核反応の進行は前述したシナリオとは異なる（この件についてここでは触れない）。

崩壊を起こしている高密度なコアでは、電子と陽子が結合する。個々の電子の負電荷が陽子の正電荷を相殺し、両者が結びついて中性子とニュートリノが生み出される。もはや個々の原子核は存在しない。いわゆる中性子縮退物質（満を持して登場した興味津々の名称だ！）となって消滅してしまったからだ。中性子縮退圧――重力と拮抗する圧力を表わすこの用語はわたしのお気に入りだ。やがて中性子星になるはずのこの物質が、太陽質量のおよそ三倍以上に成長した場合、つまり単独星（である超新星爆発前の元の恒星）の質量が太陽質量のおよそ二五倍以上である場合、重力は中性子縮退圧さえ凌駕する。次に何が起こるだろうか？　さあ、当ててみよう。

ご明察。答えは、ブラックホール以外にありえない。物質がもはや人知のおよぶ形態では存在しえないところ、接近すれば、強力な重力に捕らわれて、放射線がまったく抜け出せなくなるところ、光も、X線も、ガンマ線も、ニュートリノも、ありとあらゆるものが抜け出せなくなるところだ。連星系（次講参照）の進化は、単独星とは大きく異なる。連星系を構成する大質量恒星の外層が初期の段階ではぎ取られ、コアの質量が単独星ほどには大きくならない可能性があるからだ。その場合、もともと太陽質量の四〇倍以上もある恒星でさえ、中性子星のままとどまることもある。

元の星が中性子星になるかブラックホールになるかを分ける境界線がいまだ定かではないということは、声を大にして言っておきたい。それは単恒星の質量以外にも、多くの変数が絡むからだ。例えば恒星の自転もだいじな要素になる。

しかし、ブラックホールは確かに存在する――熱に浮かされた科学者やSF作家の創作ではない――し、たまらない魅力をたたえている。X線宇宙と深い関わりがあるので、のちほど必ず取り上げるつもりだ。今はとりあえず、これだけ言っておこう。ブラックホールは実在するだけではなく、この宇宙において、適度な質量を持つあらゆる銀河の中心核を形成している可能性がある。

超新星の光

では、重力崩壊の話題に戻ろう。ひとたび中性子星が形成されたら――ミリ秒単位の話をしていることをお忘れなく――猛スピードで中心に向かう物質は文字どおりはね返され、外向きの衝撃波が生じるが、残存する鉄原子核の分解のためにエネルギーが消費されることから、やがて衝撃波は弱まる（軽い元素が融合して鉄原子核を形成するとき、エネルギーが放出されることを思い出してもらいたい。したがって鉄原子核を分解するとき、エネルギーは消費される）。重力崩壊の最中に電子と陽子が結合して中性子になるとき、ニュートリノも発生する。さらに、コアが約一〇〇〇億ケルビンという高温状態では、いわゆる熱ニュートリノになる。このニュートリノは、重力崩壊において放出された全エネルギーのおよそ九九パーセント（約10^{46}ジュールに相当）を擁する。残り一パーセント（10^{44}ジュール）はおもに、恒星の放出物質の運動エネルギーとなる。

通常、ほぼ質量ゼロで電気的に中性なニュートリノは、ほとんどすべての物質を通過し、また大半はコアからも抜け出す。とはいえ、周囲の物質が超高密度なので、約一パーセントのエネルギーは物質に吸収され、爆発を引き起こして、秒速二万キロに達するスピードで飛び散る。なかには爆発後、何千年にもわたって見えるものもある——これは超新星残骸と呼ばれる（蟹星雲など）。

超新星爆発はまばゆい光を放ち、見かけの光度の最大値はおよそ10^{35}ジュール毎秒になる。これは太陽の光度の三億倍に相当し、このような超新星がわれわれの銀河で起これば（一世紀に平均わずか二回しか起こらない）、天空に壮大な眺めが繰り広げられる。現在では、全自動式のロボット望遠鏡により、毎年数百から千もの超新星が、比較的近くの銀河で広範囲にわたり発見されている。

重力崩壊型超新星は、太陽が過去五〇億年間に生み出したエネルギーの二〇〇倍にあたるエネルギーを放つ。しかも、全エネルギーがおよそ一秒間で放出されるのだ——その九九パーセントはニュートリノとして！

これが一〇五四年に起こった現象であり、この爆発により、過去一〇〇〇年でもっとも明るい星が天頂に姿を現わした――なんと数週間にわたり、昼間でも肉眼で見えるほどの明るさだったという。まさに宇宙の閃光ともいうべき超新星は、数年のうちにガスが冷えて分散する。しかし、ガスは消滅するわけではない。一〇五四年の爆発のとき、単独の中性子星が形成されただけではなかった。蟹星雲が生まれたのもこのときだ。これは全天でもきわめてめずらしく、今なお変化を続けている天体で、新たなデータ、類まれなる姿、観測にもとづく発見を、ほぼ絶えることなく提供してくれている。天体の活動はたいてい、地質学的な時間単位――何百万年から何十億年――で起こるので、秒や分、あるいは年単位などですばやく起こる活動を見つけたときは、とりわけ胸が高鳴る。蟹星雲の一部は、数日ごとに姿を変えている。超新星一九八七Ａの残骸（大マゼラン雲内にある）も、ハッブル宇宙望遠鏡やチャンドラＸ線観測衛星により、視認できるほどの形の変化が観測されている。

この超新星一九八七Ａ（略称ＳＮ一九八七Ａ）の光が初めて地球に届いたのは一九八七年二月二三日のことで、地球の三カ所のニュートリノ観測所が、それぞれ同時にニュートリノバーストをとらえた。ニュートリノの検出はとてもむずかしいので、この三カ所の観測所を合わせても一三秒間でたった二五個しか検出されなかった。超新星に面した地表に降り注いだニュートリノは、一三秒間で一平方メートルあたり約三〇〇兆（三×10^{14}）個もあったというのに。この超新星は本来、約10^{58}という、想像を絶する数のニュートリノを放出している。しかし、地球からはるか彼方に位置する（一七万光年）ことを考えれば、実際に到達したのは〝わずか〟四×10^{28}――全放出量より三〇桁少ない――ほどだ。ニュートリノの九九・九九九九九九九パーセント以上は、地球を素通りする。一光年（約10^{13}キロメートル）の厚さの鉛でも、半分ほどのニュートリノしか止めることはできない。

超新星一九八七Aの元となった恒星は、爆発のおよそ二万年前にガスを放出し、それが周囲でリング状に広がっていたが、超新星爆発の約八カ月後までは目に見えなかった。放出されたガスの速度は比較的ゆっくり——秒速にしてわずか八キロほど——だったが、長い年月を経て、リング状のガスの半径は三分の二光年、すなわち八光月ほどの距離にまで達した。

その後、超新星爆発が起こり、約八カ月後には爆発による紫外線が（当然、光速で）リング状の物質に追いつき、言うなればスイッチを入れた——するとリングが可視光を発するようになった。超新星一九八七Aの写真は、本書の口絵ページにも掲載されている。

ところが話はさらに続き、X線が関わってくる。超新星爆発によって噴出したガスは秒速およそ二万キロ、つまり光速の一五分の一ほどの速度で広がった。リングがそのときどのあたりまで広がっているかわかっていたので、放出された物質がリングに到達するのはいつになるのか、おおよその時間を見積もることができた。果たして到達したのは一一年余りあとで、そのときにX線が発生したのだ。ここではあたかも過去数十年のあいだに起きた出来事のように語っているが、実際のところ、超新星一九八七Aは大マゼラン雲内に位置しているため、これらの事象はすべて約一七万年前に起こったということを、常に頭に留めておかなければならない。

これまでのところ、超新星一九八七Aの残骸から中性子星は見つかっていない。重力崩壊のさなかに中性子星が形成され始め、その後ブラックホールが生まれたと考える天体物理学者もいる。わたしは一九九〇年に、カリフォルニア大学サンタクルーズ校のスタン・ウーズリーと賭けをした。ウーズリーは超新星に関して世界でも屈指の研究者で、五年以内に中性子星が見つかるかどうかを賭けたのだ。わたしは負けて、一〇〇ドルを失った。

このような驚異的現象から生み出されるものは、ほかにもまだある。超高温の溶鉱炉ともいうべき超新星では、高次の核融合により原子核が激しくぶつかって、鉄よりも重い元素が作られる。これが最終的にガス雲になり、やがて合体したり崩壊したりして、新たな恒星や惑星が生み出されることもある。人間及びすべての動物は、恒星で調理された元素で作られているのだ。こうした星の窯や、ビッグバンを原初とする超激烈な爆発がなかったら、現在の周期表に記載されている豊富な元素は存在しなかったにちがいない。重力崩壊型超新星は、ひとつの恒星を焼き尽くすことにより、新しい恒星や惑星誕生の下地を創り出すという点で、天体の森林火災（もちろん小規模な）にたとえられるかもしれない。

自転する中性子星はパルスを発する

中性子星は、どのような尺度で見ても極端な天体だ。直径わずか約一〇キロ（火星と木星の軌道のあいだを公転する小惑星より小さいものもある）で、太陽の一〇万分の一しかなく、したがって太陽の平均密度と比べて約三〇〇〇億（三×10^{11}）倍以上も密度が高いのだ。中性子星物質小さじ一杯分が、地球上では一億トンにもなる。

わたしが中性子星について何より気に入っているのは、その名を口にしたり文字に書いたりするだけで、物理学の両極、極小と極大をひとつに束ねられる点だ。中性子は目で見えないほど小さいのに、わたしたちの脳の処理能力を超えるほど高い密度を持つ。

中性子星は自転する。特に誕生したばかりの中性子の中には、高速で自転するものがある。

これは、フィギュアスケート選手がスピンをするとき、伸ばした腕を体に引き寄せると、スピンの速度がさらに増すのと同じ理由だ。物理学者はこれを、角運動量の保存と表現する。角運動量を詳細に説明しようとすると少々複雑なのだが、発想自体は明快なので理解しやすい。

それが中性子星とどのような関係があるかというと、次のひと言に尽きる――宇宙のすべての物体は回転する。重力崩壊して中性子星となる前の恒星も自転していた。爆発時に大半の物質を放出したものの、一～二太陽質量分は保持しており、それが爆発前のコアの数千分の一の大きさに凝縮される。角運動量は保存されるので、中性子星の自転回数は少なくとも一〇〇万倍に増加するはずだ。

ジョスリン・ベル（後述参照）が最初に発見したふたつの中性子星は、自転軸を中心に約一・三秒で一回転していた。蟹星雲の中性子星は、一秒につき約三〇回転するし、これまでに発見された中性子星の最高回転速度は、なんと一秒間に七一六回だ！　となると、この中性子星の赤道上の速度は、光速のおよそ一五パーセントということになる！

すべての中性子星は自転し、その大半には実質的に磁場が存在することから、パルサーという特筆すべき恒星の事象が生じる。パルサーとは、〝脈動星《パルセイティング・スター》〟の略称で、みずからの磁極から電波ビームを放射する中性子星のことだ。その磁極は、地球の場合と同じように、地理学的極点――この両端を結んだ線が自転軸――から大きくずれる。パルサーの電波ビームは自転に伴い宇宙を駆け抜ける。ビームを観測している者にとっては、ほんの短時間しかビームを見ることができないため、この恒星が定期的な周期でビームを放射しているように見える。天文学者はこれを灯台効果と呼ぶことがあるが、その理由は明らかだろう。六個の単独パルサーの存在も確認されているが、これを連星パルサーと混同してはいけない。後者は、電波、可視光、

Ｘ線、ガンマ線など、きわめて広範囲の電磁波スペクトルが脈動する。蟹星雲のパルサーもそのひとつだ。

ジョスリン・ベルが最初のパルサーを発見したのは一九六七年で、彼女はケンブリッジ大学の院生だった。ベルと指導教官のアントニー・ヒューイッシュは当初、一・三三七三秒間隔（パルス周期）で〇・〇四秒間だけ放射される規則的なパルス状の電波について、どう解釈すべきか見当がつかなかった。最初は地球外生命体によるものかもしれないと考え、このパルサーを〝小さな緑の宇宙人《リトル・グリーン・マン》〟の頭文字をとってＬＧＭ‐１と名づけた。まもなくベルがふたつめのＬＧＭを発見したところ、パルス周期は約一・二秒だった。この発見から、パルスは地球外生命体によるものではないことが明らかになった――まったく異なるふたつの文明が、ほぼ同じ周期の信号を地球に発信するなどありえないではないか。ベルとヒューイッシュがこの結果を発表してほどなく、コーネル大学のトーマス・ゴールドにより、パルサーが自転する中性子星であることが確認された。

ブラックホール

ここでみなさんとのお約束を果たそう。ようやく例の奇怪な対象をしかと見据えるときが来た。一般の人がブラックホールをなぜ恐れるのかは理解できる――ＹｏｕＴｕｂｅを少し検索してみれば、ブラックホールがどんなふうに見えるか〝再現〟した動画が山ほどあるし、その大半は〝死の星〟とか〝星を食うもの〟のカテゴリーに入る。一般的に、ブラックホールは超強力な宇宙の落とし穴《シンクホール》で、ありとあらゆるものを貪欲な口に吸い込む定めを持つというイメージがある。

しかし、たとえ超大質量ブラックホールでも、周辺のものを手当たりしだい呑み込んでしまうというイメージは完全に誤りだ。あらゆる種類の物体――おもに恒星――は、恒星質量を持つブラックホール、あるいは超大質量ブラックホールの周囲でさえ、非常に安定した軌道を描いて回る。さもなければわれわれの銀河は、中心に位置する四〇〇万太陽質量の巨大ブラックホールの中にとっくに姿を消してしまっているはずだ。

では、この奇妙な野獣についてわたしたちが把握していることは何だろうか。中性子星は、重力崩壊を起こしてブラックホールを形成するまでに、わずか三太陽質量までしか保持できない。超新星爆発前の核燃焼する単独星が約二五太陽質量以上だと、物質は重力崩壊の過程で中性子星の段階を経ず、そのまま崩壊を続けることになる。その終着がブラックホールだ。

連星系で伴星を持つブラックホールの場合、可視の伴星に対して及ぼす重力の影響を測定することが可能だし、まれにその質量を特定することも可能だ（連星系については次講で述べる）。

ブラックホールには表面というものがなく、天文学者が事象の地平面と呼ぶ空間的境界がある。そこに足を踏み入れると、きわめて強い重力のせいで、電磁放射線ですらその重力場から逃れられない。これだけでは合点がいかないだろうから、ゴムシートの真ん中に重い石を置き、それをブラックホールだと想像してみてほしい。シートの中央がへこんでいるはずだ。都合よくゴムシートがなければ、古くなったストッキングや、捨ててあるパンストを利用してもよい。できるだけ大きな正方形に切り取り、その真ん中に石を置く。次に両端を持って持ち上げる。石の重みですぐに、竜巻にも似た漏斗状《じょうご》のへこみができる。これで、四次元時空現象の三次元版を創り出したことになる。物理学者がこのへこみを重力の井戸と呼ぶのは、重力が時空に及ぼす影響を模しているからだ。石を大きな岩に置き換えればさらに深い井戸ができるように、質量が大きい物体ほど時空をいっそう歪ませることがわかる。

わたしたちは三次元空間でしか考えられないので、大質量恒星が四次元時空で漏斗を作ることが何を意味するのか、視覚的に把握できない。重力をこのように時空の湾曲として考えるよう提唱したのは、アルバート・アインシュタインだった。アインシュタインは重力を幾何学の問題に転換させた。といっても、わたしたちが高校で学ぶ幾何学とは別物だ。

このパンティストッキングの実験は、種々の理由から理想的とは言えない——そう聞いて大勢の人が胸をなでおろすにちがいない——が、その大きな理由は、石や岩で作られた重力場の周囲をビー玉が安定した軌道を描いて回るようすを、想像しにくいという点にある。ところが実際の天象においては、多くの物体が何百万年も、何十億年も、大質量の天体の周りで安定した軌道で回っている。月が地球の周りを、地球が太陽の周りを、太陽もその他一〇〇〇億個の恒星も、銀河系で軌道を描いて回っているではないか。

一方でこの実験は、ブラックホールを視覚的に把握するうえで確かに役立つ。例えば、物体の質量が大きいほど、井戸はさらに深く、側面の傾斜はさらに急になるので、井戸から抜け出すためにはより多くのエネルギーを必要とすることがわかる。大質量恒星の重力から逃れた電磁放射線でさえ、エネルギーが減少する。つまり周波数が低くなり、波長が長くなる。電磁波スペクトルがエネルギーの低いほうへずれることを、赤方偏移と呼ぶことはすでにご存じだろう。コンパクト星（大質量で小型）には重力赤方偏移という、重力により生じる赤方偏移の現象がある（ドップラー偏移による赤方偏移と混同しないように。これについては第２講及び次講参照のこと）。

惑星や恒星の表面から脱出するためには、逆戻りしないだけの最低限の速度が必要になる。これを脱出速度といい、地球の場合なら秒速約一一キロ（時速約四万キロ）だ。したがって、地球の周りを回る衛星のスピードが、秒速一一キロを超えることはない。脱出速度が上がるほど、脱出に要するエネルギーは大きくなる。エネルギーは、脱出速度と脱出しようとする物体の質量mの両方によって決まるからだ（必要な運動エネルギーは、$\frac{1}{2}mv^2$）。

重力の井戸がとてつもなく深くなれば、井戸の底から抜け出すためには光速を超える脱出速度が必要になると考えられる。しかしそれが不可能である以上、とてつもなく深い重力の井戸から脱出できるものは何もない。電磁放射線でさえ無理だということになる。

物理学者のカール・シュヴァルツシルトが、一般相対性理論のアインシュタイン方程式を解き、質量が既知のとき、何も脱出できないほど深い井戸を作り出す球体の半径を導き出した――球体とはつまり、ブラックホールだ。この半径はシュヴァルツシルト半径として知られ、その大きさは物体の質量によって決まる。これが、いわゆる事象の地平面の半径にあたる。

この方程式自体は驚くほど簡潔だが、回転しないブラックホールにのみ有効だ。* そのようなブラックホールは、一般にシュヴァルツシルト・ブラックホールと呼ばれる。方程式にはよく知られた定数も含まれており、太陽と同じ質量を持つブラックホールなら、半径は約三キロ弱と導かれる。同様にして、ブラックホールの規模――つまり事象の地平面の半径――は、例えば一〇太陽質量のブラックホールなら、半径およそ三〇キロと算出できる。地球と同じ質量を持つブラックホールの事象の地平面も算出できる――一センチ弱となる――が、そのようなブラックホールが存在するという証拠は何もない。では、太陽の質量が直径六キロほどの球体に凝縮されたとしたら、中性子星と同じ状態になるのだろうか？　答えは否《いな》だ――そんな大質量がそんな小さな球体に押し込められ、重力の影響を受けたら、太陽の構成物質は崩壊してブラックホールになるだろう。

アインシュタイン登場のはるか昔、一七四八年のこと、哲学者であり地質学者でもあったイギリスのジョン・ミッチェルは、重力が非常に強いために光も脱出できない恒星が存在すると発表した。ミッチェルは素朴なニュートン力学を用いて（わたしのクラスの新入生なら誰でも三〇秒でできる）、シュヴァルツシルトと同じ結論に至った。すなわち、太陽質量のN倍の質量を持ち、半径が三Nキロ以下の恒星の場合、光は脱出できないというものだ。アインシュタインの一般相対性理論が、ニュートンの素朴な手法と同じ結果を導くとは、なんとも驚嘆すべき符合ではないか。

球状をなす事象の地平面の中心には、物理学者が特異点と呼ぶ、体積がゼロで密度が無限大の地点が存在する。方程式の解として示されるだけの、何やら奇怪な、理解しがたいしろものだ。特異点が実際にどのようなものか、いくら想像しても誰にもわからない。特異点の問題を扱える物理学は（まだ）存在しないのだ。

あちこちのウェブサイトで、ブラックホールを描いたコンピューター・アニメーションが見られる。その大半は美しくもあり恐ろしくもあるのだが、ほとんどが信じがたいほど巨大に描かれ、宇宙規模で破壊が起こるように思わせる。そのせいかどうか、セルン（欧州原子核研究機構）によりジュネーブ近郊に建設された世界最大の粒子加速器、大型ハドロン衝突型加速器（LHC）がブラックホールを生成する可能性があるとマスコミが書き立てると、物理学者たちはこの惑星の未来を危険にさらすつもりかという不安の声が、科学者以外の人々のあいだで大いに高まった。

だが、ほんとうに危険なのだろうか？　彼らが思いがけずブラックホールを生成してしまったとしよう——そのブラックホールは地球を呑み込んでしまうのだろうか？　この問題を解くのは、それほどむずかしくない。二〇一〇年三月三〇日、ＬＨＣで陽子ビーム同士を正面衝突させたときに生じたエネルギーは、七テラ電子ボルト（ＴｅＶ）、つまり七兆電子ボルトで、ひとつのビームのエネルギーは三・五兆電子ボルトだった。ＬＨＣの研究者たちは、一四テラ電子ボルトの衝突エネルギーという、現時点ではまったく実現不可能なレベルを最終目標に掲げている。陽子の質量は、約一・六×10^{-24}グラムだ。物理学者は、陽子の質量ｍはおよそ一〇億電子ボルト、つまり一ギガ電子ボルト（ＧｅＶ）とよく言う。もちろん、ギガ電子ボルトはエネルギーであって質量ではないのだが、$E=mc^2$（ｃは光速）であるから、Ｅを〝質量〟と呼ぶことも多い。マサチューセッツ州の高速道路にこんな標識がある。「交通情報は五一一番まで」。これを目にするたび、わたしは電子について考える。電子の質量は五一一キロ電子ボルト（ＫｅＶ）なのだ。

　仮に、一四テラ電子ボルトの衝突エネルギーすべてによってブラックホールが生成されたとすると、その質量は陽子の質量の約一万四〇〇〇倍、約二×10^{-20}グラムとなるはずだ。大勢の物理学者と調査委員会とが、この問題に関して山ほどの文献にあたって安全性を評価し、その結果を発表して、まったく心配には及ばないと結論づけた。その理由を知りたい？　それはもっともだ。よろしい。議論のおおまかな筋道を示そう。

　まず、ＬＨＣがきわめて小さなブラックホール（マイクロブラックホール）生成に必要なエネルギーを発生できるという筋書きは、大きな余剰次元という理論を拠りどころにしているが、これはまだまだ推論の段階にすぎない。この理論は、今まで科学的に実証されている範囲をはるかに超えるものだ。そのため、そもそもマイクロブラックホールすら、生成される可能性は著しく低い。

世間で心配されているのは、このマイクロブラックホールが安定した〝降着型〟――物質を寄せ集め、取り込み、成長する天体――で、近接する物質を手はじめに、しまいには地球までも丸呑みしてしまうのではないか、ということだ。しかし、安定したマイクロブラックホールというようなものがあるとすれば、計り知れないほど強力な宇宙線（これは確実に存在する）が中性子星や白色矮星と衝突し、すでに生成されて、その天体に居座っているはずだ。ところが白色矮星も中性子星も、何十億年とはいかなくても何億年にもわたり安定を保っているのだから、内側から星をたいらげてしまう小さなブラックホールは存在しないと言っていい。要するに、安定したマイクロブラックホールは、なんの脅威にもならないと思われる。

一方で、大きな余剰次元の理論がなければ、質量が二×10^{-5}グラム（プランク質量）以下のブラックホールが生成される可能性すらない。つまり、これほど小さな質量のブラックホールを扱うことができる物理学は（まだ）ないし、扱うとすれば量子重力理論が必要とされるだろうが、現在のところその理論は存在しない。したがって、二×10^{-20}グラムのマイクロブラックホールのシュヴァルツシルト半径の値はいくらかという問いも、意味をなさない。

スティーヴン・ホーキングは、ブラックホールが蒸発する可能性を提示している。ブラックホールの質量が小さいほど、蒸発に要する時間は短くなるという。この理論によれば、三〇太陽質量のブラックホールなら、約10^{71}年で蒸発する。一〇億太陽質量もある超大質量のブラックホールなら、約10^{93}年になる！　では、二×10^{-20}のマイクロブラックホールならどれくらいで蒸発するか、知りたいと思うだろう。すばらしい質問だが、その答えは誰にもわからない――ホーキングの理論は、プランク質量以下のブラックホールについては成り立たないのだ。ただし、単に好奇心を満たすために書いておくと、二×10^{-5}グラムのブラックホールの寿命は、約10^{-39}秒だ。ということは、ブラックホールの発生に要する時間よりも速く蒸発してしまう。つまりは、発生することさえ不可能なのだ。

　LHCで生成できるという二×10^{-20}グラムのマイクロブラックホールに関しては、明らかに心配無用のようだ。

　この事実をもってしても、LHCの実験中止を求める訴訟を思いとどまらせることはできなかった。科学者とその他の人々のあいだに横たわる隔たりと、わたしたち科学者側の説明のお粗末さについて、不安を覚えずにはいられない。世界最高峰の科学者たちがこの疑念に関して検討を重ねたうえで、問題を起こすおそれがない理由を説明したときでさえ、ジャーナリストと政治家は筋書きをでっちあげて、ほとんど何の根拠もなく大衆の恐怖心をあおり立てた。あるレベルにおいては空想科学小説《サイエンス・フィクション》のほうが、科学《サイエンス》よりも力があるらしい。

＊回転するブラックホールの場合、事象の地平面は偏球——赤道面がふくらんでいる——であり、球対称ではない。

ブラックホールにあなたが落ちたらどうなるか

ブラックホールほど奇怪なものはないと、わたしは思う。中性子星は、少なくともその表面でみずからの存在を知らせている。ある意味で、「わたしはここにいて、このとおり顔を見せることだってできる」と言っているようなものだ。ブラックホールに表面は存在せず、何ひとつ放出しない（ホーキング放射は例外で、ただし今までに観測されたことはない）。

ブラックホールの中には、降着円盤（次講参照）というやや平坦なリング状物質に囲まれ、きわめて高エネルギーの粒子ジェットを、（事象の地平面の中からではなく）降着円盤に対して垂直に放出するものがあるが、それはなぜなのか。これは未解決の大きな謎のひとつだ。次のウェブサイトのイメージを見てほしい。www.wired.com/wiredscience/2009/01/spectacular-new/。

ブラックホールの内部、つまり事象の地平面の内側についてはすべて、数学的計算によって導くほかはない。なにしろ、外に何ひとつ出てこないので、ブラックホールの内側からの情報がまったく得られないのだ――ユーモアあふれる物理学者はこれを〝宇宙の検閲〟と呼ぶ。ブラックホールはみずからの洞窟の中にみずからの姿を隠している。ひとたび事象の地平面に落ち入ったら、あなたはけっして脱出できない。信号を送ることさえ不可能だ。超大質量ブラックホールの事象の地平面に落ちても、自分では事象の地平面を越えたことさえわからないだろう。溝もなければ壁もなく、踏みしめて渡るべき崖道もない。地平面を越えたとたんに、その場の環境が急変するわけではない。あらゆる相対性理論的物理学が関連するというのに、腕時計を見ていても、針が止まったり、速くなったり、遅くなったりすることもないだろう。

ところが遠方にいる人からは、まったく異なる光景が見える。彼らが見ているのはあなたではない。彼らの目に映っているのは、あなたの体から脱け出して、ブラックホールの重力の井戸を這い上がった光でできたあなたの像なのだ。あなたが事象の地平面に近づくにつれて、重力の井戸の傾斜はどんどん急になる。光が井戸から抜け出すためにはさらなるエネルギーが必要となり、重力赤方偏移がさらに顕著になる。電磁波放射線はすべて、さらに長い波長（低い周波数）へとずれる。あなたの放射がしだいに長い波長に移動するにしたがって、あなたの姿はしだいに赤く見えるようになり、やがては消えてしまうだろう。あなたが事象の地平面を越えるとき、赤外線から電波へと波長が長くなり、やがてすべての波長が無限大にまで引き延ばされるからだ。そのため、あなたが境界を越える前でも、遠方の観測者からは、事実上消え去ってしまったように見えるはずだ。

遠方で観測する者は、じつに意外なことも目の当たりにする。なんとブラックホール付近から放たれる光の速度が遅くなっているのだ！　これはけっして相対性理論の基本原理に反しているわけではない。ブラックホール付近の観測者から見ると、光は相変わらず光速度c（秒速約三〇万キロ）と同じ速さで進んでいる。しかし遠方の観測者が見る光の速度は、cよりも遅い。光で伝わるあなたの像は、ブラックホール付近より、遠方の観測者のもとに到達するまで時間がかかる。その結果もたらされる現象は非常に興味深い。あなたが事象の地平面に近づくにつれて、観測者にはあなたの動きが遅くなるように見えるのだ！　じつは、あなたの像が観察者に届くまでにますます時間がかかるようになるために、何もかもがスローモーションに映るのだ。地球で観測する者にとっては、あなたが事象の地平面に近づくにつれて、そのスピード、動作、腕時計、心臓の鼓動までもが遅くなり、到達するころには完全に静止して見える。もっとも、事象の地平面付近で放たれる光は、重力赤方偏移の影響でしだいに可視光の範囲からはずれる。そうでなければ、観測者からは、あなたが事象の地平面で永久に〝凍りついている〟ように見えるだろう。

話を簡単にするために、これまでドップラー偏移については触れないできたが、あなたは事象の地平面に近づくにつれて加速するので、この偏移がきわめて顕著になる。実際、事象の地平面を越えるとき、あなたは光速で移動することになる（地球上の観測者にとっては、このドップラー偏移の効果は、重力赤方偏移の効果と同じだ）。

事象の地平面を越えてしまうと、もはや外側の世界と連絡はとれなくなるが、まだ外の世界を見ることはできる。事象の地平面の外側からやってくる光は、重力により高い周波数、つまり短い波長に偏移するため、あなたには青方偏移した宇宙が見えるはずだ（中性子星の表面に立つことができるなら、同様の理由からやはり同じように見えると思われる）。とはいえ、あなたは高速で落下しているのだから、外側の世界はだんだん遠ざかり、よって赤方偏移も発生するようになる（ドップラー効果により）。では、その結果は？　青方偏移が勝るのか、赤方偏移が勝るのか？　それとも、どちらが勝るということはないのだろうか？

わたしはブラックホール研究の世界的権威であるコロラド大学ＪＩＬＡ（天体物理学研究共同機関）のアンドリュー・ハミルトンに尋ねてみたが、予想どおり、回答はそれほど単純ではなかった。自由落下しているとき、赤方偏移と青方偏移は多少相殺し合うが、外側の世界の上方は赤方偏移、眼下は赤方偏移、地平面の方向は青方偏移で見えるということだった（〝シュヴァルツシルト・ブラックホールへの旅〟と題した動画で、物体のブラックホール落下時のようすがうかがえる。http://jila.colorado.edu/~ajsh/insidebh/schw.html）。

そうはいっても、表面というものがないのだから、足場になるようなところはないはずだ。ブラックホールを生成した物質は何もかも、特異点と呼ばれる一地点に向かって崩壊していく。潮汐力《ちょうせきりょく》についてはどうだろう――頭と爪先にかかる重力の違いによって、体がばらばらに引き裂かれたりはしないのだろうか？（地球で月に面した側が、月から遠い側よりも強い引力を受けることによる影響と同じ。これによって潮の干満が生じる）

いかにも、あなたの体はばらばらに引き裂かれてしまうことになる。三太陽質量のシュヴァルツシルト・ブラックホールなら、事象の地平面を越える〇・一五秒前に、重力によって体が引きちぎられる。これはスパゲッティ化という、とても生々しい名で呼ばれているが、体が想像を絶するほどに引き伸ばされてしまう現象だ。ひとたび事象の地平面を越えたら、散り散りになったあなたの体は〇・〇〇〇〇一秒ほどで特異点に到達し、同時に無限大の密度の一点に押し込まれる。われわれの銀河の中心にあるような四〇〇万太陽質量のブラックホールなら、なんら支障なく、無事に事象の地平面を越えられるだろう。ともあれ最初だけは。しかし遅かれ早かれ、あなたの体はスパゲッティ状に伸ばされ寸断されてしまう！（おそらく〝早かれ〟のほうだろう。引き裂かれるまでにわずか一三秒ほどしかないし、その〇・一五秒後にはもう特異点に到達しているのだから）

ブラックホールの概念そのものが、どんな人にとってもまことに奇怪であるのだが、実際にそれを観測する多くの天体物理学者（大学院でのかつての教え子、ジェフリー・マクリントックとジョン・ミラーも含めて）にとっては、とりわけその印象が強い。恒星質量のブラックホールが存在することもわかっている。それが発見されたのは一九七一年。白鳥座X‐1が連星系で、そのうちのひとつがブラックホールだという証拠を光学天文学者が示し、発見に至ったのだ！　これについては次講に譲るとしよう。お楽しみに！

Celestial Ballet

第13講
天空の舞踏

X線による天体の観測は、
想像もできなかったような天体の姿を浮かび上がらせる。
ひとつの星だと思っていたものが、実は連星であり、
しかももうひとつの星は見ることのできない
ブラックホールだということがわかる。
わたしたちは連星の舞踏を観測したのだ。

望遠鏡の有無と種類は問わないが、天空に見える星々の多くが、わたしたちの見慣れた太陽の単なる遠距離版ではなく、もっとずっと複雑なものだということは、皆さんにはもう意外でもなんでもないだろう。あなたの見ている星の約三分の一が単独星ですらなく、むしろ連星と呼ばれるものであることは、あまり知られていないかもしれない。連星とは、重力によって結びつき、たがいに軌道運動しているひと組の恒星だ。言い換えれば、夜空を見上げたとき目に入る星の約三分の一が、見た目は単独でも、じつは連星系なのだ。三連星系――三個の恒星がたがいに軌道を回っている――というものさえ、さほど多くはないが存在する。わたしたちの銀河系で輝きを放つX線源の多くが連星系だと判明して以来、わたしはずいぶんな数の連星系を研究対象にしてきた。魅力的な星々なのだ。

連星系のそれぞれの星は、ふたつの星のあいだに位置する質量重心の周りを回っている。ふたつの星の質量が同じなら、質量重心はそれぞれの星の中心から等距離にある。質量が同じでなければ、質量重心は質量が大きいほうの星に近くなる。どちらの星も軌道を一周する時間はまったく同じなので、質量が大きいほうの星は小さいほうの星よりもゆっくりと軌道を回らなければならない。

この原理を視覚化するために、バーの両端に同じ質量の錘《おもり》を付けて、その中間点を軸に回転しているダンベルを頭に描いてみよう。次に、一方の端に一キロの錘、反対の端に五キロの錘を付けたダンベルを思い描こう。後者のダンベルの質量重心は重いほうの端にきわめて近いので、回転を始めると質量の大きい錘のほうが軌道が小さく、小さい錘は同じ時間でより大きな軌道を回らなければならないことがわかるだろう。これが錘ではなく恒星ならば、質量が小さいほうの星は、大きく鈍重な相棒の五倍の速度で、軽やかに軌道を回ることになる。

一方の星の質量が対の星よりはるかに大きい場合、質量重心は大きいほうの星の内部にあるかもしれない。地球と月（やはり連星系）の場合、その質量重心は地球の表面から一七〇〇キロメートルほど内部にある（これについては、補遺2で触れる）。

夜空に最も明るく輝く星シリウス（地球からの距離は約八・六光年）は、シリウスAとシリウスBというふたつの星から成る連星系だ。このふたつの星は共通の質量重心を約五〇年かけて一周する（これを軌道周期と呼ぶ）。

不可視の天文学

自分の見ている星が連星系であることは、どうやってわかるのだろう？　肉眼では連星を別々に見ることはできない。地球からの距離と、使用する望遠鏡の性能によっては、ふたつの星を個別に見ることで、目視による確認ができることもある。

ドイツの著名な数学者であり天文学者でもあるフリードリッヒ・ヴィルヘルム・ベッセルは、

夜空で最も明るい星シリウスが、見える星と見えない星から成る連星系であることを推定した。ベッセルがこの結論に至ったのは、精確な天体観測にもとづいてのことだった——一八三八年に視差の測定に初めて成功したのがベッセルだ（僅差でヘンダーソンに先んじた——第2講参照）。一八四四年にベッセルがアレクサンダー・フォン・フンボルトに宛てて書いた有名な手紙がある。「恒星シリウスは見える星と見えない星から成る連星系だという確信が、小生の頭から離れません。宇宙の物体にとって明度が必須の特性だと見なす根拠はどこにもないのです。無数の星の可視性が、対になる無数の星の不可視性を背景にしていることに、議論の余地はありません」

これは深遠な含みを持つ言明だ。わたしたちは普通、目に見えないものの存在を信じない。ベッセルを祖とする学術領域を、わたしたちは現在、不可視の天文学と呼んでいる。

一八六二年にアルヴァン・クラークが、わたしの居住地でもあるマサチューセッツ州ケンブリッジで、できあがったばかりの四七センチ径望遠鏡（当時としては最大の望遠鏡で、クラークの父親の会社が製作した）をテストするまで、〝見えざる〟伴星（シリウスBと呼ばれる）を実際に見た者はいなかった。クラークはボストンの地平線から昇るシリウスに、テストのために望遠鏡を向け、シリウスB（明るさはシリウスAの一万分の一）を発見した。

恒星スペクトルからその星の大気がわかる

星が連星であることを突き止めるのに、遠く離れている星ならなおさら、最も一般的な方法は、分光計を用いてドップラー偏移というものを測定することだ。おそらく天体物理学において分光計以上に強力な機器はなく、また天文学において過去数百年間でドップラー偏移以上に重要な発見はないだろう。

物体がじゅうぶんに熱くなると可視光線を放射する（黒体放射）ことを、皆さんはすでに知っている。虹を作る雨粒（第5講）はプリズムと同じ方法で太陽光線を分解することによって、赤の端から紫の端に至る色の連続体を見せてくれる。これをスペクトルという。星から放射される光線を分解したときにもスペクトルは見えるが、必ずしもすべての色が等しい濃度というわけではない。例えば、星の温度が低ければ低いほど、その星は（スペクトルも）赤みを帯びてくる。ベテルギウス星（オリオン座）の温度はたった二〇〇〇ケルビンで、夜空で最も赤い星のひとつだ。一方、やはりオリオン座にあるベラトリックス星の温度は二万八〇〇〇ケルビンあり、夜空に最も青く、最も明るく輝く星のひとつで、アマゾンの星とも呼ばれる。

恒星のスペクトルを調べてみると、色が薄くなっていたり、あるいは完全に欠落していたりする幅の狭いすきまがいくつか見つかる。わたしたちはそれを吸収線と呼んでいる。太陽のスペクトルにはこのような吸収線が何千とある。その原因は、恒星の大気中に存在する多様な元素だ。ご存じのように、原子は原子核と電子でできている。電子はどんなエネルギーもただ持っていることはできない。電子が持っているのは離散的なエネルギー準位であって、種類の異なる準位のあいだでエネルギーを持つことはできない。別の言いかたをすれば、それらのエネルギーは〝量子化される〟ということになる。この言葉から量子力学という学問分野が生まれた。

中性水素は電子を一個持っている。光に衝突すると、この電子は光量子のエネルギーを吸収して、あるエネルギー準位からそれより高いエネルギー準位へと飛び移ることができる。しかし、電子のエネルギー準位が量子化するので、どんなエネルギーの光子と衝突しても同じことが起こるわけではない。電子が量子をひとつの準位から別の準位へ飛び移らせるのにちょうどいいエネルギー（従って、振動数と波長もきっかり適正）を持っている光子だけが、電子を飛び移らせることができる。この過程（共鳴吸収と呼ばれる）で、これらの光子が消滅し、連続スペクトルのその振動数に欠落が生じる。わたしたちが吸収線と呼んでいるものだ。

水素は、恒星スペクトルの可視域に、四本の吸収線（その波長すなわち色は精確にわかっている）を作ることができる。ほとんどの元素がもっと多くの吸収線を作ることができるのは、水素よりたくさん電子を持っているからだ。じつのところ、おのおのの元素には吸収線の独自の組み合わせがあり、それぞれがはっきり識別できる特徴を持っている。実験室で分析したり、測定したりしたから、わたしたちはこれらの特徴を熟知している。そういうわけで、恒星スペクトルの吸収線を念入りに調べれば、その星の大気にどんな元素が存在しているのかがわかるのだ。

青方偏移と赤方偏移から連星を特定

ところが、恒星が地球から遠ざかるときには、ドップラー偏移として知られる現象によって、その星のスペクトル全体（吸収線もいっしょに）が赤いほうへずれる（これを赤方偏移という）。逆に、恒星のスペクトルが青いほうへずれるときには、その星が地球に近づいていることがわかる。吸収線の波長がどれくらいずれたかを丹念に測定すれば、その星が地球に相対して動いている速度を算出できる。

例えば、連星系を観測すると、一方の星は軌道の半分で地球に近づき、あとの半分では地球から遠ざかるだろう。他方の星は、それとまったく逆の動きをするだろう。もし両方の星がじゅうぶんに明るければ、それぞれのスペクトルに赤方偏移の吸収線と青方偏移の吸収線が見られるはずだ。観測している星が連星系であることを、吸収線が教えてくれるというわけだ。しかし、恒星が軌道運動をしているせいで、吸収線はスペクトルに沿って動いている。連星系の公転周期が二〇年なら、それぞれの吸収線は二〇年かけて（一〇年は赤方偏移、あとの一〇年は青方偏移）可動域を一周することになる。

吸収線に赤方偏移しか（あるいは青方偏移しか）認められなかったとしても、スペクトル内で吸収線が前後に動いているなら、その星はやはり連星系だとわかるし、吸収線が一巡するのにかかる時間を測定すれば、その星の軌道周期が導き出せる。赤方偏移しか（あるいは青方偏移しか）認められないのはどのような場合なのか？　その星の光があまりにも弱くて、地球から可視光では見えない場合だ。

ではそろそろ、われらがX線源に話を戻そう。

シクロフスキーの予想

さかのぼって一九六七年、ロシアの物理学者ヨシフ・シクロフスキーが、蠍座X-1のモデルを提示した。「あらゆる特徴を考え合わせると、このモデルは降着状態にある中性子星に該当する……このような降着へ自然発生的かつ非常に効率的に供給されるガスは、近接した連星系の伴星から主星である中性子星へ流出するものである」

この文章を読んでも、読者の皆さんは天地がひっくり返るほど驚きはしないだろう。それは、味もそっけもない天体物理学の専門用語が理解を妨げているからだ。しかし、ほぼどんな分野でも、専門家というのはお互いにそんな言葉で話すものだ。わたしが教室で教える目的、そしてこの本を書いたおもな理由は、わたしと同じ物理学者の、まさに度肝を抜くような、旋風を巻き起こすような、ときには歴史を覆すような発見の数々を、呑み込みやすい概念と言葉に置き換えて、聡明で好奇心の強い市井の人々にほんとうに理解してもらうこと——プロの科学者の世界と一般の人々の世界を橋でつなぐことだ。あまりに多くの科学者が、仲間うちだけで話すことを好み、おおぜいの一般人に対して——科学を理解したいと心から望んでいる人々に対してまで——科学の世界の扉を閉ざしてしまっているのではないだろうか。

それでは、シクロフスキーの着想を取りあげて、その中身を見ていこう。中性子星と伴星から成る連星系で、伴星の物質が中性子星へ流れ込んでいるという説明だった。このとき、中性子星は〝降着状態〟【訳注：その星が重力によって物質を引き寄せていること】にある——言い換えれば、伴星すなわち供与星から流れてくる物質を降着させている、ということだ。なんとも奇抜な着想ではないか。

結果的に見て、シクロフスキーの着想は正しかった。そう認められるまでの経緯がおもしろい。当時、シクロフスキーは蠍座X‐1のことを語るだけだったから、観測に重きを置く天文学者のほとんどはその説をあまり真剣に受け止めなかった。しかし、理論とは往々にしてそういう扱いを受けるものだ。ここでわたしが、天体物理学の理論の大多数はいずれ誤りであることが判明するなどと断言しても、同業の理論家たちの機嫌を損ねる心配はないだろう。そんなわけで、わたしを含めた観測天体物理学者の多くは、大半の理論にあまり注意を払わない。

降着状態にある中性子星は、じつはX線を発生させるのにうってつけの環境だということが明らかになる。シクロフスキーの着想が正しかったという根拠を、わたしたちはどうやって見出したのか？

白鳥座X－1からブラックホールを発見

一九七〇年代前半、天文学者たちはようやく、いくつかのX線源が連星の特質を備えていることを突き止めた――しかし、それは必ずしも降着状態にある中性子星だということを意味しなかった。その秘密が最初に解明されたX線源は白鳥座X－1で、振り返ってみると、それはX線天文学の全領域で最も重要な進展だった。一九六四年にロケットの観測で発見された白鳥座X－1は、とても明るく、強力なX線源なので、発見以来ずっとX線天文学者の注目を集めてきた。

そして一九七一年、電波天文学者たちが白鳥座X－1から放射される電波を発見した。電波望遠鏡によって、天空の約三五〇平方秒角の領域（誤差箱）に、白鳥座X－1の位置が精確に示されたのだ。その領域の広さは、X線で追跡した場合の二〇分の一だった。次に、電波天文学者たちはX－1の片割れを光学的に探した。つまり、謎めいたX線を放出する恒星を、可視光で〝見よう〟としたのだ。

電波のその誤差箱には、HDE226868と呼ばれる非常に明るい青色の超巨星があった。天文学者たちは、伴星の候補として与えられたこの星を、よく似たほかの星々と比較して、かなり精確に質量を割り出した。世界に名だたるアラン・サンデージを含めた五人の天文学者は、

ＨＤＥ２２６８６８は単なる「標準的なＯ型青色超巨星であって、特異な性質はない」として、白鳥座Ｘ－１の光学上の片割れだという事実を排除してしまった。その他の光学天文学者たち（当時は前述の五人より知名度が低かった）は、この星をさらに綿密に調査し、それこそ天地がひっくり返るような事実を続けて発見した。

光学天文学者たちが発見したのは、ＨＤＥ２２６８６８が五・六日の軌道周期を持つ連星系の一員だということだった。さらに、この連星系から放射される強力なＸ線束が、光学上の星（供与する側）からごく小さな――圧縮された――物体へと流れるガスの降着に起因すると論じて、それまでの説を正した。

彼らはまた、伴星が軌道を回る際のスペクトルの吸収線でドップラー偏移を測定（星が地球に近づくときスペクトルは青いほうにずれ、地球から遠ざかるときには赤いほうへずれる）した結果、Ｘ線を放射している伴星は質量が大きすぎて、中性子星とも白色矮星（シリウスＢのように、非常に密度の高いコンパクト星）とも言えないと結論づけた。さあ、中性子星でも白色矮星でもなく、中性子星より大きな質量を持つものといえば、何がある？　答えはひとつ――ブラックホールだ！　光学天文学者たちはブラックホールを発見したのだ。

それでも、観測に重きを置く天文学者たちは慎重に言葉を選んだ。ルイーズ・ウェブスターとポール・マーディンは、一九七二年一月七日号の《ネイチャー》誌で、自分たちの発見についてこんなふうに語った。「おそらく二太陽質量以上の質量を持つ伴星なら、それはブラックホールだろうとわたしたちが考えたのは当然の帰結でした」。その一カ月後、今度はトム・ボルトンが《ネイチャー》誌に書いた。「この伴星（降着星）がブラックホールである可能性が、いよいよはっきりと浮上してきた」。白鳥座Ｘ－１の想像図は、本書口絵ページで見られる。

こうして非凡な天文学者たち、イギリスのウェブスターとマーディン、トロントのボルトンは、X線連星を発見し、わたしたちの銀河系で初めてブラックホールを見出した栄誉を分かち合った（ボルトンはその後、長年にわたって〝CygX-1〟ナンバーの自動車を自慢げに乗り回していた）。

わたしが常々首をかしげているのは、学術上の大事件とも呼ぶべき画期的な発見だったのに、三人が大きな賞をひとつも受賞していないことだ。なんといっても、天文学の核心を射抜き、時代の先頭に躍り出る偉業ではないか！　三人は、最初のX線連星系を突き止めた。そして、降着星はおそらくブラックホールだと主張した。賞賛に値する功績だ！

一九七五年、ほかならぬスティーヴン・ホーキングが、理論物理学仲間で友人でもあるキップ・ソーンとの賭けで、白鳥座X-1はブラックホールなどではないと断言した——当時、すでにほとんどの天文学者がブラックホールだと見なしていたのに……。結局、一五年後に負けを認めたが、ホーキング自身にとってもそれでよかったと思う。なにしろ、ホーキングの仕事は大部分がブラックホールを中心に展開していたのだ。最も新しく（まもなく正式に発表される）、最も精確に測量された白鳥座X-1のブラックホールの質量は、約一五太陽質量だという（ジェリー・オロスと、わたしの元教え子ジェフ・マクリントックの私信による）。

鋭敏な読者なら、すでにこう思っているだろう。「ちょっと待て！　ブラックホールは何も放出しないし、重力場から逃れられるものはないと言ったばかりじゃないか。どうやってX線を放射するんだ？」鋭い質問だ。あとで必ず答えるが、とりあえず概要を述べておくと、ブラックホールのX線は外縁の内側からではなく、ブラックホールに流れ込む途中の物質から放射される。

相次ぐ連星の発見

さて、白鳥座X‐1の観測結果はブラックホールで説明できたが、他の連星系のX線放射で観測されたことは説明できなかった。それを説明するのに必要な中性子星の連星を発見したのが、特別仕様の人工衛星ウフルだ。

X線天文学の研究は、一九七〇年一二月を境に劇的な変化を遂げた。X線天文学に特化した最初の観測衛星が地球周回軌道に乗ったのだ。ケニアの七回目の独立記念日にケニアで打ち上げられたことから、この衛星はスワヒリ語で〝自由〟を意味するウフルと名付けられた。

ウフルが始めた変革は、今日《こんにち》に至っても止まらずに続いている。一基の人工衛星でどんなことができるか、考えてみよう。一日二四時間、一年三六五日、大気のまったくないところで観測を続けるのだ！　ウフルを使った天文観測は、ほんの五、六年前には夢でしか思い描くことができなかった。蟹星雲の五〇〇分の一の明るさ、蠍座X‐1の一万分の一の明るさしかないX線源を計数管で感知して、天空にX線の位置を特定した。ウフルが見つけた三三九個（ウフル以前にわたしたちが見つけたのはたったの数十個だった）のX線源にもとづいて、全天のX線地図が初めて作成された。

天文観測衛星の登場でついに大気の束縛を逃れたわたしたちが、電磁スペクトルの研究分野それぞれを通して深宇宙――と、そこにある思いがけない物体の数々――を見られるようになると、宇宙の様相はがらりと変わった。ハッブル宇宙望遠鏡が光学的宇宙の様相を膨張させれば、一連のX線衛星はX線宇宙の様相を膨張させた。ガンマ線衛星は今やさらなる高エネルギーで宇宙を観測している。

一九七一年、ウフルはケンタウルス座X‐3から四・八四秒の脈動を感知した。同じ一日で、X線束は一時間に一〇倍の変動を示した。脈動の周期は、まず約〇・〇二パーセント減り、次に約〇・〇四パーセント増えた。どちらの変動もほぼ一時間以内に起こった。このすべてがひどく刺激的で、またひどく不可解でもあった。自転する中性子星が脈動の原因であるはずはない。中性子星の自転周期は岩のように堅固だとされている。一時間に〇・〇四パーセントも周期を変えられるような既知のパルサーはひとつもなかった。

全体像が鮮やかに浮かび上がったのは、のちにウフルの研究グループが、ケンタウルス座X‐3は二・〇九日の軌道周期を持つ連星系であることを発見したときだ。四・八四秒の脈動は、降着状態にある中性子星の自転に起因するものだった。その証拠は反論の余地がないほど強固なものだった。第一に、中性子星が伴与星の背後に隠れ、X線が遮断されて起こる蝕《しょく》を、研究グループが繰り返し（二・〇九日ごとに）はっきりと観測したのだ。第二に、脈動周期のドップラー偏移が測定できた。中性子星が地球に近づいているとき、脈動周期は少し短くなり、地球から遠ざかっていくときには少し長くなる。この天地がひっくり返るような観測結果は、一九七二年三月に発表された。一九七一年の論文では、あまりに不可解だと思われた数々の現象が、今度はごく自然に解明されたのだ。それは、シクロフスキーが蠍座X‐1に関して行なった予測とまったく同じで、供与星と降着状態にある中性子星から成る連星系だということが喝破されたのだった。

この年の後半には、ジャコーニ率いるグループが、別のX線源、ヘラクレス座X‐1を、脈動と蝕の観測から発見した。中性子星X線連星がまたひとつ！

これらの発見に伴う衝撃は、間違いなくX線天文学を一変させ、その後数十年にわたって研究を方向づけた。X線連星はごく稀な存在だ。わたしたちの銀河では、連星が一億個あったら、その中にX線連星はおそらくたったひとつしかない。それでも、わたしたちの銀河には数百個のX線連星があることがわかっている。コンパクト天体、すなわち降着星は、ほとんどの場合、白色矮星か中性子星だが、降着星がブラックホールである連星系が少なくとも二〇以上見つかっている。

わたしのグループが一九七〇年（ウフルの打ち上げ前）に、二・三分の周期性を発見したことを覚えているだろうか？　当時は、このような周期性の変動が何を意味するのか、皆目わからなかった。それが今では、GX1＋4が約三〇四日の軌道周期を持つX線連星系であり、降着中性子星は約二・三分の周期で自転していることがわかっている。

ブラックホールを回る降着円盤

中性子星が、適正な距離で、適正な大きさの供与星と対になると、みごとな花火を打ち上げることがある。広大な宇宙空間で、星々は、アイザック・ニュートンには想像すらできなかった華麗な舞を見せてくれる。それは、科学を専攻する学部生なら誰でも理解できる標準的な作用の法則に、徹頭徹尾のっとった舞踏だ。

もっとよく理解するために、身近なところから始めよう。地球と月は連星系だ。地球の中心と月の中心を直線で結ぶと、その線上に、月の引力と地球の引力が等しく、力の向きは正反対になる点がある。もしあなたがこの点に立ったとすると、あなたにかかる合力はゼロだ。この点から少しでも地球側に立つと、あなたは地球に落ちていき、月側に立てば月に落ちていく。この点には名前があり、内部ラグランジュ点と呼ばれている。当然ながら、この点はかなり月寄りにある。月の質量は地球の質量の約八〇分の一だからだ。

ここで、降着中性子星とそれよりずっと大きな供与星から成るX線連星に話を戻そう。このふたつの星が互いにごく近ければ、内部ラグランジュ点は供与星の表面下にあってもおかしくない。その場合、供与星の物質のいくらかは、供与星の中心に向かう引力より強い中性子星の引力の影響を受けるだろう。そして、供与星の物質——高温の水素ガス——は中性子星へ流れ出す。

連星は共通重心の周りを回っているから、供与星の物質が中性子星に直接落ちることはない。表面に達する前に、中性子星の軌道に落下し、高温ガスの円盤となって回転する。これを降着円盤という。円盤の内縁にあるガスの一部は、やがて中性子星の表面へと落ちていく。

さあ、皆さんがすでにこれまでの講義でなじんだ、胸躍る物理の出番だ。中性子星に流れるガスは非常に高温なので、イオン化され、プラスに帯電した陽子とマイナスに帯電した電子になる。しかし、中性子星にはとてつもなく強力な磁場があるため、荷電粒子は磁力線に沿って移動するしかなく、最終的にはプラズマのほとんどが、地球のオーロラのように、中性子星の磁極に行き着く。中性子星の両磁極（物質が中性子星に衝突する場所）は数百万ケルビンの高温点になり、X線を放射する。磁極はふつう自転軸の極とは一致しないから（第12講参照）、地球にいるわたしたちは高温点がこちらを向いているときにしか高X線束を受信できない。中性子星が脈動しているように見えるのは、自転しているからだ。

X線連星には、降着星が中性子星でも、白色矮星でも、白鳥座X‐1のようなブラックホールでも、必ずその軌道を回る降着円盤がある。降着円盤は、宇宙広しといえども類がないほど型破りな天体であり、プロの天文学者でもなければそんな用語を耳にしたことさえないだろう。すべてのX線連星ブラックホールの周りに降着円盤がある。多くの銀河系では、その中心にある超巨大ブラックホールにも軌道を回る降着円盤があるが、わたしたちの銀河系の中心にある超巨大ブラックホールには、どうやらないようだ。

降着円盤の研究は、今や天体物理学の全領域で行なわれている。その興味深い想像図の数々が以下のサイトで見られる。www.google.com/images?hl=en&q=xray+binaries&um=1&ie=UTF.

降着円盤について、わたしたちが知らないことはまだたくさんある。最も厄介な問題のひとつは、降着円盤を構成する物質がどうやってコンパクト天体へ流れ込んでいくのか、まだよくわかっていないことだ。もうひとつは、降着円盤の不安定性で、これがコンパクト天体への物質の流れとX線の光度を変動させる原因になっているのだが、やはりまだ解明されていない。複数のX線連星で見つかった電波ジェットについても、わかっていることはほとんどない。

供与星の物質が降着中性子星に移動する量は、最高で一秒間に10^{18}グラムだ。ずいぶん多そうだが、この量をもってしても地球と同じ質量分の物質を運ぶには二〇〇年かかる。円盤を形成する物質はすさまじい重力場にとらえられて降着星に流れ込む。このとき、ガスは光速のおよそ三分の一から二分の一という途方もない速度まで加速する。物質から放出された重力位置エネルギーは運動エネルギー（ざっと見積もって五×10^{30}ワット）に変換され、高速で動く水素ガスを数百万度に加熱する。

ご存じのように、物質は加熱されると黒体放射（第14講参照）を発する。物質の温度が高くなればなるほど放射は活発になり、従って波長は短く、周波数は高くなる。温度が一〇〇〇万ケルビンから一億ケルビンに達すると、物質が発する黒体放射はほとんどがX線になる。五$\times10^{30}$ワットのほぼすべてがX線の形で放出されるのだ。総光度が四$\times10^{26}$ワットで、そのうちX線で放出されるのがわずか10^{20}ワットというわたしたちの太陽と比べてみよう。中性子星に流れ込んだガスに比べれば、太陽の表面温度などまさに角氷だ。

中性子星自体は小さすぎて、光学的に見ることはできない——しかし、それよりはるかに大きい供与星と降着円盤は、光学望遠鏡で見ることができる。円盤そのものからも、ごくわずかだが光線が放射されることがあり、その一因はX線加熱と呼ばれる現象だ。降着円盤の物質が中性子星の表面に衝突すると、X線が四方八方に飛び散り、円盤本体にもぶつかってさらに加熱することになる。X線バーストの詳細は第14講で述べる。

X線連星の発見によって、太陽系外X線の第一の謎は解明された。わたしたちは今や、蠍座X‐1のような線源のX線光度が光学光度の一万倍にもなる理由を知っている。X線を放出しているのはすさまじい熱（数千万ケルビン）を持った中性子星で、可視光線を放出しているのはそれよりはるかに温度の低い供与星と降着円盤だからだ。

X線連星の仕組みがある程度理解できたと思っていたら、自然はまた別の謎を用意して待ちかまえていた。X線天文学者たちが観測によって、理論モデルの上を行く発見をし始めたのだ。

一九七五年、じつに奇怪なものが発見され、わたしの研究生活は最も活発な時期を迎えた。わたしは、この尋常でなく謎めいた現象、X線バーストを、観測し、研究し、解釈することにすっかりのめり込んでいった。

X線バーストをめぐる物語には、観測データを完全に誤って解釈したロシアの科学者や、X線バーストは巨大ブラックホールから放射される（かわいそうなブラックホール。いわれのない非難が多すぎる）と思い込んだハーヴァード時代の同僚数人との論戦などが、花を添えている。信じられないような話だが、国家の安全保障に関わるという理由で、観測データの一部を公表してはならないと（一度ならず）圧力をかけられたことさえある。

X-ray Bursters!

第14講 謎のX線爆発

一九七五年オランダとアメリカのふたつのグループが発見した
X線の奇妙な爆発の連続、X線バースト。
それがいったいなぜ起こるのかをめぐって
ハーヴァードとMIT、そしてソ連の科学者たちが
それぞれの理論を展開した。
それはブラックホールによるものなのか。

自然は常に驚きに満ちていて、一九七五年にはX線学界を揺るがす大きな発見があった。事態はあまりにも緊迫し、人々は感情的になり、そして、わたしはその騒動のまっただ中にいることになった。長年わたしは、ハーヴァード大学の同業者（どうしても耳を傾けようとしなかった）と論争してきたが、ロシアの同業者（耳を傾けてくれた）とはもっといい関係を築けた。この問題についてはわたしが中心的な役割を果たしてきたので、客観的になるのはむずかしいが、やってみよう！

新たな発見とはX線バーストだった。X線バーストは一九七五年、オランダ天文衛星（ANS）からのデータを使ったグリンドレイとヘイズ、そして核実験を探知するためにつくられたアメリカのヴェラ-5スパイ衛星二基のデータを使ったベリアンとコナーとエヴァンスが、それぞれ別個に発見した。X線バーストはわたしたちが蠍座X-1で発見した、一〇分間で四倍に燃え上がって数十分燃え続ける変光性のフレアとは、まったく異なるものだった。X線バーストのほうがずっと速く、ずっと明るく、ほんの数十秒しか続かなかった。

MITは専用の衛星（一九七五年五月に打ち上げられた）を持っており、第三小天文衛星

（SAS－3）と呼ばれていた。その名前は〝ウフル〟ほどロマンチックではないが、わたしが生涯で最も夢中になったのはこの仕事だった。わたしたちはバースターのことを前から耳にしていて、一九七六年一月からそれを探し始めた。そして三月までに自分たちで五個見つけた。その年の終わりまでには合計一〇個発見していた。SAS－3の構造は、バースト源の発見と研究には理想的であることがわかった。もちろんこれはX線バーストを探知するために特別に造られたものではなかったから、ある意味、少しばかりの幸運に恵まれたと言える。わたしの人生において、幸運の女神がどれほど大きな役割を果たしてきたかがわかるだろう！　わたしたちは驚くべきデータを次々と手に入れ——毎日二四時間、空から黄金のかけらが降り注ぐのだ——一日じゅう休みなく働いた。わたしも仕事に打ち込んでいたが、取り憑かれていたとも言える。それは、どこでも好きな方向を見られ、質の高いデータが得られるX線観測所を使える、一生に一度のチャンスだった。

じつを言うと、そこにいた誰もがみんな——大学生も、大学院生も、サポートスタッフも、博士号取得研究者も、教員も——〝バースト熱〟にかかっていて、わたしは今もそのときの陶酔にも似た興奮を覚えている。最終的にいくつかの観察グループに分かれたことから、お互い張り合うようにもなった。それを好まない者もいたが、そのおかげで、より多く、よりうまくやろうという気持ちが高まったことは確かで、そのときの科学的成果はすばらしいものだった。

わたしがそこまで取り憑かれていたのは、結婚生活にとってはいいことではなかったし、家庭生活にとってもいいことではなかった。科学者としての生活は計り知れないほど充実したが、最初の結婚は破綻した。もちろん、責任はわたしにある。何年ものあいだ、わたしは一度に何カ月も家をあけて、地球の裏側まで観測気球を飛ばしに行っていた。そしてその後も、自前の衛星があったばかりに、オーストラリアに常駐していたも同然だったのだ。

発見したバースト源が、家族の代わりのようになっていた。なにしろ、わたしたちはバースト源とともに暮らし、眠り、バースト源のことを徹底的に調べ上げていたのだ。それぞれのバースト源は友人と同じく唯一無二の存在であり、独自の個性を持っていた。今でも、これらのバーストの分析表を見れば、どのバーストかわかるものが多い。

これらのバースト源のほとんどが約二万五〇〇〇光年離れている。そこから計算してみると、一回のバーストにおけるX線の全エネルギー（一分未満で放出される）は約10^{32}ジュールだ。それがどれほど莫大な数字なのか、とても想像がつかない。そこで、こう考えてみよう。太陽が全波長を合わせて10^{32}ジュールのエネルギーを放出するのに、約三日かかるのだ。

これらのバーストの中には、MXB1659-29のように、時計のごとく規則正しく、二・四時間間隔で発せられるものもあれば、数時間から数日で変化したり、数カ月間まったくバーストが見られなかったりするものもあった。MXBのMはMIT、XはX線、Bはバースターを表わす。数字は、赤道座標システムという名称で知られているバースト源の天球座標を示す。皆さんの中にアマチュア天文学者がいたら、きっとよくご存じだろう。

バースト源の謎をとく

もちろん、最大の問題は、これらのバーストを生む要因だった。ハーヴァードの同業者のうちふたり（X線バーストの共同発見者のひとりだったジョッシュ・グリンドレイを含む）はすっかり舞い上がってしまい、一九七六年に、バーストは太陽の数百倍以上の質量を持つブラックホールによって生み出されると言い出した。

わたしたちはそのあとすぐに、X線バースト中のスペクトルが、冷却黒体のスペクトルに似ていることを発見した。黒体はブラックホールではない。黒体は、みずからに当たる放射をすべて吸収していっさい反射しない物体の代役として理想的な構成物だ（ご存じのように、黒は放射を吸収するのに対し、白は反射する——それゆえ、夏にマイアミの浜辺の駐車場に放置された黒い車の中はいつも白い車より暑い）。黒体が理想的であるもうひとつの理由は、黒体は何も反射しないから、放出できるのは自分自身の熱放射だけだということだ。電気こんろの中の発熱体について考えてみよう。発熱体は調理温度に達すると赤くなって、低周波の赤い光を発する。さらに温度が上がるとオレンジに、そのあと黄色に変わり、普通はそれ以上のことはあまりない。電気を切ると発熱体が冷え、そのとき放出される放射の性質はバーストの最終段階にいくぶん似通っている。さまざまな黒体のスペクトルはよく知られているから、長時間にわたりX線バーストのスペクトルを測定すれば、冷却時の温度を計算できる。

黒体の理解は非常に進んでいるので、初歩的物理学をもとにバーストについて多くのことを推論できる。それはとても驚嘆すべきことだ。わたしたちはこの問題に関わって、二万五〇〇〇光年彼方にある未知の源のX線放出スペクトルを分析し、MITで一年生が学ぶ物理学と同じものを使って飛躍的な進歩を遂げたのだ！

黒体の全光度（一秒間に放射するエネルギー量）が温度の四乗に比例し（直観的に理解することはおおよそ不可能だ）、表面積に比例する（こちらは直観的に理解できる——面積が広いほど、出てくるエネルギーは多い）ことはわかっている。従って、直径一メートルの球体がふたつあり、一方の温度が他方の二倍であれば、高温の球体は一秒間に一六倍（二の四乗）のエネルギーを放出する。球体の表面積は半径の二乗に比例するから、ある物体の温度は一定だが、大きさが三倍になると、一秒間に九倍のエネルギーを放出することもわかっている。

バースト時の任意の瞬間におけるX線スペクトルから、放出物体の黒体温度がわかる。一回のバースト中は、温度が急速に約三〇〇〇万ケルビンまで上昇し、その後ゆっくりと低下する。わたしたちは発見したバースターまでのおよその距離を知っていたため、バースト中の任意の瞬間におけるバースト源の光度も計算できた。しかし黒体温度と光度の両方がわかれば、放出物体の半径を計算でき、それもバースト中の任意の瞬間に行なうことが可能だ。それを最初に行なったのが、NASAゴダード宇宙飛行センターのジーン・スワンクで、わたしたちMITのチームがすぐにあとに続き、バーストが半径約一〇キロの冷却物体から出ていると結論づけた。それはバースト源が中性子星であって、超巨大なブラックホールではないことの強力な証拠だった。そして、もしバースト源が中性子星なら、おそらくX線連星だ。

イタリアの女性天文学者の熱核モデル

一九七六年にMITを訪れていたイタリアの天文学者ローラ・マラスキは、二月のある日、わたしのオフィスに入ってきて、バーストは熱核閃光、つまり降着が起こっている中性子星の表面の巨大な熱核爆発に起因するものだと話し始めた。水素が中性子星に降着すると、重力位置エネルギーがとてつもない熱に転換されて、X線が放出される（第13講参照）。しかし、そういう降着物質が中性子星の表面に蓄積すると暴走して核融合を起こし（水素爆弾のように）、それがX線バーストを引き起こすのかもしれないというのがマラスキの考えだった。次の爆発は数時間後、新たな核燃料がじゅうぶんに降着して点火したときに起こるのかもしれない。マラスキはわたしの黒板に簡単な計算を書きつけて、光速のほぼ半分の速度で中性子星の表面に突進する物質は、熱核爆発の最中に放たれるよりはるかに多くのエネルギーを放つことを論証し、データでもそれが裏付けられた。

わたしは感心した――その説明は筋が通っているように思えた。熱核爆発は条件を満たしている。バースト中にわたしたちが観察した冷却パターンも、中性子星上の巨大爆発が見えているのだとすれば理解できる。そしてバーストの間隔についても、彼女のモデルでうまく説明がついた。一回の爆発に必要な量の物質が貯まるのに時間がかかったからだ。普通の速度で降着すると、臨界量が貯まるのに数時間かかり、それは多くのバースト源で見つかった間隔と一致していた。

わたしのオフィスにはおかしなラジオが置いてあり、それは訪問者を必ず落ち着かない気分にさせる。内部に太陽電池があって、電池にじゅうぶんな電力が蓄積されたときだけ動くのだ。ラジオは太陽をたっぷり浴びると、ゆっくりと電力を貯め込んでいき（冬のほうが時間がかかる）、一〇分ごとくらいに――天気が悪いと、長くなることもある――突然鳴り始めるが、供給された電気をすぐに使い果たして、ほんの数秒で止まってしまう。おわかりだろうか？　電池に電力が蓄えられるのは、ちょうど中性子星に降着物質が蓄積されるようなものだ。それがある量に達すると爆発が起こって、やがて消えてしまう。

ソ連の科学者たちの解釈

そしてマラスキの訪問から数週間経った一九七六年三月二日、バースト熱のただ中で、わたしたちはあるX線源を発見した。わたしは、日に数千回のバーストを生み出していたその源を、MXB1730-335と名付けた。そのバーストはまるでマシンガンの連射のように現われた――多くはわずか六秒間隔で起こっていたのだ！　これがわたしたちにとって、どれほど奇妙に思えたか、じゅうぶんに伝えられるかどうかはわからない。このバースト源（今はラピッドバースターと呼ばれている）は完全な異端で、マラスキのアイデアを即座に葬ってしまった。第一に、中性子星の表面で一回の熱核爆発を生み出せるだけの量の核燃料が、六秒間で貯まるなどということはありえない。それに加えて、そのバーストが降着の副産物であるのなら、降着だけで、バースト内に存在するエネルギーをはるかに上回る強力なX線フラックス（重力位置エネルギーの解放）が見えるはずだが、そういうことはなかった。従って、一九七六年三月初めには、バーストに関するマラスキのすばらしい熱核モデルは、完全に息の根を止められた。MXB1730-335に関する発表の中で、わたしたちは、そのようなバーストは中性子星への〝間欠性降着〟によって引き起こされると提唱した。言い換えると、ほとんどのX線連星においては降着円盤【訳注：近接連星で、主星から密度が非常に高い副天体へ流れ込むガスが一時的に副天体の周りに形成する高速の回転円盤】から中性子星へと熱い物質が一定の割合で流れ込むのに対して、ラピッドバースターの場合は流入のしかたがきわめて不規則なのだ。

時間をかけてそのバーストを測定したとき、わたしたちは、バーストが大きいほど、次のバーストまでの待機時間が長いことに気づいた。次のバーストまでの待機時間は、短くて六秒、長くて八分というところだった。稲妻でも同じような現象が見られる。特に大きな雷の場合、大きな放電があることから、電場がふたたび放電できるようになるまで電位を貯めるには、長い待機時間を必要とする。

その年のうちに、X線バーストに関する一九七五年のロシアの論文の翻訳が、どこからともなく明るみに出た。その論文は、一九七一年にコスモス428衛星を使ってなされたバースト探知について報告していた。わたしたちは唖然とした。ロシア人がすでにX線バーストを発見して、西欧諸国を出し抜いていたのだ！　しかし、それらのバーストについて聞けば聞くほど、わたしは非常に懐疑的になった。ロシア人が見つけたバーストの動きは、わたしがSAS－3で探知していた多くのバーストとはあまりにも違いすぎたので、ロシア人のバーストがほんものかどうか真剣に疑い始めた。人工のものか、何か普通ではない突飛な形で地球の近くで生み出されたものではないかと思ったのだ。鉄のカーテンのせいで追及はむずかしく、探り出すことは不可能だった。しかし幸運にも、一九七七年の夏に旧ソ連の高度な学術会議に招かれた。そこでわたしは、招かれたのはロシア人一二人と、アメリカの天体物理学者一二人だけだった。世界的に有名な科学者のヨシフ・シクロフスキー、ロアルド・サグディエフ、ヤーコフ・ゼルドビッチ、ラシード・スニャーエフと初めて会った。

わたしは——ご想像どおり——X線バーストについて講演をして、ロシアのバースト論文の著者たちに会った。ロシア人たちは寛大にもわたしに、一九七五年に発表された数をはるかに上回る多くのバーストのデータを見せてくれた。わたしにはすぐさま、その全部が合理性を欠いていることがはっきりとわかったが、少なくとも最初のうちは、そのことをロシア人たちに伝えなかった。わたしはまず彼らのボス、当時モスクワのソ連科学アカデミー宇宙研究所所長だったロアルド・サグディエフに会いに行き、かなりデリケートな問題を議論したいと告げた。サグディエフが、オフィスではやめておいたほうがいい（至るところに盗聴器が仕掛けてあった）と提案したので、ふたりで外に出た。わたしは、ロシアのバーストが本人たちの考えるものではないと思う理由を挙げた――サグディエフはすぐに理解した。わたしは、自分が世界にそのことを訴えれば、ソビエト体制下では研究者たちがとても危うい立場に追い込まれるのではないかという懸念を伝えた。サグディエフはそんなことはないと請け合い、研究者たちに会って包み隠さずそう指摘するよう勧めてくれた。そこでそのとおりにすると、それ以来ロシアのX線バーストについての話は聞かなくなった。最後にひと言、わたしたちは今でも友人だと付け加えておきたい！

あなたは、ロシアのバーストを生んだ原因をぜひ知りたいと思うかもしれない。当時のわたしにはまったくわからなかったが、今ならわかる。ロシアのバーストは人工のもので、しかも誰が創ったと思う？――ロシア人だ！　この謎は少しあとで解明しよう。

X線と可視バーストの連関を探す

とりあえずは、まだ探求中のほんもののX線バーストの話に戻ろう。バーストのX線がX線連星の降着円盤へ（あるいは、ドナーとなる恒星へ）落ち込むとき、円盤と恒星は熱くなり、スペクトルの可視光線部分が短時間明るく輝く。X線はまず円盤とドナー恒星へと移動しなくてはならないから、円盤から可視光線の閃光が届くのは、X線バーストの数秒後になるだろうとわたしたちは予測した。そこで、X線と可視バーストの連動を探すことにした。かつての教え子である大学院生ジェフ・マクリントックが共同研究者とともに、一九七七年に初めてふたつのバースト源（ＭＸＢ１６３６－５３とＭＸＢ１７３５－４４）の光学的識別を行なった。

これらふたつのバースト源がわたしたちの研究対象になった。
科学の仕組みがわかっただろうか？　モデルが正しければ、観察可能な結果が伴うはずだ。一九七七年の夏、わたしは同僚であり友人でもあるジェフリー・ホフマンと、X線、無線、光学、赤外線による世界同時〝バースト観察〟を計画した。

それ自体が驚くほど大胆な企てだった。わたしたちは一四カ国、四四カ所の観測所の天文学者を説得して、最も観察に適した貴重な時間帯（月が出ていない〝ダークタイム〟と呼ばれる時間帯）を、かすかなひとつの星を眺めるのに捧げてもらわなければならなかった——なんの成果も得られないかもしれないのに。天文学者たちが喜んで参加してくれたことから、みんながX線バーストの謎をどれほど重視していたかがわかる。三五日間にわたって、わたしたちはSAS－3で、バースト源MXB1636－53から一二〇回のX線バーストを探知したが、地上の望遠鏡ではバーストをひとつも観察できなかった。がっかりだ！

あなたは、わたしたちが世界じゅうの天文学者に謝らなければならなかったのではないかと思うかもしれないが、じつは、誰も問題視していなかった。科学とはそういうものだ。

そこで、わたしたちは翌年、地上に設置した大きな望遠鏡のみを使ってもう一度やってみた。ジェフリー・ホフマンは宇宙飛行士になるためにヒューストンのNASAへ行ってしまったが、大学院生のリン・コミンスキーとオランダ人の天文学者ヤン・ヴァン・パラデイス（一九七七年九月にMITに来た）が、一九七八年のバースト観察にわたしとともに参加した。＊そのときは、MXB1735－44を選んだ。一九七八年六月二日の夜、わたしたちは成功を収めた！　MITのわたしたちがSAS－3でX線バーストを探知した数秒後に、ジョッシュ・グリンドレイと共同研究者たち（マクリントックを含む）が、チリのセロトロロで一・五メートルの望遠鏡を使って、可視バーストを探知した。わたしたちは非常に名誉なことに、《ネイチャー》誌の表紙を飾った。この研究により、X線バーストはX線連星から生まれるという確信はさらに強まった。

＊　当時は夢にも思わなかったのだが、わたしとヤンはのちに親友になり、ヤンが一九九九年に早世するまでに一五〇点の科学出版物を共同執筆した。

ふたつの種類のバースト

わたしたちが大いに頭を悩ませたのは、なぜひとつを除いてすべてのバースト源が一日に数えるほどのバーストしか生み出さないのか、そしてなぜラピッドバースターだけまったく異なるのかという謎だった。答えは、わたしの経歴の中で最もすばらしい――そして最も困惑させられる――発見によってもたらされた。

ラピッドバースターはいわゆるトランジェント天体【訳注：短時間の強いエネルギー放出を示す天体の総称】だ。ケンタウルス座X－2もトランジェント天体に含まれる（第11講参照）。しかし、ラピッドバースターはいわゆる反復性トランジェント天体だ。一九七〇年代に、約六カ月ごとにバースト活動を行なうようになったが、活動は数週間しか続かず、そのあとは放出をやめてしまった。

ラピッドバースターを発見した一年半後に、わたしたちはそのバースト分析表についてある

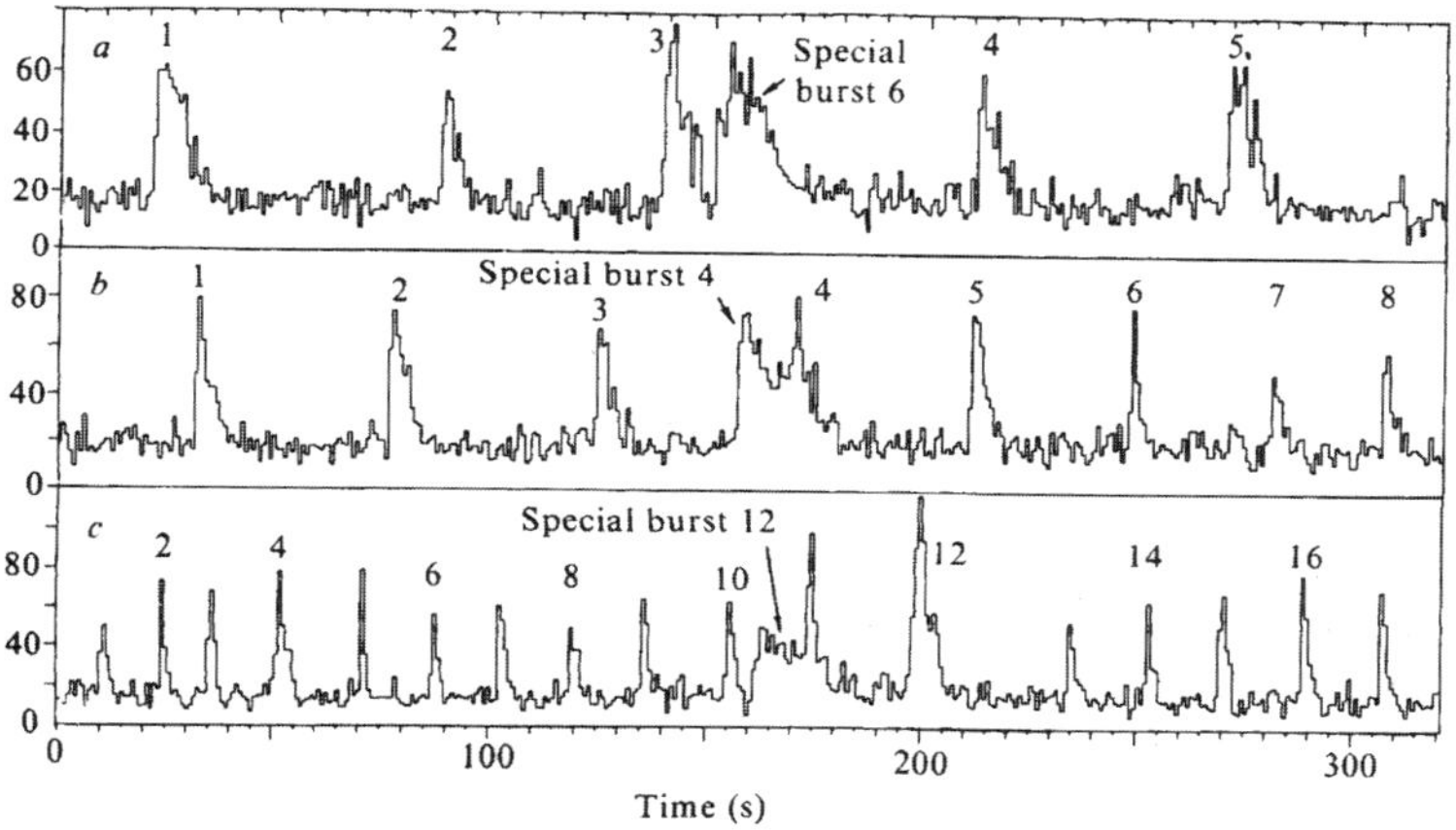

1977年の秋にＳＡＳ－３で探知されたラピッドバースターからのX線バースト。グラフの縦軸は、約１秒間に探知されたX線の数を表わし、横軸は時間を表わす。それぞれの段は約300秒間のデータを示す。高速で繰り返されるタイプⅡバーストは順番に番号を振ってある。各段に〝スペシャルバースト〟がひとつ見え、それぞれ別の番号がつけられている。それらはタイプⅠバースト（熱核閃光）だ。この図は1978年２月16日の《ネイチャー》誌のホフマン、マーシャル、ルーウィンの論文から引用した。

ことに気づき、それによりこの謎のバースト源がX線バースター解明の重大な糸口となった。一九七七年の秋にラピッドバースターがふたたび活動を始めたとき、大学生のヘルマン・マーシャルがX線バーストの分析表を非常に詳しく検討して、超高速で繰り返されるバーストの合間に、種類の異なるバーストを発見した。それは頻度がずっと低く、三ないし四時間ごとに現われた。これらの特殊《スペシャル》なバースト（と最初は呼んでいた）は、ほかの多くのバースト源から発されるバーストすべての特徴である、黒体のような冷却プロセスと同じプロセスを示した。言い換えると、わたしたちがスペシャルバーストと呼んでいたもの——すぐにこちらをタイプIバーストと呼ぶようになり、ラピッドバーストにはタイプⅡという名称を与えた――はおそらく、けっして特殊なものではなかった。タイプⅡバーストは明らかに間欠性（スパズモディック）降着に起因していた――その点については疑う余地はまったくなかった――が、たぶん普通のタイプⅠバーストは結局熱核閃光によるものだったのだ。どうやってそれを突き止めたかを手短に話そう――もう少し我慢して聞いてほしい。

一九七八年の秋、MITの同僚のポール・ジョスが中性子星の表面における熱核閃光の性質について、注意深くいくつかの計算を行なった。ジョスの結論では、蓄積された水素がまず静かに融合してヘリウムとなるが、そのヘリウムは、ひとたび質量、圧力、温度が臨界に達すると、激しく爆発して、熱核閃光を生み出すことがある（それゆえタイプⅠバーストになる）。ここから、絶え間ない降着で放出されるX線エネルギーは、熱核反応バーストで放出されるエネルギーのおよそ一〇〇倍になるはずだという予測が導き出された。言い換えると、得られる重力位置エネルギーは、得られる核エネルギーのおよそ一〇〇倍だ。

わたしたちは、一九七七年秋の五日半にわたる観察中にラピッドバースターからX線の形で放出されたエネルギー総量を測定し、タイプⅡバーストでは、〝スペシャル〟なタイプⅠバーストの約一二〇倍のエネルギーが放出されることを発見した。それが決め手だった！　その時点で、ラピッドバースターがX線連星であること、タイプⅠバーストが降着中性子星の表面における熱核閃光に起因すること、タイプⅡバーストがドナー恒星から中性子星へ流れ込む物質の重力位置エネルギーの放出に起因することがわかった。その点について疑いの余地は、もう微塵もなかったし、そのとき以来、タイプⅠバースト源はすべて中性子星X線連星だとわかった。同時に、結論として、ブラックホールがバースト源ではありえないこともわかった。ブラックホールは表面を持たないので、熱核閃光を生み出すことができないのだ。

厄介なバーストの秘密

一九七八年にはほとんどの人にとって、バースト源が降着中性子星連星であることは火を見るより明らかであったのに、ハーヴァード大学のグリンドレイは、バーストは実際には巨大なブラックホールによって生み出されると主張し続けていた。一九七八年には論文まで発表して、バーストが超巨大ブラックホールによって生み出される仕組みを説明しようとした。科学者が自分の理論に感情的に執着してしまいかねないことは、すでに話した。《リアル・ペイパー》誌が「ハーヴァードとMIT、衝突寸前」という長い記事を、グリンドレイとわたしの写真入りで掲載した。

バースト源が連星の性質を持つ証拠が見つかったのは、一九八一年、わたしとオランダ人の友人ハルハー・ペダーソン、ヤン・ヴァン・パラデイスが、バースト源MXB1636－53の三・八時間の軌道周期を発見したときだった。しかし、グリンドレイがようやく敗北を認めたのは、一九八四年になってからだった。

このように、特に風変わりなX線源のラピッドバースターこそが、それ自体が謎めいていた普通の（タイプIの）X線バーストの理論を裏付けるのに役立ったのだ。皮肉にも、これほど多くのことを説明したにもかかわらず、ラピッドバースターはほとんど謎のままだ。観測者だけでなく、理論家にとっても、ラピッドバースターは困惑の種であり続けている。わたしたちにできたのはせいぜい、〝間欠性（スパズモディック）降着〟という説明を思いついたことくらいで、それはある意味、これまでにできた最大限のことでもある。たしかに、その名称では異国での休暇中にかかることのある病気か何かのように思われてしまうかもしれない【訳注：「スパズモディック」には「痙攣性の」という意味もある】。それに、じつのところ、これは単に言葉を当てはめただけで、物理学と言えるしろものではない。どういうわけか、中性子星に向かう物質は、一時的に降着円盤の中にとどまってから、小さな塊や輪になって円盤から放出されて恒星の表面へと降り注ぎ、バーストの中で重力位置エネルギーを解き放つ。わたしたちはこの放出を円盤の不規則変動と呼ぶが、これも単に言葉を当てはめただけで、なぜ、そして、どのようにしてそういう現象が起こるのか、誰ひとり知る者はいないのだ。

正直に言うと、わたしたちも、X線源の反復される瞬間的作用の背後にあるメカニズムの中身を理解していない。なぜX線源はX線を出したり止めたりを繰り返すのか？　わたしたちにはまったくわからない。一九七七年に一度、SAS－3の探知器すべてで同時にバーストをとらえ始めた。それは奇妙なことだった。なぜなら、各探知器は空のまったく異なる方向を調べていたからだ。わたしたちが唯一考えついた筋の通った説明は、きわめて高いエネルギーのガンマ線が衛星を貫通して（X線にはできないことだ）、あとに痕跡を残したというものだった。すべての探知器が同時に〝点火〟したので、それらのガンマ線がどの方向から来ているのかまったくわからなかった。そういう出来事が数カ月にわたって数十回観察されたが、あるときぴたりとやんだ。しかし、一三カ月後にふたたび始まった。MITでは、誰ひとりとして手掛かりをつかめなかった。

クリスチャン・テレフソンという学生の助けを借りて、わたしはそれらのバーストの目録を作成し始め、ふたりでバーストの分析結果によってA、B、Cに分類することまでした。わたしはすべてをひとつのファイルにまとめて、厄介なバーストというラベルを貼った。NASAの職員（毎年MITを訪れていた）何人かにプレゼンテーションをし、X線バーストについての最新のわくわくするニュースを伝えて、それらの奇妙なバーストの一部を見せたときのことを思い出す。わたしは発表をためらっていると説明した。どうしてもほんものに見えなかったからだ。しかし、NASAの職員はすぐに発表するよう勧めてくれた。そこで、クリスチャンとわたしは論文を書き始めた。

そのあと、ある日突然、昔の教え子で、ロスアラモス国立研究所【訳注：原子爆弾を開発したマンハッタン計画で知られている】で機密研究をしていたボブ・スカーレットから電話がかかってきた。それらの風変わりなバーストについては発表しないでほしいという依頼の電話だった。わたしは説明を求めたが、理由を話すことは禁じられているようだった。ボブからバーストが起こった日時をいくつか教えてほしいと頼まれたので、わたしは教えた。二日後にまた電話があって、今度は国家安全保障上の理由から発表しないようにと強く迫られた。わたしは椅子から落ちそうになった。すぐさま、MITの昔の同僚で当時やはりロスアラモスで働いていた友人のフランス・コルドヴァに電話をかけた。ボブとの会話の内容を伝えて、何が起こっているのか少しばかり解説してもらおうと思ったのだ。フランスはどうやらボブと話し合ったらしく、数日後に電話してきて、やはり発表しないようにと強く迫った。わたしを安心させるために、問題のバーストは天文学的な興味を引くものではないと保証してくれた。結論だけ言うと、わたしは発表しなかった。

何年も経ってから、わたしは真相を知った。〝厄介なバースト〟を生み出したのは、超強力放射線源内蔵の原子力発電機を動力源とする複数のロシアの衛星だった。SAS-3がロシアの衛星の近くに来ると、衛星は必ず放射線源から放出されるガンマ線をSAS－3の探知器に浴びせかけたのだ。ところで、一九七一年にロシア人が探知した風変わりなバーストを覚えているだろうか？　それらのバーストもロシアの衛星によって引き起こされたものだったことを、今わたしは確信している……なんという皮肉！

わたしの人生の中で、一九七〇年代後半から一九九五年いっぱいまでのこの時期は、信じられないほど充実していた。X線天文学は当時の観測天体物理学のまさに最前線だった。X線バーストに関与していたことが、わたしを科学者としての絶頂へと押し上げた。毎年世界じゅうで、東西ヨーロッパからオーストラリア、アジア、ラテンアメリカ、中東、そして、アメリカ全土で、セミナーを十数回開いただろうか。多くの国際天体物理学会に招かれて講演を行ない、X線天文学に関する三冊の本――最後の一冊は二〇〇六年の『コンパクト星X線源』――の編集主幹となった。天にも昇る心地だった。

ところが、驚くべき進歩を遂げたにもかかわらず、ラピッドバースターはその最も深遠なる謎を解こうとする試みをことごとく退けてきた。いつか誰かがラピッドバースターを解明してくれるだろう。わたしはそう確信している。そして、その誰かが今度は同じくらい困惑させられる謎に直面することになるだろう。それこそが、物理学の醍醐味なのだ。だからこそ、わたしはラピッドバースト分析表の、ポスターサイズの複製をMITの自分のオフィスに堂々と掲げている。大型ハドロン衝突型加速器の中であれ、ハッブル・ウルトラ・ディープフィールドの最も遠い端であれ、物理学者はよりいっそう多くのデータを集め、よりいっそう独創的な理論を考えつこうとしている。唯一わたしにわかるのは、物理学者はどんなものを見つけようと、どんな提案を行なおうと、どんな理論を立てようと、さらに多くの謎を発掘するだろうということだ。物理学では、得られた答えが多いほど、ますます多くの疑問が生じてくるのだ。

Ways of Seeing

最終講
世界が違って見えてくる

わたしが物理以上に好きなもの、それは美術だ。
ゴッホ、ゴーギャン、マティス、ドランの絵を知ってしまうと、
誰も、もう今までと同じ目で色を見ることができない。
物理もまた同じ。
ニュートン、アインシュタイン、
先人たちの理論を知ると世界が違って見えてくる。

たいていの高校生や大学生は物理学を学びたがらないが、それは、物理学が複雑な数式の集合として教えられることが多いからだ。わたしはMITでそういう教えかたはしないし、本書でもそれは避けてきた。わたしは世界が見えるための手立てとして物理学を紹介し、通常わたしたちの目から隠れているたくさんの領域――自然界でいちばんちっぽけな粒子である素粒子から果てしなく広がる宇宙に至るまで――への窓を開いていく。物理学のおかげでわたしたちは、周りの至るところで働いている目に見えない力、つまり重力から電磁気までを見ることができるし、虹が現われる時と場所ばかりか、幻日や幻月、霧虹、オーロラ、もしかしたらガラス虹などの発生を予期して待つこともできる。

物理学の先駆者たちは、それぞれにわたしたちの世界を見る視点を変えてくれた。ニュートン以後、わたしたちは太陽系全体の運行を理解し、予測することができるようになり、そのための計算法――微積分――をものにした。また、太陽光はさまざまな色で構成されているということを、虹は太陽の光が雨粒で屈折、反射してできるということを、誰も否定できなくなった。マクスウェル以後、電気と磁気がとこしえに結びつけられた。本書でも、この両者を別々の講義に振り分けることさえむずかしかった。

そういうところに、わたしは物理学と芸術のうっとりするようなつながりを感じる。先駆的な芸術もまた、世界の新しい見えかた、新しい目の向けかたを示してくれる。意外に思われるかもしれないが、わたしは生涯のかなりの時期を、物理学に劣らぬ深さで、現代美術にのめり込んで過ごしてきた。どちらとも恋愛関係にあった！　わたしがフィエスタウウェアを多数集めていることは、すでに述べた。さらにわたしは、六〇代半ばごろから一〇〇点以上の美術品——絵画、コラージュ、彫刻、敷物、椅子、テーブル、操り人形、仮面など——を収集していて、自宅の壁や床にはもう全部を飾る場所がない。

ＭＩＴの研究室は、物理関係の本や道具が場所をふさいでいて、大学から借り受けた大きな美術品が二点あるだけだ。しかし、自宅には、物理学の本がたぶん一二、三冊で、美術書なら二五〇冊ほどある。芸術を愛する心を若い時代に培うことができたのは、幸運だったと思う。

両親は絵画を集めていたが、美術の知識などほとんど持ち合わせていなかった。単に気に入ったものを買い求めるというやりかたで、それだと袋小路に迷い込む危険性もある。ときにはすばらしい作品に当たることもあったが、ときにはそれほどでもないものや、あとで由来を知ってがっかりするようなものをつかまされた。わたしが強烈な印象を受けた一枚は父の肖像画で、今は、ケンブリッジの自宅の暖炉の上に掛かっている。それは人の目を引きつけずにはおかない。父は変わり者だった——そして、わたしのようにとても頑固だった。父をよく知っていた画家は、上半身の像の中にその特徴をよくとらえ、がっしりと張った両肩の上に、禿げた大きな長楕円の頭が載って、小さな口には満悦の笑みが浮かんでいる。しかし、ほんとうに目立つのは眼鏡だ。そして、その分厚くて黒いフレームに縁取られたレンズの奥の目が、絵の鑑賞者を部屋じゅう追いかけ回し、左の眉がからかうようにフレームの上に吊り上がっている。それこそが父の特質。父は洞察の人だった。

父は高校生のわたしを画廊や美術館に連れていき、それをきっかけに、わたしは本気で美術との恋に落ちていった。新しい見えかたを美術が教えてくれたのだ。わたしが画廊や美術館を好むのは、学校とは違って、興味の赴くままに歩き、立ち止まりたいときに立ち止まり、とどまりたいだけとどまり、気が進めば先へ行くということができるからだ。そうするうちに美術との関係が育まれていく。まもなくわたしは、ひとりで美術館に行くようになり、いくらも経たないうちに、ささやかな知識を身につけていた。ヴァン・ゴッホ（ほんとうの発音はvan《ファン》 Chocch《ホッフォ》だが、咽頭音ふたつを短いO《オウ》の音でかろうじて分けるという至難の業は、オランダ人でなければとてもこなせない）にどっぷりはまった。一五歳のときには、クラスのみんなに、ヴァン・ゴッホについて講義するまでになっていた。ときどき、級友たちを美術館巡りに連れていったりもした。そう、教えることにわたしの足を踏み入れさせたのは美術だった。

新しい領域へ知の版図を広げる方法を他人――老若男女を問わず――に教えることで、どれほどすばらしい気分を味わえるものか、それをわたしはこのとき初めて知った。芸術がときに曖昧で難解なものに思われてしまうのは、わたしにとって非常に残念なことで、それは、お粗末な物理教師に習った多くの人が物理学を敬遠する仕組みによく似ている。そんなこともあって、わたしは八年前から毎週、MITの掲示板に美術に関するクイズを貼って楽しんできた。ウェブ上の写真を印刷し、誰の作品かを当てさせるのだ。年間で正解数の多かった上位三名には賞品――選りすぐりの美術書――も出す。常連の中には、毎週何時間もかけてネット検索をし、いつのまにか美術通になる者もいる！　わたしはこの楽しさに味をしめ、今はフェイスブックで、隔週のクイズ大会を催している。よかったら、あなたもどうぞ。

物理と美術

また、わたしはこれまでに何度か、瞠目すべき先鋭芸術家との共同制作に携わるという幸運な機会に恵まれた。一九六〇年代末、ドイツの〝スカイ・アーティスト〟オットー・ピーネが先端視覚研究センターの特別研究員としてMITにやってきた。のちには館長となって、二〇年間センターを率いることになるのだが……。すでに自分の巨大気球をいくつか飛ばした経験のあったわたしは、スカイ・アートを制作するオットーを手伝うようになった。いっしょに取り組んだ最初のプロジェクトは、『光の線の実験《ライト・ライン・エクスペリメント》』と呼ばれるもので、ヘリウムを充塡した長さ七五メートル強のポリエチレン・チューブ四本で構成され、両端を押さえつけられた各チューブは、MITの運動場にそよぐ春風の中で優雅な弧を描いた。わたしたちは四本をつなぎ合わせて三〇〇メートル余りもの気球を作り、片端を空に浮かばせた。夜にスポットライトを運び出して蛇のような気球のあちらこちらに光を当てると、四本のチューブは、一〇〇メートルほどの上空でよじれたり波打ったりしながら、休む間もなく次々と意想外の形を見せてくれた。その美しさといったら！

一連のプロジェクトでのわたしの仕事は、たいていは技術的なこと、つまり、オットーが心に描く気球の大きさや形が無理のないものかどうかを見きわめるというものだった。例えば、ポリエチレンの厚み。空に浮かべるだけの軽さが必要だが、強風に耐えるだけの強さも欲しかった。一九七四年、コロラド州アスペンで開かれた催しで、わたしたちは〝光のテント〟のつなぎ縄に多面体のガラス玉をぶら下げることを試みた。わたしは、物理学と美学、いずれの見地からもうまくいく解を得ようと、気球の大きさやガラス玉の重さをあれこれ変えて、何度も計算した。オットーの芸術的な着想を、物理学の力で実現させるのが、楽しくてしかたがなかった。

一九七二年に開催されたミュンヘン・オリンピックの閉会式用に、オットーは五色の長大な気球『虹』をデザインしたが、じつは、わたしもそれに関わっていた。当然ながら企画時のわたしたちは、そのオリンピックがイスラエル選手の虐殺という悲劇的な結末を迎えようとは思いもしなかったのだが、一五〇メートル近くもの高さでオリンピック会場の大海原に架かる約四五〇メートルのわれらが『虹』は、突然の惨事が降りかかったとき、希望の象徴となった。本書の口絵ページにある『虹』気球の写真をご覧あれ。宇宙を観察するために気球を飛ばし始めたときには、こういうプロジェクトに関われるなど、想像だにしなかった。

オットーはわたしを、オランダの美術家ペーター・ストライケンに紹介してくれた。ストライケンの作風については、オランダにいたころ両親が彼の作品を集めていたので、よく知っていた。ある日、MITにいるわたしに、オットーから電話がかかってきた。「今、ぼくのオフィスにオランダのアーティストが来てるんだけど、会いたくないかい?」小国出身者は同郷の人間と話したがるというのが世間の常識らしいが、わたしはそうでないことのほうが多い。そこで、オットーに「特に会いたくはないが、そのアーティストの名前は?」ときくと、「ペーター・ストライケン」という答え。もちろんわたしは承諾したが、大事を取って、三〇分しか時間を割けない(ほんとうはそんなことはなかったが)と付け加えた。やがてペーターがオフィスにやってきて、わたしたちは五時間近くも(そう、五時間!)話し、そのあと、〈リーガル・シー・フーズ〉に招待して、牡蠣をご馳走した！　わたしたちは出だしから意気投合し、親友どうしになって、それから二〇年以上経つ。ペーターの訪問はわたしの人生を永遠に変えた！

初めての議論の中で、わたしはペーターの深刻な問題もしくは疑問――あるものがほかのものと違うと言えるのは、どんな場合か？――に対して、それは違いに関するその人の定義しだいだと答え、その理由が彼に〝見える〟ようにすることができた。ある者にとっては、四角形は三角形や円と違うかもしれない。しかし、幾何学的に閉じた図形はすべて同じだと自分で定義してしまえば――ほら、そうすれば三つの形は全部同じになる。

ペーターはコンピューターを使って描いた絵を何枚も見せてくれた。どれも同じプログラムが使われており、ペーターは「全部同じだ」と言った。しかし、わたしには、一枚一枚とても異なって見えた。それこそ、〝同じ〟に関する定義しだいだろう。わたしはついでに、全部同じだと言うのなら一枚置いていってくれないかと頼んだ。ペーターはそうしてくれ、その絵にオランダ語で〝メット・ダンク・フォール・イィン・ヘスプレック〟（直訳すると〝議論ひとつぶんのお礼〟）と書いた。ペーターはそういう男だった。控えめすぎるくらい控えめ。ストライケンの絵はたくさん持っているが、正直なところ、この小さな絵は特に気に入りの一枚だ。

ペーターにとってわたしは、美術にとても関心があるばかりでなく、仕事の助けにもなる物理学者だった。ペーターは、コンピューター・アートにおける世界的な先駆者のひとりだ。一九七九年に一年の任期でペーターが（リエン・デッケル及びダニエル・デッケルとともに）ＭＩＴにやってくると、わたしたちは非常に密接な共同作業に取り組み始めた。毎日のように会い、週に二、三回はペーターの住居で夕食をともにした。ペーターが現われる前のわたしは、美術作品を〝見て〟いた――それを、ペーターが〝見える〟ようにしてくれた。

ペーターがいなければ、わたしはけっして、先駆的な作品に注目するようにはならなかっただろうし、それらの作品が人々の世界観をどう覆せるのかも、見えるようにならなかったと思う。美術は美だけを追求するものではなく、美を主眼とするものですらないことを、わたしは学ばされた。美術を含め芸術は絶えざる発見の業《わざ》であり、わたしが芸術と物理学を同一線上のものと見る理由はそこにある。

それ以来、わたしはまったく違う目で美術を見るようになった。〝好み〟は、もはや問題ではなくなっていた。大事なのは芸術的な質であり、世界を見る新しい視点であり、それは、芸術について何かをほんとうに知ったとき初めて見きわめられるものなのだ。わたしは、作品が制作された年をつぶさに見るようになった。一九一五年から一九二〇年にかけて描かれたマレーヴィチの先駆的な絵は、どれもとても魅力的だ。ところが、一九三〇年代にほかの画家が描いた似たような絵には、まるで興味を引かれない。「芸術は盗作か、さもなければ革命だ」ポール・ゴーギャンは独特の傲慢さでそう言ったが、その言葉にはいくばくかの真実が含まれている。

物理学者と芸術家の共作

わたしは、先駆的な作品がもたらされるまでの進化の過程に心をそそられた。一例として、まもなくわたしは、モンドリアンの絵一点一点の制作年を間違いなく言えるようになった――一九〇〇年から一九二五年までのその成長ぶりは驚異的だった。今は、娘のポーリーンも同じことができる。美術館がときどき犯す制作年の誤記に気づくことも、これまで何度かあった。指摘すると（いつもする）、学芸員たちはときに困惑しながらも、必ず訂正してくれる。

わたしはペーターといっしょに、彼の数々の着想の実現に取り組んだ。最初のプロジェクトは〝一六番めの空間〟つまり一六次元（一一次元説のひも理論を出し抜いたのだ）の美術だった。また『変動』シリーズも思い出深い。ペーターは、入り組んだ不思議な作品が生み出せるコンピューター・プログラムを作るために、数学的な基盤を培ってきていた。しかし、数学の知識は豊かとは言えず、ペーターの方程式は突飛――というより滑稽――だった。ペーターは華麗に数学を操りたかったが、そのすべを知らなかった。

わたしは、物理学的に少しも複雑ではない解決策を見つけた。三次元進行波だ。任意の波長を設定し、波の速度を確定し、方向を決めるだけ。もし三つの波を絡ませたければ、それもできる。初期条件から始めて、三つの波を互いに絡ませ、ひとつにまとめる。この過程から、とてもおもしろい干渉縞が生じる。

その土台となる計算式は美しく、ペーターにとってそれはとても重要なことだった。べつに自慢しているわけではない――ペーターだって同じことを言うだろう。このこと、つまり物事をいかに数学的に美しく、かつ理解しやすくするかを示すことが、ペーターの人生でわたしが果たしたおもな役割だった。ペーターはいつもわたしに気をつかい、シリーズが終わるたびに好きなものを一作選ばせてくれた。なんたる果報、おかかえの芸術家がいるようなものではないか！

ペーターとの共同制作が縁で、ロッテルダムにあるボイマンス・ファン・ベーニング美術館の館長から講演に招かれ、一九七九年にアムステルダムのクーペルケルク会議場の広大な丸天井の下で、わたしはモンドリアンについて初めて講演した。会議場は満席で、約九〇〇人の人たちがわたしの話を聴いてくれた。この格式の高い講演会は、現在は一年おきに開催されている。一九八一年にはウンベルト・エーコ、一九九三年にはドナルド・ジャッド、一九九五年にはレム・コールハース、そして二〇一〇年にはチャールズ・ジェンクスが講師を務めた。

それを知ったとき世界は違って見えてくる

オットーやペーターとの共同制作だけでなく、わたしはほかにも芸術作品の創出に関わってきた。一度は、（ふざけて）ちょっとした概念芸術《コンセプチュアル・アート》を試みた。〝物理学者の目を通して見る二〇世紀芸術〟と題する講義の中で、わたしはこう言った。自宅にある蔵書の中で物理学関連のものは十数冊だが、美術関連は二五〇冊を超え、その比率は約一対二〇になる、と。それから美術書を一〇冊机に置き、よければ休憩時間に見るよう受講者たちに勧めた。さらにわたしは、蔵書の割合を適正に保つため、物理の本を半冊持ってきたことも告げた。その朝、物理の教科書を背の真ん中でふたつに分断したその片割れだ。わたしはそれを振りかざして、細心の注意を傾けて切ったことを強調した――きっかり半冊だ。そして言った。「美術に興味のないかたは」――その半冊の本を派手に机に落としながら――「こちらをどうぞ！」残念ながら、誰も手を出さなかった。

ルネッサンス芸術が現在に至るまでの日々を振り返ると、はっきりした流れがある。芸術家たちは、主流をなす伝統からのさまざまな制約を少しずつ取り払ってきた。題材、形式、素材、観点、技法、色調などに関する制約を……。芸術は自然界を描写するものだという考えは、一九世紀の終わりごろまでに完全に捨て去られた。

そういう先駆的な作品の多くを今のわたしたちはすばらしいと思って見ているが、じつのところ、芸術家たちの意図はまったく別のところにあった。世界を見る新しい視点を提供したかったのだ。今日、美しい創作品として偶像のように称賛されている絵の多く——例えば、ヴァン・ゴッホの『星月夜』やマティスの『緑の筋』（マティスの妻の肖像画）——は、当時、嘲笑と敵意にさらされていた。また、現在、どこの美術館でも人気上位に入り、広く愛されている印象派の画家たち——モネ、ドガ、ピサロ、ルノアール——も、初めて作品を世に出したころには物笑いの種にされていた。

その画家たちの作品を今のわたしたちの大半が美しいと思うこの事実は、画家たちがみずからの時代に打ち勝ったことを証明している。世界に対するその新しい見えかた、新しい視点は、今の世にこそふさわしく、わたしたちのための方法となっている。一〇〇年前はただただ醜かったものが、今は美しいということだってあるのだ。同時代のある批評家がマティスを美ならぬ醜の伝道師と呼んだ事実を、わたしは好ましく思う。美術収集家レオ・スタインは、マティスがマティス夫人を描いた絵『帽子の女』を〝これまで見た中でいちばん胸くその悪いべた絵〟と評した——が、レオはその絵を購入した！

二〇世紀になると、アーティストたちはファウンド・オブジェクト【訳注：美的価値をもつものとして偶然発見された自然物や廃棄物】を使った——ときにはあきれかえるようなものがある。例えば、マルセル・デュシャンの男子用小便器（デュシャンは『泉』と題した）や『モナ・リザ』の複製画。『モナ・リザ』の上には挑発的な綴りL・H・O・O・Q【訳注：フランス語で速く読むと、「彼女の尻は熱い《エ・ラシュ・オ・オ・キュー》」となる】が書き込まれている。デュシャンは偉大なる解放者だった。それ以後は、もうなんでもあり！　デュシャンは、美術に対するわたしたちの見かたをふっ飛ばしたかったのだ。

ゴッホ、ゴーギャン、マティス、ドランの絵を知ってしまうと、誰も、もう今までと同じ目で色を見ることができない。また、アンディ・ウォーホルの作品に接したあとは、キャンベルのスープ缶もマリリン・モンローの肖像も、今までと同じようには見られない。

先駆的な作品の中には、美しく、ときには見とれてしまうようなものもあるが、ほとんどの場合――特に最初に見たとき――はまごつき、もしかしたら醜いとさえ思うだろう。しかし、どれほど醜かろうと、先駆的な芸術作品のほんとうの美はその意義の中にある。世界を見る新しい視点は、けっしてなじんだ寝床のぬくもりのようなものではない。それは常に、震えあがるほど冷たいシャワーなのだ。そのシャワーが、わたしを活気づけ、奮い立たせ、解き放つ。

物理学の先駆的な仕事についても、同じようなことが言える。謎の解明に向けての画期的な歩みが、これまで見えなかった、あるいは曖昧模糊としていた領域へ踏み込んだとたん、わたしたちはもう、以前とまったく同じ世界を二度と目にすることはない。

本書で紹介してきたすばらしい発見の数々はどれも、なされたばかりの時点では深い動揺をはらんでいた。それらの発見を裏づける数式をわたしたちが習得しなければならないとしたら、それは意気も萎えるような苦行となりかねない。しかし、時代を画する大躍進の例をいくつか紹介してきたことで、それらの偉業がいかに刺激的で、また美しいものであったかを実感してもらえたのではないだろうか。セザンヌ、モネ、ヴァン・ゴッホ、ピカソ、マティス、モンドリアン、マレーヴィチ、カンディンスキー、ブランクーシ、デュシャン、ポロック、ウォーホルらが、美術界と対峙する新しい道筋をつけたように、ニュートンとあとに続く科学者たちが、わたしたちに新しい展望を与えてくれた。

二〇世紀初期の物理学の先駆者たち——アントワーヌ・アンリ・ベックレル、マリー・キュリー、ニールス・ボーア、マックス・プランク、アルベルト・アインシュタイン、ルイ・ド・ブローイ、エルヴィン・シュレーディンガー、ヴォルフガング・パウリ、ヴェルナー・ハイゼンベルク、ポール・ディラック、エンリコ・フェルミら——は、事物の本質について、一〇〇〇年とは言わなくても数百年のあいだ先輩科学者たちが堅持してきた見解をそっくり覆す考えを提示した。量子力学が出現するまでは、ニュートンの法則に従って粒子は粒子であり、また、別の物理学に従って波は波であると信じられていた。しかし、今わたしたちは、すべての粒子は波のようにふるまうことができ、すべての波は粒子のようにふるまうことができるということを知っている。だから、光は粒子か波動かという一八世紀の問題（これは、一八〇一年トーマス・ヤングにより波動ということでかたがついたかに見えた——第5講参照）にも、現在では、どちらでもあるという答えが出て、もはや問題ではなくなった。

量子力学以前は、物理学は決定論的だと思われていた。つまり、同じ実験を一〇〇回やれば一〇〇回ともまったく同じ結果が出るということだ。しかし今は、それが真実ではないことをわたしたちは知っている。量子力学は確かさではなく、確からしさの度合を論じる。これは驚天動地の説で、アインシュタインですら受け入れることができなかった。「神はさいころを振らない」という名ぜりふが吐かれたが、しかし、アインシュタインは間違っていた！

また、粒子の位置と粒子の運動量（質量と速度の産物）は、原則として、いかなる精度においても、同時に測定されうると信じられていた。ニュートンの法則がそう教えていた。今、わたしたちはそれが事実ではないことを知っている。直観には反するかもしれないが、粒子の位置測定の精度が高くなれば高くなるほど、運動量の測定精度が低くなるのだ。これはハイゼンベルクの不確定性原理として知られている。

アインシュタインは、自身の学説、特殊相対性理論の中で、空間と時間が時空というひとつの四次元連続体を構成していると唱えた。アインシュタインはまた、光の速度は一定（毎秒三〇万キロ）であると主張した。例えば、ある人が乗った超高速列車がヘッドライトを輝かせながら光速の五〇パーセント（毎秒一五万キロ）の速さであなたに向かってくるような場合ですら、その光の速さは列車の人物にとってもあなたにとっても同じだという。これは直観ではとても理解しがたい。あなたは、列車が近づいてくるのだから、向かってくる光を見ているあなたにとっての光の速さは、三〇万プラス一五万キロ（毎秒四五万キロ）になるはずだと思うだろう。しかし、そうではない――アインシュタインによれば、三〇万プラス一五万は依然として三〇万なのだ！　同じアインシュタインの一般相対性理論には、もっと啞然とさせられるのではないだろうか。この理論は、天文学的宇宙を統《す》べている力を全面的に解釈し直すことを勧めるもので、時空の構造自体の歪みによって生じた重力は、時空の幾何学的歪み【訳注：時空が幾何学的構造を持っているとした場合の歪み】を介して物体を軌道に乗せ、それだけでなく、同じ時空の歪みを介して光をも曲げると唱えた。アインシュタインは、ニュートン物理学を大々的に修正する必要性を示し、ビッグバン、膨張宇宙、ブラックホールなどを論じる現代宇宙論への道を拓いた。

大切なのは箱のふたを開くこと

一九七〇年にＭＩＴで講義をし始めたとき、わたしは自身の性格もあって、どうせわかってもらえない細かな説明より、美しさやわくわく感のほうを重要視した。取りあげたどの主題においても必ず、可能なかぎり学生自身の世界に題材を結びつけようとした――そうすることによって、手の届く範囲にありながらこれまで考えもしなかったものを、目に見えるものにした。さらに、質問があるたびに忘れずこう言った。「すばらしい質問だ」教える者が何より避けたいのは、学生は愚かで自分は賢いという驕《おご》りを、学生たちに感じさせてしまうことだ。

電磁気学の講座の終わりは、わたしにとって非常に貴重なひとときだ。わたしたちはその学期の大部分を費やして、マクスウェルの方程式のひとつずつに忍び寄ってきている。電気と磁気のつながりについての、息を呑むほど簡明ないくつかの説明――電磁気というひとつの現象のさまざまな側面――に。これらの方程式が互いに語り合うさまには、特有の美しさがある。ばらばらに味わうことはできない。全部合わせてひとつの、場の理論なのだ。

そう、そこでわたしは、講堂の四面の壁それぞれにスクリーンをかけて、美しい四つの方程式を映し出す。「さあ、見て」わたしは言う。

「それぞれの方程式を深く吸い込んで。そうやって脳にしっかりしみ込ませるんだ。マクスウェルの方程式四つ全部を初めてこんなふうに目の当たりにし、その完全さ、美しさ、そして互いに語り合うさまを鑑賞する機会は、きみたちの人生でたった一度、これっきりだろう。けっしてもう訪れないだろう。そして、きみたちはもう以前と同じにはなれないだろう。そう、きみたちは処女もしくは童貞を失ったのだ」

学生たちの人生できわめて重大なこの日に敬意を表し、また、彼らが知の頂きをきわめたことを祝う一手段として、わたしは六〇〇本の水仙の花を持ち込み、一本ずつ学生に手渡す。

学生たちはその後何年間も、もうマクスウェルの方程式の細部を忘れてしまったあともずっと、わたしに手紙を書くだろう。水仙の日のことを、新しい見えかたの記念として花が配られた日のことを、今も覚えていると……。それこそが、わたしの求める最高水準の授業だ。わたしには、学生たちが、黒板に書かれたことを思い浮かべられるかどうかより、見えたものの美しさを覚えているかどうかのほうが、ずっとずっと重要だ。教える者にとって大切なのは、知識を箱にしまい込むことではなく、箱のふたを開くこと！

わたしの目標は、学生たちに物理学を好きにさせることと、物理の世界を違った角度から見せることであり、これは生涯変わらない！　教える者が学生の地平を広げてやれば、学生たちは今まで絶対にしなかったような質問をするようになるだろう。物理学の世界の鍵をあけるにあたって心すべきことは、物理学を学生たちがほんとうに興味を持っているものに結びつける方法をとることだ。だからわたしは、学生たちに一本の樹を上り下りさせるのではなく、森を見せる。それはまた、あなたのためにわたしが本書で試みてきたことでもある。この旅を楽しんでいただけたのならうれしいが……。

補遺1　哺乳動物の大腿骨　哺乳類の体の大きさになぜ限界があるか

哺乳動物の質量は体積に比例すると言って差し支えないだろう。子犬を例に挙げて、その四倍の大きさの成犬と比べてみよう。すべての一次元的な尺度――体高、体長、脚の長さと太さ、頭の幅など――において、成犬のほうが四倍大きいということだ。もしそうなら、成犬の体積（すなわち質量）は子犬の約六四倍になる。

a、b、cの三辺を持つ直方体を考えてみるといい。この直方体の体積はa×b×cだ。すべての辺を四倍すれば、体積は4a×4b×4c、すなわち64abcになる。これをもう少し数学的に表現すると、哺乳動物の体積（すなわち質量）は長さの三乗に比例するという言いかたができる。もし成犬の大きさが子犬の四倍なら、その体積は四の三乗倍、つまり六四倍となる。だとすると、大腿骨の長さ〝ℓ〟を尺度に哺乳動物の質量を比較する場合、それぞれの質量はおよそℓの三乗に比例する。

よろしい、これが質量だ。さて、哺乳動物の全体重を支える大腿骨の強さは、その太さに比例するはずだ。太い骨は大きい体重を支えられる――直観はそう告げている。この観念を数学の言葉に置き換えれば、大腿骨の強さは骨の断面積に比例するということになる。断面はほぼ円形で、円の面積はよく知られるとおりπr^2だ（ただしrは半径）。つまり、断面積は直径の二乗に比例する。

大腿骨の太さを〝d〟（直径《ダイアメター》の頭文字）と呼ぼう。そうすると、ガリレオの説に従うなら、哺乳動物の質量はdの二乗に比例する（そういう太さの骨なら体重を支えられる）ことになるが、質量はまた、ℓの三乗にも比例する（これは、ガリレオの説に関係なく、常に真である）。すなわち、ガリレオが正しければ、dの二乗はℓの三乗に比例するはずで、言い換えると、dはℓの三分の二乗に比例する。

ここでもし、二体の哺乳動物を比較して、一方が他方の五倍大きい（大腿骨の長さℓが約五倍ある）とすると、その大腿骨の太さdは他方の大腿骨の五の三分の二乗倍、つまり約一一倍になる。授業では、象の大腿骨の長さℓが鼠の大腿骨の約一〇〇倍であることを示した。だから、もしガリレオが正しければ、象の大腿骨の太さdは鼠のおよそ一〇〇の三分の二乗倍、つまり一〇〇〇倍ほどになるわけだ。

それだと、どこかの時点で、非常に重い哺乳動物の骨の太さが長さと同じに――あるいは、太さのほうが大きく――なってしまい、すこぶる非現実的な動物ができあがる。これがすなわち、哺乳動物の体の大きさに限界がある理由なのだ。

補遺2　ニュートンの法則の威力　地球の重さを求める

ニュートンの万有引力の法則を等式の形にするとこうなる。

$$F_{\mathrm{grav}} = G\frac{m_1 m_2}{r^2} \quad [1]$$

ここで、Fgrav は質量m_1の物体とm_2の物体のあいだに働く引力を、ｒは物体間の距離を表わす。Ｇは重力定数と呼ばれる。

ニュートンの法則は、少なくとも原理的に、太陽といくつかの惑星の質量を算定することを可能にした。

実際にやってみよう。まず太陽のほうからだ。m_1を太陽の質量、m_2を（任意の）惑星の質量とする。その惑星の軌道を、仮に半径ｒの円とし、公転周期をＴ（地球の場合は三六五・二五日、水星は八八日、木星なら一二年弱）で表わす。

軌道が円形かそれに近い場合（一七世紀に知られていた五つないし六つの惑星にはこれが当てはまる）、惑星が軌道を進む速さは一定だが、速度の方向は絶えず変わる。いかなる物体でも、速度の方向が変わるときは必ず、たとえ速さが変わらなくても加速度が生じることになり、ニュートンの第二法則によれば、加速をもたらす力が存在しなくてはならない。

この力は求心力（Ｆｃ）と呼ばれ、常に、動いている惑星から太陽の方向に働く。もちろんニュートンのことだから、この力を正確に計算する方法は心得ている（授業でもこの公式を使わせてもらっている）。求心力の大きさは、

$$F_c = \frac{m_2 v^2}{r} \qquad [2]$$

vは惑星が軌道上を進む速さを表わす。ただし、この速さは、軌道の外周の長さ2πrを、惑星が太陽の周りを一周するのに要する時間Tで割ったものだ。よって、等式をこう書き換えることもできる。

$$F_c = \frac{4\pi^2 m_2 r}{T^2} \qquad [3]$$

この力はどこから来るのか？　どういう源から発しているのか？　ニュートンには、それが太陽の引力に違いないという確信があった。それなら、前記ふたつの式で表わされる力は同一のものであって、大きさも等しい。すなわち、

$$F_{grav} = F_c \qquad [4]$$

変数をあれこれ入れ替えて、この式を少しいじってみると（高校の代数のいい復習になる）、太陽の質量はこうなる。

$$m_1 = \frac{4\pi^2 r^3}{GT^2} \quad [5]$$

惑星の質量（m_2）が姿を消していることに注目しよう。それはもう計算の要素には含まれず、必要なのは、惑星の太陽への平均距離と公転周期（T）だけだ。意外ではないか？　なにしろ、m_2は等式1にも2にも登場していた。しかし、両方の等式に含まれていたからこそ、Fgrav とFcを等しいものとして右辺を整理したときに消去されてしまったのだ。そこがこの計算法のすばらしいところで、それもこれもアイザック卿の遺してくれた叡智のたまものだ！

等式5は、すべての惑星に関してr^3/T^2が等しいことを意味する。惑星によって、太陽への距離は大きく異なり、公転周期も大きく異なるが、T二乗分のr三乗の値は同じなのだ。この驚くべき事実は、ニュートンよりずっと前の一六一九年、ドイツの天文学者にして数学者ヨハネス・ケプラーが発見している。しかし、なぜこの比率――半径の三乗を周期の二乗で割った値――が一定なのかは、まったくわかっていなかった。六八年後になって、天才ニュートンが、それは自分の法則からの当然の帰結であることを示してみせたというわけだ。

要するに、等式5は、任意の惑星の太陽からの距離（r）と公転周期（T）とGがわかれば、太陽の質量（m_1）が算出できることを示している。

公転周期は、一七世紀になるずっと前から、高い精度で知られていた。太陽と惑星の距離もまた、ずっと前から高い精度で知られていたが、あくまで相対的な尺度でのものだった。すなわち、天文学者たちは、金星の太陽との平均距離が地球の七二・四パーセントであり、木星の太陽との平均距離が地球の五二〇〇倍であることを知っていた。しかし、それぞれの距離の絶対値となると、まったく別問題だった。一六世紀の、デンマークの偉大な天文学者ティコ・ブラーエの時代でも、学者たちは、地球と太陽の距離を実際の値——約一億五〇〇〇万キロメートル——の二〇分の一ほどだと考えていた。一七世紀初めに、ケプラーがもっと精確な距離をはじき出したが、それでもまだ実際の値の七分の一ほどだった。

等式5が告げるとおり、太陽の質量は（惑星への）距離の三乗に比例するから、距離rが七分の一だとすると、太陽の質量は七の三乗分の一、つまり実際の値の三四三分の一ということになり、とても当てにできる数値とは言えない。

大きな躍進が訪れたのは一六七二年で、イタリアの科学者ジョヴァンニ・カッシーニが地球と太陽の距離を約七パーセントの誤差（当時としては画期的）で算定し、それにつれてr三乗の不確実性も二二パーセント前後まで縮小した。Gの不確実性は、小さく見積もっても三〇パーセントだった。従って、一七世紀末の時点で、太陽の質量の算定精度はせいぜい五〇パーセント程度だったと思われる。

太陽から各惑星までの相対的な距離が高い精度でわかっていて、太陽と地球の絶対的距離が七パーセントの誤差でわかったわけだから、一七世紀末の時点で、太陽と他の五つの（既知の）惑星の距離も同じ七パーセントの誤差で算出できたことになる。

ここまで述べた太陽の質量の計算法は、木星、土星、地球の質量の算定にも使える。この三つの惑星は、衛星を持つことで知られていた。一六一〇年にガリレオ・ガリレイが木星の衛星を四個発見し、この四個はガリレオ衛星と呼ばれる。仮に木星の質量をｍ1、いずれかの衛星の質量をｍ2とすれば、太陽の質量と同じように、等式5を使って木星の質量を算出することができる。ただし、この場合、ｒは木星とその衛星の距離、Ｔはその衛星が木星の周りを公転する周期となる。四個のガリレオ衛星（木星には全部で六三個の衛星がある！）の公転周期は、それぞれ一・七七日、三・五五日、七・一五日、一六・六九日だ。

星間距離とGの精度は、時が経つとともに大幅に改善されてきた。一九世紀には、Gの値は約一パーセントの誤差で知られていた。現在の誤差は約〇・〇一パーセントだ。

計算の実例を挙げてみる。等式5を使って、われらが衛星である月（質量m_2）の軌道をもとに地球の質量（m_1）を算出してみよう。等式5を適正に用いるためには、距離rの単位をメートル、Tの単位を秒にしなくてはならない。それに従って、Gを六・六七三×10^{-11}に設定すれば、質量の値がキログラム単位で得られる。

月への平均距離（r）は三・八四四〇×10^{8}メートル（三八万キロ強）、公転周期（T）は二・三六〇六×10^{6}秒（二七・三二日）だ。これらの数値を等式5に代入すると、地球の質量が六・〇三〇×10^{24}キログラムであることがわかる。現時点で最も信頼できる地球の質量の〝時価〟は五・九七四×10^{24}キログラムで、わたしの計算より一パーセントだけ軽い！　このわずかな差は、どこから来るのだろう？　ひとつには、われわれの用いた等式が月の軌道を円だと想定しているからで、実際は楕円だ。月への距離は、最小で三六万キロメートル、最大で四〇万三〇〇〇キロメートルになる。もちろん、ニュートンの法則は楕円の軌道にも楽々と対応できるが、われわれの脳みそのほうが計算に耐えられない。ここまででもたいへんだったのに！

もうひとつ、われわれの計算結果が実際の地球の質量とほんの少し食い違う理由がある。われわれは、月が地球の周りを回っていて、その円の中心は地球の中心だと想定した。それに従って、等式1と3で、rを地球と月の距離ということにした。等式1については、それで問題ない。しかし、第13講でもっと詳しく述べたように、月と地球はそれぞれ、〝月—地球系〟の質量重心を軸とする軌道を回っていて、その重心は地球の表面下一七〇〇キロほどのところにある。よって、等式3のrは等式1のrより若干小さいことになる。

地球に住んでいるわれわれには、ほかにも、住みかであるこの惑星の質量を算定する方法がいくつかある。ひとつは、地表近くでの重力加速度を測定することだ。質量mの物体（mの値は任意）が落下する場合、加速度gで、すなわち九・八二メートル毎秒毎秒*の割合で速さが増していく。地球の平均半径は六・三七一×10^6メートル（六四〇〇キロメートル弱）だ。

ここでふたたび、等式1を持ち出そう。F=ma（ニュートンの第二法則）なので、こう書き換えられる。

$$G\frac{m_{\mathrm{earth}}m}{r^2}=mg \qquad [6]$$

rは地球の半径を表わす。Gに六・六七三×10^{-11}、gに九・八二メートル毎秒毎秒、rに六・三七一×10^6メートルを代入すれば、m_{earth}をキログラム単位で算出できる（さあ、やってみよう！）。等式6を簡約すると、こうなる。

$$m_{\mathrm{earth}}=\frac{gr^2}{G} \qquad [7]$$

わたしが得たm_{earth}の値は五・九七三×10^{24}キログラムだ（感動的ではないか?!）。

落下させた物体の質量mが等式から消えていることに注目！　地球の質量が落下物の質量の影響を受けることなどありえないから、それはべつに意外なことではないだろう。

興味のある読者のために付け加えておくと、ニュートンは地球の平均密度を一立方メートル当たり五〇〇〇ないし六〇〇〇キログラムと考えていたようだ。これはなんらかの天文学的情報にもとづくものではなく、またニュートン自身の法則のどれともまったく関係がない。〝純然たる経験〟から来る最善の推測だ。その推測値を、勝手ながら一立方メートル当たり五五〇〇±五〇〇キログラムという書きかたにさせてもらうと、不確実性はわずか一〇パーセントになる（すごい！）。

ニュートンの推測に同時代の人々がどういう反応を示したかはわからないが、おそらくまともに受け入れたことだろう。一七世紀には地球の半径はよく知られていたので、質量（体積に密度を乗じたもの）も一〇パーセントの誤差で算定されたものと思われる。そうすると、等式7を使って、Gの値も一〇パーセントの誤差で算定できる。わざわざこの話を持ち出したのは、地球の密度に関するニュートンの推測を受け入れることで、一七世紀末の人々がすでに重力定数Gの値を一〇パーセントの誤差で知っていたという事実に感動を覚えるからだ！

＊ ちなみに、赤道上では、この加速度が極点より〇・一八パーセント小さくなる。地球が完全な球形ではないからだ。赤道上の物体は極点上の物体に比べて、地球の中心から二〇キロ遠くにあるので、gが小さくなる。九・八二は重力加速度の平均値だ。

謝辞

非凡なるわれらが著作権エージェント、ウェンディ・ストラスマンの知力と先見の明、実務感覚、そして精神的な支援がなかったら、本書が楽しげな思いつきの域を大きく踏み越えることはなかっただろう。彼女はわたしたちふたりを引き合わせ、本書にふさわしいフリー・プレスという版元を見つけ、長年出版界で磨いてきた批評眼で草稿を読み込み、タイトル（原題は〝For the Love of Physics〟）を考え出し、わたしたちが心置きなく執筆に専念できるよう計らってくれた。わたしたちは彼女の揺るぎない友愛の情をうれしくありがたく受け止め、それにすがって執筆の行程を乗り切った。

フリー・プレスの担当編集者エミリー・ルーズの尽力には、いくら感謝してもし足りない。本作りに対するその姿勢は感化力に富み、文章への並はずれて細やかな配慮には、わたしたちも大いに学ばされた。採算のために極力手間を省こうとする編集者が多いなかで、エミリーは真摯に編集作業に取り組み、わたしたちの文章の論旨をより明晰に、流れをよりなめらかに、語り口をより鋭く、絶えず研磨してくれた。その技能と熱意が、本書の価値を数段高めたことは間違いない。アミー・ライアンの熟練した原稿整理の技芸にも謝意を表したい。

ウォルター・ルーウィン——

webでわたしの授業を観た世界じゅうの人々から、温かい、ときには感動的なeメールが、毎日わたしのもとに何十通と届く。こういう形の授業が実現したのは、リチャード（ディック）・ラーソンの見識のたまものだ。一九九八年、ディックが先進教育事務センターの所長とMIT電子工学科の教授を兼務していたころ、わたしのやや型破りな授業をビデオ化して、学外の学生たちもアクセスできるようにしたらどうかと持ちかけてきた。そして、そのために、マサチューセッツ州のロード財団や大西洋慈善協会から相当額の資金を調達してくれた。ディックのイニシアティブこそが、e-ラーニングの先駆けだった！　二〇〇一年、無償でweb上に授業を公開する〝MITオープンコースウエア〟が始まると、わたしの授業は世界の隅々にまで行き渡り、今では年に百万以上の人々が受講している。

二〇〇七年一二月一九日、《ニューヨーク・タイムズ》紙の第一面に、セーラ・ライマー記者によるわたしの特集記事が掲載された。見出しは、「七一にしてWebスターになった物理学教授」。この記事がさまざまな連鎖反応を引き起こし、本書の出版へとつながった。ありがとう、セーラ！

この二年間、七〇日に及ぶ入院中（死ぬ一歩手前だった）でさえも、本書のことが頭から離れなかった。家にいるときは、ひっきりなしに本書の話を妻のスーザン・コーフマンにぶつけた。眠らずに過ごした夜もずいぶんあった。スーザンはそういうもろもろのことに根気よく耐え、常にわたしを元気づけてくれた。また、鋭い校閲者の目でいくつもの章を読んで、大幅に磨きをかけてくれた。

従妹のエミー・アルベル-カルスと姉のビー・ブロクスマ-ルーウィンにも大きな恩義を受けた。第二次世界大戦中の悲惨きわまるいくつかの出来事の記憶を、ふたりはわたしと分かち合ってくれた。わたし同様、ふたりにとってそれがどんなにつらい作業であるかを、わたしは心得ている。三〇年来の親友ナンシー・スティーバーには、わたしの英語を常に正しい方向へ導いてくれたことと、貴重な意見や提言を与えてくれたことの礼を言おう。また、友人であり同僚でもあるジョージ・クラークにも感謝する。ジョージがいなければ、わたしはＭＩＴの教授には絶対なれなかっただろう。空軍ケンブリッジ研究所に提出され、Ｘ線天文学誕生のきっかけとなったアメリカン・アンド・エンジニアリング社の企画書の原稿を、ジョージはわたしに読ませてくれた。

スコット・ヒューズ、エネクタリ・フィゲロア - フェリシアーノ、ネイサン・スミス、アレックス・フィリペンコ、オーエン・ジンジャリッチ、アンドルー・ハミルトン、マーク・ホイットル、ボブ・ジャッフェ、エド・ファン・デン・ホイヴェル、ポール・マーディン、ジョージ・ウッドロー、ジェフ・マクリントック、ジョン・ベルチャー、マックス・テグマーク、リチャード・リュウ、フレッド・ラーシオ、故ジョン・ハクラ、ジェフ・ホフマン、ワッティ・テーラー、ヴィッキー・カスピ、フレッド・ベイガノフ、ロン・レミラード、ダン・クレップナー、ボブ・カーシュナー、アミーア・リズク、クリス・デヴランツ、クリスティーン・シャーラット、マーク・ベセット、マルコス・ハンキン、ビル・サンフォード、アンドルー・ニーリー――必要なときに、援助の手を差し伸べてくれたすべての皆さんに感謝。

そして、最後に、忍耐強さと柔軟性をもってわたしに接してくれたウォレン・ゴールドスタインに心からの謝意を表さずにはいられない――あまりにも短い時間内に、あまりにも多すぎる物の理《ことわり》を詰め込まれ、ときにはうんざりした（そして、たぶん意気が萎えた）こともあっただろう。

ウォレン・ゴールドスタイン――

ウォルター・ルーウィンについての話を快く聞かせてくれた皆さんに、お礼の言葉を申し上げたい――ローラ・ブロクスマ、ビー・ブロクスマ-ルーウィン、ポーリーン・ブロバーグ-ルーウィン、スーザン・コーフマン、エレン・クレイマー、ワイズ・ダ・ヘーア、エマニュエル(チャック)・ルーウィン、デイヴィッド・プーリー、ナンシー・スティーバー、ピーター・ストライケン。中には、本書に名前が登場していない人もいるが、このひとりひとり全員のおかげで、わたしはウォルター・ルーウィンに対する理解を深めることができた。エドワード・グレイ、ジェイコブ・ハーニー、ローレンス・マーシャル、ジェームズ・マクドナルド、ボブ・セルマーは、それぞれの専門分野でウォルターとわたしが間違いを犯さないよう、最善を尽くして見守ってくれた。いつまでも頼りにしたいところだが、もし過誤が残っているようなら、ウォルターとわたしが全責任を負う。また、重要な局面で力を貸してくれた、ハートフォード大学二〇一一年卒業のウィリアム・J・レオにも礼を述べたい。わたしの知る最も聡明な三人のライターたち――マーク・ガンサー、ジョージ・カナー、レナード・デイヴィス――は、本企画の初期段階で貴重な助言をくれた。ハートフォード大学のジョーゼフ・フェルカー学務部長とフレッド・スワイッツァー副学務部長は、わたしが本書を仕上げる時間を見つけられるよう便宜を図ってくれた。なじみのない世界に身を浸すわたしを理解し祝福してくれた妻のドナ・シャーパー――非凡なる祭司にして世話役、かつ三〇冊の著書を持つ文筆家――にも深く感謝する。わたしたちの孫息子ケイレブ・ベンジャミン・ルリアは、二〇〇九年一〇月一八日にこの世に生を受けた。それ以来、孫が日々の生活の中で、幼児なりに物理のめざましい体験を次々に重ねていくようすを見守るのが喜びだ。そして、最後に、ウォルター・ルーウィンに深甚な感謝の念を捧げたい。この数年間で、ウォルターは、わたしたちのどちらも想定しなかったほど多くの物の理《ことわり》をわたしに教え、あまりに長く眠ったままになっていた情熱にふたたび火をつけてくれた。

訳者あとがき

ウォルター・ルーウィン、七六歳（二〇一二年現在）。マサチューセッツ工科大学（MIT）物理学科教授。おそらく今、世界でいちばん人気のある大学教授だろう。教壇のスーパーヒーローと呼ぶ人もいる。《ニューヨーク・タイムズ》から進呈された称号は〝Webスター〟。インターネット公開授業の嚆矢《こうし》となった〝MITオープンコースウエア〟で、一躍全世界の注目を集めたからだ。

訳者もじつは、本書の翻訳を引き受ける直前に、Webで偶然、この人の授業のようすを目にして、「おおっ！」と引き込まれてしまった。それは、本書第3講にある「人間振り子」の実演だったのだけれど、要するに、錘《おもり》の重量にかかわらず振り子の周期は一定であるというごく単純なニュートン力学の基本原理を、教養課程の（物理学を専攻しない）学生たちにわからせるただそれだけのために、この初老の教授は身《からだ》を張って、巨大な振り子の一部と化し、教壇の上空数十センチ～数メートルの宙を揺れてみせているのだった。

学生たちのカウントアップの声の中、大きな弧を描いて一〇往復する。デジタル・ストップウォッチに表示された時間は四五・六一秒。錘だけで揺らしたときの所要時間四五・七〇秒との差は〇・〇九秒で、みごと計測誤差の範囲内だ。ルーウィン教授は息をはずませながら（結構な重労働なのだ）、「これが物理学だ！」と胸を張る。授業というよりパフォーマンス・アート。運動の法則を理屈ではなく体験として、学生たちの五感に刻みつけてみせた。

本書には、そういう一連の（物理学の全領域にわたる）授業の興奮がそっくり収められているばかりか、熱血講師ウォルター・ルーウィンの出自と人生観、それに、物理学（とりわけ天体物理学）への熱い思いがふんだんに盛られている。『虹の尻尾から時間の鼻先まで――物理の驚異を巡る旅』という原書のサブタイトルが示すとおり。極小の量子の世界から、想像を絶する高密度のブラックホールに至るまで、宇宙万物の理《ことわり》が縦横無尽に語られる。

全一五講から成るこの連続授業の前半（第1講～第9講）では、物理学のさまざまな分野の基本的な、しばしば直観に反する法則が示され、楽しく印象的な実演の力で、読者はその輝かしい発見の過程を体感する。後半（第10講～第14講）では、ルーウィン教授の専門分野であるX線天文学の躍動的な短い歴史（教授自身の研究歴とほぼ等しい）が綴られ、その進展とともに少しずつ明らかになってきた宇宙の驚くべき姿と仕組みが読者の脳髄に刻まれる。そして、最終講では、独自の芸術観が開陳され、それが物理学の広範な知見の地図とウォルター・ルーウィンの人生の年表とをほんわかと結びつける。

力と熱とエネルギーをたたえた実理の書。心躍る知の旅をお楽しみいただきたい。

なお、翻訳に際しては、訳者の脚力が急ぎ旅に耐えられず、野中香方子《のなかきょうこ》さんと渡会圭子《わたらいけいこ》さんの力添えをいただいた。記して感謝申し上げる。

著者　　ウォルター・ルーウィン（Walter Lewin）

1936年オランダ生まれ。マサチューセッツ工科大学教授。

1965年オランダのデルフト工科大学で核物理学の博士号。1966年に招かれてマサチューセッツ工科大学の助教授に。70年代のＸ線宇宙物理学において数多くの発見をする。ウェブで公開されている「物理学Ｉ」「物理学Ⅱ」の授業は、日常の何気ない事象の裏側にある物理学の不思議と美しさを伝える名物講座で、世界中に多くのファンがいる。

父親はユダヤ人で、一族の半数がナチスのホロコーストの犠牲になっている。本書でもナチスドイツがオランダに侵攻し、祖父母がアウシュビッツに送られ即日ガス室送りになったことが綴られている。

訳　東江一紀（あがりえ・かずき）

1951年生まれ。北海道大学卒。マイケル・ルイス『世紀の空売り』、ドン・ウィンズロウ『犬の力』、英エコノミスト編集部『２０５０年の世界　英「エコノミスト」誌は予測する』など、フィクションからノンフィクションまで幅広い訳書がある。

これが物理《ぶつり》学《がく》だ！
マサチューセッツ工科《こうか》大学《だいがく》「感動《かんどう》」講義《こうぎ》

二〇一二年十月十五日　第一刷

著　者　ウォルター・ルーウィン
訳　者　東江一紀《あがりえかずき》
発行者　飯窪成幸
発行所　株式会社文藝春秋
〒一〇二―八〇〇八
東京都千代田区紀尾井町三―二三
電話　〇三―三二六五―一二一一
印刷所　大日本印刷
製本所　加藤製本
万一、落丁乱丁があれば送料小社負担でお取替えいたします。小社製作部宛お送りください。
定価はカバーに表示してあります。

ISBN978-4-16-375770-4

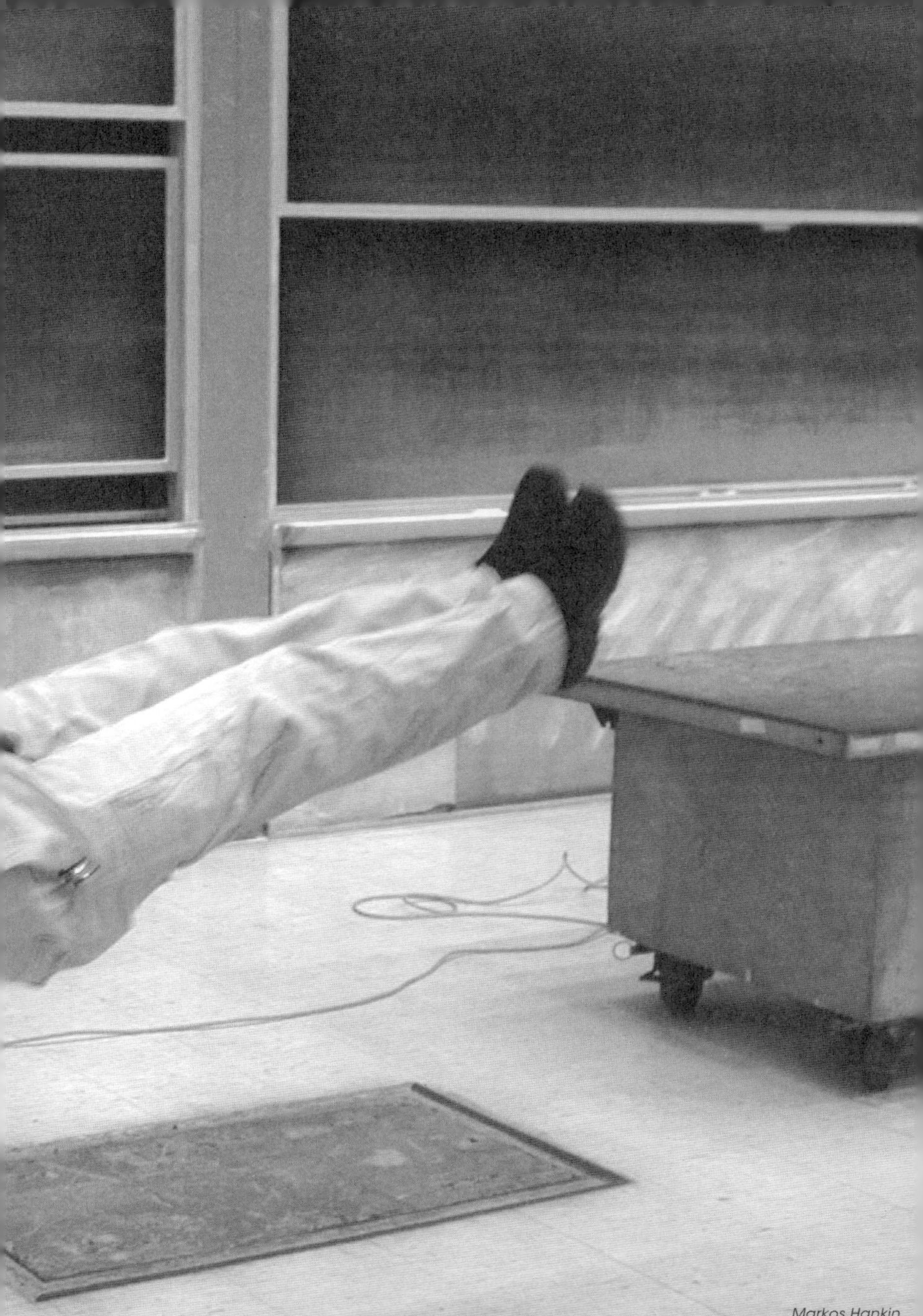

Markos Hankin